日本農業市場学会研究叢書————⑳

加工食品輸出の
戦略的課題

輸出の意義、現段階、取引条件、
および輸出戦略の解明

福田 晋【編著】

筑波書房

目　次

序　章 ……………………………………………………………………… *1*

　　1．はじめに …………………………………………………………… *1*

　　2．農産物輸出の現状 ………………………………………………… *2*

　　3．輸出拡大に向けたマーケティング戦略 ………………………… *3*

　　4．加工食品の輸出研究の重要性と本書の構成 …………………… *3*

第Ⅰ部　加工品における取引条件の解明 ………………………… *11*

第1章　**野菜産地による輸出の特徴と課題—長野県の事例を中心に—** …… *13*

　　1．はじめに ……………………………………………………………… *13*

　　2．我が国における農林水産物・食品の輸出動向の概観 ………… *15*

　　3．野菜産地による輸出の展開と特徴—長野県の事例を中心に— …… *20*

　　4．おわりに ……………………………………………………………… *33*

第2章　**加工食品輸出の意義と現段階** …………………………………… *37*

　　1．はじめに ……………………………………………………………… *37*

　　2．農林水産物・食品の輸出実績と政府の輸出促進戦略 ………… *37*

　　3．加工食品輸出の位置づけ …………………………………………… *38*

　　4．加工食品の輸出と食品製造業の経営戦略・海外展開 ………… *41*

　　5．おわりに—加工食品の輸出の意義と現段階— ………………… *46*

第3章　**加工食品の輸出拡大に関する企業行動の方向性—3Esの検討—** … *53*

　　1．はじめに ……………………………………………………………… *53*

　　2．STEP1：輸出環境の整備 ………………………………………… *57*

　　3．STEP2：商流の確立 ……………………………………………… *59*

　　4．STEP3：商流の拡大 ……………………………………………… *62*

　　5．事例企業の企業行動の位置づけと3Esの要求水準 …………… *66*

　　6．おわりに ……………………………………………………………… *67*

iii

第4章　日本産農産物輸出者の価格支配力
　　　　―香港市場におけるりんご，牛肉，長いもを事例として― ……… *71*
　　1．はじめに …………………………………………………… *71*
　　2．分析の目的と方法 ………………………………………… *71*
　　3．結果と考察 ………………………………………………… *77*
　　4．おわりに …………………………………………………… *84*

第5章　わが国におけるワイン輸出の現状と課題 ……………… *87*
　　1．はじめに …………………………………………………… *87*
　　2．拡大するわが国ワイン市場 ……………………………… *88*
　　3．わが国ワイン輸出の動向 ………………………………… *91*
　　4．わが国ワイン輸出の実践 ………………………………… *93*
　　5．おわりに …………………………………………………… *99*

第Ⅱ部　実需者ニーズの把握とマーケティング戦略の構築 ……… *103*

第6章　香港における農林水産物・食品の輸出拡大の一因に関する一考察
　　　　―現地の日系大手食品小売企業のチャネルを対象に― ………… *105*
　　1．はじめに ………………………………………………… *105*
　　2．課題の設定 ……………………………………………… *106*
　　3．事例企業の位置付けと香港の食品小売市場の概況……… *109*
　　4．事例企業と日本の産地との連携による販売促進 ……… *111*
　　5．小括と日系大型小売企業チャネルの今後の展望 ……… *118*
　　6．おわりに ………………………………………………… *121*

第7章　牛肉における海外輸出の可能性
　　　　―アジアにおける外食での日本産牛肉利用を中心に― ……… *125*
　　1．はじめに ………………………………………………… *125*
　　2．牛肉輸出の実態と可能性 ……………………………… *126*
　　3．オーストラリア産Wagyuの生産とアメリカ市場の概要 ……… *134*

4．日本産牛肉の輸出をより増加するための戦略 ………………… *136*

5．おわりに …………………………………………………………… *139*

第8章　農産物・食品輸出における輸出戦略の理論的検討 …………… *143*

1．はじめに ………………………………………………………… *143*

2．農産物輸出の経緯と輸出拡大の可能性 ……………………… *144*

3．価格戦略の課題 ………………………………………………… *148*

4．農産物輸出におけるブランディングとプロモーションの課題 … *150*

5．おわりに ………………………………………………………… *161*

第9章　酒造業者による輸出マーケティング戦略の展開と課題

　　　　　―北東北地方の事例を中心に― ………………………… *167*

1．はじめに ………………………………………………………… *167*

2．最近のわが国における日本酒輸出の動向 …………………… *171*

3．日本酒製造企業における輸出事業の特徴 …………………… *173*

4．おわりに ………………………………………………………… *179*

第10章　ドイツへの緑茶輸出にみるチャネル戦略の重要性 …………… *183*

1．はじめに ………………………………………………………… *183*

2．ドイツにおける茶製品市場の構造と特徴 …………………… *186*

3．ドイツの小売店舗における緑茶製品 ………………………… *191*

4．ドイツ向け輸出茶のチャネルにみる中間組織的取引関係 … *196*

5．考察と展望 ……………………………………………………… *201*

第Ⅲ部　輸出先国の表示・認証制度に対応した輸出戦略 ……………… *207*

第11章　欧州向け有機食品のサプライチェーンの特徴と意義 ………… *209*

1．はじめに ………………………………………………………… *209*

2．欧州向け有機食品の輸出実態 ………………………………… *211*

3．欧州向け有機食品のサプライチェーン ……………………… *216*

v

4．欧州向けの有機食品の輸出が抱える問題 ……………………… *225*
　　5．おわりに ……………………………………………………………… *226*

第12章　外国人を対象とした嗜好性調査プロセス
　　　　―輸出を目指す国産モモを活用した試行― …………………… *231*
　　1．はじめに ……………………………………………………………… *231*
　　2．方法 …………………………………………………………………… *233*
　　3．結果 …………………………………………………………………… *239*
　　4．おわりに ……………………………………………………………… *247*

第13章　健康機能性食品の開発の流れと輸出戦略の検討 ……………… *251*
　　1．はじめに ……………………………………………………………… *251*
　　2．健康機能性食品とは何か …………………………………………… *251*
　　3．機能性食品研究の動向 ……………………………………………… *254*
　　4．品種育成から産業化までの流れ―紫サツマイモ― ……………… *255*
　　5．機能性表示食品の展開 ……………………………………………… *257*
　　6．おわりに―機能性食品の輸出の可能性と検討課題― …………… *263*

第14章　国産農林水産物の機能性評価と産業化の動向と輸出展開 ……… *267*
　　1．未利用資源の有効利用―ワサビ葉の機能性素材としての実用化― … *267*
　　2．食品輸出における機能性の活用 …………………………………… *277*
　　3．おわりに ……………………………………………………………… *280*

おわりに ……………………………………………………………………… *283*

vi

序章

1. はじめに

　農業の競争力強化の観点から輸出拡大を支援する施策が強化されている。人口減少社会の到来に伴う国内市場の縮小という環境変化を考慮すると，産地サイドとしては検討しなければならない課題である。

　より一層重要な視点は，農業サイドの従来の国内市場を巡るプロダクトアウトの発想からマーケットインへの転換である。生産されたものは卸売市場へ出荷すれば全量売り切ってくれる，農協へ委託販売しておけば卸売市場との連携によって広域の出荷も可能となる。しかし，そのような状況では，どのような商品をどのような顧客が要求しているのかといった顧客ニーズに応えているとは言えない。熾烈な産地間競争を繰り広げながら，国内マーケットを輸入品に奪われるという状況が続いていた。

　求められることは，顧客ニーズに基づいた生産・販売計画の実践であり，契約的取引の遂行である。如何に顧客とのフードチェーンを構築し，継続的な提携関係とするかというマーケットインの戦略作りである。このマーケットインの戦略は，海外市場に目を向ければ輸出戦略ということになるが，国内実需者向けにも適応すべき考え方であり，農業サイドからすると，マーケットイン戦略を産地側としてどのように構築するかという視点が重要である。この視点を疎かにした輸出拡大は，論外であるというべきだ。

　序章では，まず農産物輸出の現状を検討し，実態としては，生鮮品よりも加工品が多いことを明らかにしておく。そして，その上で，輸出におけるマーケティング戦略の重要性について指摘し，各章で取り上げる課題について取り上げる。

2．農産物輸出の現状

　2010年から2017年までの農林水産物の輸出額の推移を見ると，輸出額は若干の変動を繰り返し，2011年からは傾向的に増加している。その過半を占めているのが農産物であり，2016年ではそのシェアは61.5％を占めている。水産物も40％弱のシェアを占めていたが，近年やや頭打ち傾向である。

　農産物のうちトップのシェアを占めるのは，加工食品であり，輸出額，シェアともに一貫して増加している。畜産品も2011，12年に輸出額が落ち込んでいるが，その後は増加しており全体でも7.8％のシェアを占めている。

　輸出先国は，2017年で香港（23.3％），中国（12.5％），台湾（10.4％），韓国（7.4％）の順であり，東アジアで過半を占めるに至っている。地域別にみてもアジアが73％で圧倒的に多く，次いで北米が15％を占めている。地理的に近いアジアがメインのターゲットとなっていることがわかる。

　輸出に取り組んでいる事例をみると，輸出の主体は企業・商社が約70％を占めており，加工食品が品目別に多いことと整合的である。それに対して生産者・法人の割合は数％であり，輸出主体としての生産者の位置づけは極めて低いと言わざるを得ない。現実的には，農産物でも農業団体や輸出団体が輸出の主体となっていると思われる。

　以上のような実態をみると，輸出の主体は，加工食品で企業が主役であり，従来の構造の延長であることがうかがわれる。また，生鮮農畜産物の輸出においても農家（農業経営体）ではなく，農業団体，輸出協議会が主役であり，国内販売と同様の路線が採られており，多くの農家に輸出が意識されていない状況であることが推察される。

　また，加工食品の輸出が多いことは，その原料が必ず日本産であることを示しているわけではない。日本食（和食）の海外での人気が，必ずしも日本産食材の利用につながっているわけでもない，ということも留意しておくべき点である。

農産物輸出額増大とアピールしても，必ずしも国内農産物の付加価値形成にストレートにつながっているものではないことを理解すべきである。

3．輸出拡大に向けたマーケティング戦略

ここで改めて輸出拡大に向けたマーケティングのベースを検討してみよう。

まずは，輸出マーケティングの目標設定である。市場シェアを一定程度確保することか，とにかく利益を確保することか，或いは産地（自社）ブランドをアピールして認知向上することか，明確にしておく必要がある。海外市場に輸出して，国内価格を維持するという戦略も目標になりうる。

この明確な目標を決定したうえで，まずは，誰を顧客とするかターゲットの設定が必要である。比較的高コスト・高価格である日本産農産物を購入できるのは，成長著しいアジア諸国の高所得層であることは言うまでもない。ターゲットはアジアの高所得層である。

日本産農産物（加工品含む）の位置づけであるが，高品質であり安全性に対する信頼が高いことは誰でも肯定するところである。高品質（美味しさを含む）・安全という商品のポジショニングを明確にする必要がある。

顧客にどのような便益を提供しようとしているかという商品のコンセプトについては，おいしい日本産食品の提供（農林水産物輸出促進全国協議会による「おいしいJapanese Food Qualityのロゴマーク」）や日本食を通じた日本文化の発信ということになろう。日本食を通じた日本文化の発信は，単に食品を売るだけではなく，食べ方，食を通じた文化の発信を意味するのであり，きわめて重要なメッセージである。

4．加工食品の輸出研究の重要性と本書の構成

産業競争力会議で打ち出された「攻めの農林水産業」3つの戦略の方向の中の「需要のフロンティアの拡大」では，輸出促進等による需要の拡大が柱

となっている。我々の輸出研究グループでは，これまでに低コスト物流システムの開発，輸出先国における我が国農産物の位置づけ，マクロ的な経済環境変化に伴う輸出拡大可能性の把握を行ってきた（福田晋編著『農畜産物輸出拡大の可能性を探る―戦略的マーケティングと物流システム』農林統計出版，2016年）。

残された課題として本書が取り組むのは，①6次産業化の進展に伴う加工食品輸出の意義と現段階，取引条件の解明，および②マーケティング戦略上の課題解明，③輸出先国の貿易制度，表示・認証制度問題，および輸出先国における機能性加工食品等の新たなニーズ把握，である。これらの課題に対して，食料流通学，農業経営学，農業市場学，フードシステム学といった社会科学分野から多様な研究者が，豊富な現地実態調査と経験データによる実証分析，および理論分析を行っている。さらに，機能性食品開発と輸出展開について，機能性工学分野から展望することで，自然科学的視点を補強している。

以上のように，本書は，6次化や加工品開発・輸出を視野に入れた食品輸出に関する総合的・学際的研究の成果を取りまとめたものである。本書刊行を通して，食料輸出の学術的研究の現段階を提示するとともに，得られた知見の社会還元を目指すものである。

以下，本書の構成を示す。第Ⅰ部は，農産物・食品における取引条件の解明についての論考である。

第1章では，震災・原発事故以降による輸出停滞期を乗り越え，増加傾向を示しつつある日本産農産物輸出について野菜産地における輸出の現段階と課題について明らかにしている。具体的には，①農林水産省の公表資料による輸出動向の整理，②近年，輸出額の増加幅が大きい野菜を対象に産地における輸出の今日的展開の特徴，という2点に焦点をあてて，震災・原発事故前後の分析を通じて課題に接近している（石塚哉史）。

先述したように，加工品は現時点での輸出実績や全体に占める割合が大きいこと，早い時期から民間の大企業を中心に積極的な海外展開が図られてき

4

た経緯を持っており，輸出への期待は大きい。しかし，このような注目や期待が高まっている一方で，加工食品輸出の実態についてはこれまで十分に検討される機会は少なかった。そこで第2章では，加工食品の輸出の意義と現段階について，政策面，実践面の両側面から，総合的に検討している（神代英昭）。

　第3章では，加工食品のなかでも順調に輸出を増加させているみそを対象に，日本有数の規模にある大手みそ製造企業の企業行動を3Esの視点に基づいてその実態および成果を明らかにする。3Esとは，相手国が求める認証・基準への対応や基準のハーモナイゼーション等の輸出環境の整備（STEP1），商流の確立支援（STEP2），商流の拡大支援（STEP3）の3つに関する施策を集中的に実施することであり，3Esの観点から事例企業が輸出に成功している要因を説明することができれば，この内容は有益と考えられる。さらに，解明した結果を国際マーケティング論から捉え，どのような位置づけになっているのかにも言及することで国が輸出企業に求めている水準を把握する（菊池昌弥）。

　流通業者がその取引主体として参加する農産物・加工食品の輸出市場には，生産者組織や輸出業者等の輸出者が売り手，輸入業者や小売業者等の輸入者が流通業者買い手として参加する国家間の取引市場がある。第4章では，輸出先国の市場をどのように分析したらよいか，また，市場分析に現実によく見られる交渉をも含めて特定の商品規格の数量と価格の合意に至る取引をどのように取り込んだらよいのか，さらには，生産者や消費者とは行動の異なる流通業者を市場分析でどのように取り扱ったらよいのかという問題意識の下に，2018年1月〜7月にかけて日本産農林産物の輸出金額の最も高かった輸出先国である香港へのりんご，牛肉，長いもの国家間取引市場について分析をしている（豊　智行）。

　第5章で取り上げるワインは，国内市場が依然として拡大し続けている品目の一つである。わが国農産物・食品輸出の一般的な背景とは異なる背景のもとで，ワイン輸出がいかなる現状と課題を有するのか，その検討が第5章

の課題である。ワイン輸出に関する社会科学分野の研究は皆無であり，酒類輸出において，対象品目は清酒・焼酎に偏っており，ワイン輸出についての成果はほとんど見当たらない。

そこで，第5章では，わが国における酒類市場，ワイン市場の動向について概観した上で，ワイン輸出に取り組む2つの組織に着目し，ワイン輸出の現状と課題に関する初歩的な分析を試みている（成田拓未）。

第Ⅱ部では，実需者ニーズの把握とマーケティング戦略の構築について分析を進めている。第6章では，香港に存在する日系食品小売企業のなかでも大手に焦点を当て，日本食品の販売に関する現状分析を行い，このチャネルが実際に輸出の拡大に寄与しているかを明らかにする。そして，今後日本から香港への輸出を増加させるにあたっても同チャネルが有益と考えられるかを，上記の課題の考察結果と実態調査の結果をもとに製品ライフサイクル論の視点から検討する（郭　万里・菊地昌弥・根師　梓・林　明良）。

第7章の目的は我が国牛肉における海外輸出の可能性を検討することにある。そこでは，まず，現状での我が国牛肉の輸出の実態を整理し，次に主要な輸出先であるアジア諸国（タイ，シンガポール，フィリピン）の外食レストランにおける日本産牛肉の利用状況を整理している。それらを踏まえアジア諸国における日本産牛肉輸出のモデルを提示するとともに今後の可能性について言及している。また，日本産の牛肉の輸出市場で常に比較され競合相手と想定されるオーストラリアのWagyu生産と，今後輸出量の増加が期待されるアメリカ市場の概要にも触れ，今後日本産牛肉を海外により積極的に輸出するための戦略を検討している（堀田和彦）。

農産物の輸出においては，1企業におけるブランディング戦略と異なり，複数生産者・産地が相乗りする形でブランディングが行われることが多く，その特殊性と難しさが存在する。しかしながら，輸出におけるブランディングの方針について，現状では，学術上も，また実務上も体系的整理がなされていない状況にある。そこで第8章では，農産物輸出額の成長率の高さを持続できるのか，今後を占う意味で，前述の動向に注目し検討している。まず，

序章

農産物の輸出について，EPA等による関税削減や政策的な輸出促進といった流れとその成果，更に，輸出先市場各国への一層の市場浸透を図る場合の方針について確認している。次に，この方針を踏まえて，採られるべき競争対応のマーケティング戦略について確認し，特にブランド戦略とそれに伴うプロモーション戦略の側面から，オールジャパンでの輸出促進における，いくつかの阻害要因について検討する。さらに，ジャパン・ブランドに関わるブランド採用戦略の是非について，理論的な検証を行うため，産業組織論における広告投資のモデルを応用した分析を行っている（森高正博）。

第9章では，わが国の伝統的な嗜好品である日本酒の輸出に関する論考である。日本酒輸出に関する先行研究では，酒税・関税等制度，輸出相手国・地域の市場（消費）動向という日本酒製造業者を取り巻く制度や環境という輸出の外的要素に係る研究成果は蓄積されているものの，事業者（日本酒製造業者）による取組実態や，マーケティング戦略という点の実践事例に対するアプローチに関しては，アメリカ向け輸出への取り組みに言及したものが存在するものの，現在の多くの国・地域へ渡っている現状に対応できるとは言いがたい。第9章では，農林水産物・食品輸出の拡大傾向を示す上で期待されており，一定程度の輸出実績を有する日本酒を対象に，先行事例の実態調査に基づいた，日本酒の輸出マーケティングの現段階と課題について具体的な検証を行っている。

具体的には，北東北地方（青森県，岩手県，秋田県）に立地する日本酒製造業者の役員および事業担当者を対象に実施した訪問面接調査の結果に基づいて，輸出（海外販売）マーケティング実態について，製品，価格，チャネル，プロモーションの4Pを中心に着目し，各戦略の現段階と問題点を分析している（石塚哉史・安川大河）。

第10章では，日本茶をドイツ始めヨーロッパへ輸出するにあたっては，輸出先国の消費者に届けるまでのチャネル選択やチャネル管理が重要であるという認識を促すことを目的としている。ドイツの日本茶の製品販売において，日本の製茶企業のチャネル管理が及ばない理由の一つに，日本茶の輸出チャ

7

ネルにおける取引関係が，輸出先国のサプライヤーの必要に応じてスポット
取引を繰り返す市場的取引であることが背景にあるという仮説のもとに，国
内の製茶企業が輸出先国での製品販売に積極的に関与する事例のケーススタ
ディを実施し，市場的取引に対比される，「取引関係の継続性」，「対等な相
互同調」，からなる「協調関係」に基づく中間組織的な取引関係（結衣 2012,
p.180）の下で，ドイツの製茶企業の共同出資会社が取り組む日本茶製品販
売の実態を確認している。

　このような，ドイツの日本茶マーケットサーベイやケーススタディの結果
は，ドイツにおける日本茶のチャネル構造とチャネルアクター間取引関係の
特徴として整理された後に，そこから読み取れる欧州向け緑茶のチャネルの
選択や管理をめぐる争点と今後の展望を述べている（李　哉法）。

　第Ⅲ部では，輸出先国の表示・認証制度に対応した輸出戦略についての論
考である。

　第11章では，欧州向けの有機食品は，醤油，味噌，緑茶，うどん・そばな
ど，和食を象徴する日本の伝統食品と称すべき製品カテゴリーをなしている。
これらの日本の有機伝統食品の欧州地域への輸出は，①近年の欧州地域の有
機農産物及び食品市場の成長を考慮すれば，輸出拡大が見込まれる製品及び
市場である。②欧州のオーガニック専門店に展開している日本の有機食品は，
国によって程度の差はあれ，「マクロビオティック（macrobiotic）」という
語を介して，訴求すべき価値が古くから消費者に認知されているほか，クロ
スマーチャンダイジング陳列により日本食品のコーナーが設置されているた
めに，輸出製品の海外市場への普及に要される広告費用やプロモーション費
用の節約が期待できる。③展覧会，商談会などマッチング機会を生かした輸
出先市場へのアクセスに止まる単なるモノの輸出に比べて，欧州向け有機食
品の輸出は，長期安定的な取引をベースとしたサプライチェーン（supply
chain）の構築により原料の確保から製品販売までがつながっているために，
市場を介して取引相手を見つけ，取引相手にして取引条件を履行させるため
に必要な取引費用の節約が可能であるほか，安全性や需給調整におけるリス

8

ク管理が相対的に容易である。④第11章で取り上げる欧州向けの有機加工食品は，（海外）現地生産を辞さない大手企業が輸出を担っている慣行（conventional）食品と違って，その生産を地域性や伝統的な製法を継承している地方の零細規模の食品加工事業体が担っているために，輸出がもたらす付加価値が，存続が危ぶまれている零細食品加工事業者に帰され，当該企業及びそれが有する伝統的製法の維持に貢献できる。といった観点から今後の市場拡大が期待される。第11章では，研究課題にアプローチするために，欧州地域に展開する日本の有機食品のサプライチェーンの実態とそのチェーンを結ぶ各々のアクター（actor）の経営実態とアクター間の取引関係を，上に述べた研究の視点と照らし合わせた（李　哉法・岩元　泉）。

　ところで，輸出促進という視点からは，輸出相手国の嗜好性に合う食品・農産物の選定がマーケティング戦略上重要である。日本とアジア各国の消費者の間で，大きさや甘み，酸味に対する嗜好性の違いがあるところは周知のことである。しかし，気候風土や文化が異なる各国の留学生を対象とした調査では，味覚の成熟度や感じ方により評価にばらつきが見られ，基準となる指標がなければ結果の解釈が難しいという問題があった。その点を解決する手段として，味覚センサーを用いた指標の基準化により，基準に対する相対評価を行うことで各国間の味覚に対する差異を分析することが可能になっている（Goto et al., 2010）。第12章ではこれらを踏まえて，外国人を対象とした嗜好性評価の手順を策定する。その手順に従って実際の嗜好性調査を実施する。そして，嗜好性調査で収集した回答の評価得点を算出し，機器計測の結果と統合的に分析することで，国別品種別の嗜好性を明らかにしている。そして，嗜好性評価結果をもとに結果の解釈を分かりやすく検索表示し，輸出戦略の資料となる嗜好性データベースを公開している（後藤一寿）。

　第13，14章は，機能性に焦点を当てた論考である。我が国の農産物輸出を進める上で，高品質性はもとより，健康機能性などの新たな付加価値を見いだし，輸出を伸ばす試みに注目が集まっている。例えば，北海道では食の輸出拡大戦略案の中で新たな市場への展開目標の中で機能性食品の販路開拓を

掲げている。経団連の提言の中でもSociety5.0の実現に向けて，機能性農産物の開発などを掲げており，これらの関心の高さがうかがえる。

　健康機能性食品に対する期待は，健康を意識する高齢者に限らず美容を意識する若手世代においても関心が高い。また機能性食品では野菜・果物の商品を志向する傾向も見られ，農産物輸出において有効な付加価値戦略になり得ることが示唆される。これらの市場の動向を受け，健康被害を防ぐ目的から，健康機能性表示，健康強調表示に対する規制が各国で整備されている。これらの規制や制度を理解し，新たな輸出商品として市場を獲得し，国内農業や産地に利益をもたらす取り組みが求められている。そこで，第13章では，機能性農産物の開発の流れ，我が国の機能性表示制度を整理した上で，これらを踏まえた輸出戦略について検討する（後藤一寿）。

　六次化産品の輸出は，わが国の輸出戦略の１つの核として位置付けられる。しかし，その戦略の原料となるのは，あくまで生鮮農産物或いはその規格外品であり，可食部であった。資源の有効利用の観点からも，可食部だけでなく通常食されていない部位についても利用価値を見出すのも一つの方策である。さらに，近年の健康志向の高まり，天然素材を用いた商品へのニーズの高まりから，農産物の機能性に対する科学的エビデンスの付与を行うことで，六次産業化にも貢献できると思われる。第14章では，農産物の機能性評価として，葉ワサビ（*Wasabia japonica*）の機能性調査ならびにその機能性に着目した実用化事例について検証している（清水邦義・中川敏法・森高正博）。

（福田　晋）

第Ⅰ部

加工品における取引条件の解明

第1章

野菜産地による輸出の特徴と課題
―長野県の事例を中心に―

1．はじめに

　周知の通り，政府による「我が国農林水産物・食品の総合的な輸出戦略」
（2007年）において，輸出額の目標となる規模を1兆円と掲げたことが契機
となり，国内に輸出推進の気運が高まった。その後，円高や世界的な景気の
後退（2008年），東日本大震災・福島第一原子力発電所事故（以下，「震災・
原発事故」と省略）（2011年）の影響を受け，輸出戦略は，政府により幾度
かの再検討・改訂を繰り返しているものの，近年の農林水産物・食品輸出額
は増加傾向が確認されており，一定程度の効果があったものと認識されてい
る。

　さらに，「和食」のユネスコ無形文化遺産への登録（2013年）を追い風と
して，グローバル・フードバリューチェーン戦略（2015年），農林水産業の
輸出力強化戦略（2016年）を公表している。これらの戦略は，輸出強化を図
るために政府が側面から多様な支援策を打ち出すことにより，輸出額の目標
（2020年：輸出額1兆円，2030年：5兆円）を達成するための対応方向を提
示している。

　こうした事象を踏まえて，農産物・食品輸出に関連する研究も活発となっ
ており，後述の通り多角的な視点での分析が行われている。最近では複数の
輸出主体や品目，産地・消費地の流通実態について言及した体系的な研究成
果も見受けられつつある（石塚・神代 2013，福田 2016）。

　ここで1990年代後半以降の農産物・食品輸出に関連する主要な研究を大別

第 I 部　加工品における取引条件の解明

すると，①「国内産地流通主体を対象とした輸出システムの解明」に関する
研究（石塚 2012，栃木 2013，根師 2008），②「輸出相手国・地域の輸出関
連（植物防疫）制度や社会的慣習の現状と課題」に関する研究（佐藤 2013），
③「輸出相手国・地域において店頭調査や催事等による消費者アンケート調
査から現地ニーズの解明」に関する研究（佐藤 2012，中村 2016，成田他
2008），の３点に分類することができる。それに加えて，最近では震災・原
発事故の影響に関する研究も確認されている（成田 2013，吉田他 2013）。

　これらの内容を整理すると，第１に農産物・食品輸出は多様化しているに
も関わらず，依然として，りんご，ながいも，緑茶等の特定の品目に傾倒し
ており，それ以外の品目の動向に関しては言及されておらず，不明瞭な点が
存在している点，第２に震災・原発事故以降の農産物・食品輸出が行われて
いるものの，輸出相手国・地域における消費者意識の分析や産地行政による
対応策の分析が中心であり，輸出産地サイドにおける生産・流通に関する分
析については未だ明らかにされていない点が多いままである。

　以上の事象を踏まえて，本章の目的は，震災・原発事故以降による輸出停
滞期を乗り越え，増加傾向を示しつつある日本産農産物輸出について関連省
庁が公表する統計資料および先進事例での実態調査を中心に野菜産地におけ
る輸出の現段階と課題について明らかにしていくことにおかれる。

　具体的には，①農林水産省の公表資料による輸出動向の整理，②近年，輸
出額の増加幅が大きい野菜を対象に産地における輸出の今日的展開の特徴，
という２点に焦点をあてて，震災・原発事故前後の分析を通じて前出の目的
に接近していきたい。

　なお，本章で取り扱う調査対象の選定理由に関しては以下の通りである。
品目は後述の通り，農産物輸出の中で近年輸出額の増加が著しい野菜に注目
した。また，調査対象地域[1)]については，震災・原発事故前後の輸出動向
を検討する上で，東日本（輸出停止地域は除く）に立地する産地であり，尚
且つレタス，セルリーの主産地である長野県に設定した。

14

第1章　野菜産地による輸出の特徴と課題

２．我が国における農林水産物・食品の輸出動向の概観

表1-1は農林水産省「農林水産物・輸出実績」から最近の我が国における農林水産物・食品輸出額の推移を示したものである。

この表をみると，2016年の輸出額は7,502億円であり，2013年，2014年，2015年と同様に４年連続で増加している。前節で述べた様にリーマンショック以降の円高（2009年），震災・原発事故以降の輸出停止措置や風評被害の影響（2011年，2012年）を受けて4,000億円台で停滞していた状態から，回復したのみでなく，（農林水産省が）輸出統計を取り纏めて以降の最高値を継続して計上する段階にまで進展している。

次に品目の特徴をみると，水産物および（農産物）加工食品が有力であり，両品目のみで66～67％の範囲で推移しており，毎年全体の過半数を占めている。なお，農産物に関しては，加工食品の比率が最も高く，全体の25～31％，農産物では45～51％のシェアを維持していた。さらに農林水産物の輸出動向をみると，2016年は全品目共に前年よりも輸出額を増加させていた点が指摘できる。その中でも，とりわけ野菜・果物は震災・原発事故以降の金額が著しく増加しており，2011年からの伸び率は農林水産物（166.3％）を大幅に上回っている（243.3％）。また，この数値を他の品目と比較すると，加工食品187.9％，畜産品165.0％，穀物等202.1％，林産物217.8％，水産物152.0％であり，野菜・果実による震災・原発事故以降の輸出の伸びがいかに大きなものであるのかが理解できる。それに加えて，全体的に輸出額の伸びが低調な2016年の前年比（全体100.7％）においても，畜産物（108.5％）に次いで野菜・果実（107.7％）が第２位となっている。なお，2016年の前年比において５ポイント以上増加した品目は，畜産物，野菜・果実，加工食品（106.0％）の３品目のみであった。

表1-2は，農林水産省「農林水産物輸出入概況」から国・地域別輸出実績の推移を示したものである。この表から，主要・輸出相手国・地域は，上位

15

第Ⅰ部　加工品における取引条件の解明

表1-1　最近のわが国における農産物輸出額の推移

		2008 年		2009 年		2010 年		2011 年	
		実数	構成比	実数	構成比	実数	構成比	実数	構成比
農林水産物		5,078	100.0	4,454	100.0	4,920	100.0	4,511	100.0
農産物		2,883	56.8	2,637	59.2	2,865	58.2	2,652	58.8
	加工食品	1,308	25.8	1,225	27.5	1,325	26.9	1,253	27.8
	畜産品	342	6.7	351	7.9	395	8.0	309	6.8
	穀物等	245	4.8	195	4.4	210	4.3	187	4.1
	野菜・果物	205	7.1	164	6.2	173	6.0	155	3.4
	その他	784	15.4	702	15.8	761	15.5	748	16.6
林産物		118	2.3	93	2.1	106	2.2	123	2.7
水産物		2,077	40.9	1,724	38.7	1,950	39.6	1,736	38.5

資料：農林水産省食品産業局輸出促進課『農林水産物・食品の輸出実績（品目別）』各年版から作成。
注：実数は1～12月の合計。

表1-2　最近のわが国における農林水産物の主要輸出相手国・地域における
　　　　輸出額の推移

		2008 年		2009 年		2010 年		2011 年	
		輸出額	構成比	輸出額	構成比	輸出額	構成比	輸出額	構成比
第1位	香港	1,053	20.7	991	22.2	1,210	24.6	1,111	24.6
第2位	米国	836	16.5	731	16.4	686	13.9	666	14.8
第3位	台湾	692	13.6	585	13.1	609	12.4	591	13.1
第4位	中国	450	8.9	465	10.4	555	11.3	358	7.9
第5位	韓国	528	10.4	458	10.3	461	9.4	406	9.0
合　計		5,078	100.0	4,454	100.0	4,920	100.0	4,511	100.0

資料：農林水産省食品産業局輸出促進課『農林水産物・食品の輸出実績（国・地域別）』
　　　各年版から作成。

5ヵ国・地域の内，4ヵ国・地域（香港，台湾，中国，韓国）が東アジアに立地しており，輸出額をみると過半数（52～57％）を占めていた。特に香港，台湾，中国の中華圏のみで概ね半数程度（45～49％）のシェアを維持しており，有力な市場であることが確認できる。

　主要輸出相手国・地域による震災・原発事故以降の影響をみると，香港，台湾，アメリカ，中国という4ヵ国・地域の輸出額は回復基調を示したものの，同5位の韓国に関しては未だ2008年の数値に達しておらず，回復には至っていない。

　次に農林水産省「農林水産物の輸出取組事例」を整理し，事業主体の動向

16

第1章　野菜産地による輸出の特徴と課題

（単位：億円，％）

2012年		2013年		2014年		2015年		2016年	
実数	構成比	実数	構成比	実数	構成比	実数	構成比	実数	構成比
4,497	100.0	5,505	100.0	6,117	100.0	7,451	100.0	7,502	100.0
2,680	59.6	3,136	57.0	3,569	58.3	4,431	59.5	4,593	61.2
1,305	29.0	1,506	27.4	1,763	28.8	2,221	29.8	2,355	31.4
295	6.6	382	6.9	447	7.3	470	6.3	510	6.8
196	4.4	224	4.1	272	4.4	368	4.9	378	5.0
133	3.0	197	3.6	243	4.0	350	4.7	377	5.0
751	16.7	827	15.0	845	13.8	1,022	13.7	973	13.0
118	2.6	152	2.8	211	3.4	263	3.5	268	3.6
1,698	37.8	2,216	40.3	2,337	38.2	2,757	37.0	2,640	35.2

（単位：億円，％）

2012年		2013年		2014年		2015年		2016年	
輸出額	構成比	輸出額	構成比	輸出額	構成比	輸出額	構成比	輸出額	構成比
986	21.9	1,250	22.7	1,343	22.0	1,797	24.1	1,853	24.7
688	15.3	819	14.9	932	15.2	1,071	14.4	1,045	13.9
610	13.6	735	13.4	837	13.7	952	12.8	931	12.4
406	9.0	508	9.2	622	10.2	839	11.3	899	12.0
350	7.8	373	6.8	409	6.7	501	6.7	511	6.8
4,497	100.0	5,505	100.0	6,117	100.0	7,451	100.0	7,502	100.0

についてみていこう[2]。表1-3は輸出取組事例の主要な事業主体の推移を示したものである。この表から，2016年の数値をみると企業64.9％，県等輸出促進協議会・公社19.8％，農林水産業・食品等協同組合11.7％，であり，企業が主体となった輸出事業の比率が著しい。

　こうした傾向は，震災・原発事故以後に顕著に表れており，事業数では倍増，構成比では30ポイント程度の大幅な上昇を示している。それと引き替えに，以前の輸出事業の担い手であった県等促進協議会・公社，農林水産業・食品等協同組合の比率が減少している。

　表1-4は輸出取組事例の所在地を地域別に整理したものである。この表か

17

第Ⅰ部　加工品における取引条件の解明

表 1-3　最近の農産物輸出取組事例における事業主体の推移

	2008 年		2009 年		2010 年	
	実数	構成比	実数	構成比	実数	構成比
県等輸出促進協議会・公社	27	33.3	32	28.6	34	24.3
農林水産業・食品等協同組合	31	38.3	40	35.7	50	35.7
食品企業・商社	17	21.0	32	28.6	50	35.7
生産者・農業法人	6	7.4	8	7.1	6	4.3
合計	81	100.0	112	100.0	140	100.0

資料：農林水産省『農林水産物等の輸出取組事例』各年版から作成。

表 1-4　最近の農産物輸出取組事例における地域区分の推移

		2008 年		2009 年		2010 年	
		実数	構成比	実数	構成比	実数	構成比
全体		75	100.0	104	100.0	130	100.0
	北海道	8	10.7	9	8.7	15	11.5
	東北	11	14.7	16	15.4	26	20.0
	関東・甲信越	14	18.7	20	19.2	24	18.5
	東海・北陸	6	8.0	9	8.7	15	11.5
	近畿	6	8.0	10	9.6	13	10.0
	中国・四国	11	14.7	16	15.4	15	11.5
	九州・沖縄	12	16.0	19	18.3	21	16.2
	その他	7	9.3	5	4.8	1	6.7

資料：表 1-3 と同じ。
注：「その他」は，全国組織等団体。

ら，2016年の数値をみると，東北18.5％，次いで九州・沖縄17.7％，東海・北陸14.9％で続いている。特に震災・原発事故前後をみると，①最大で全体の1/4程度を占めていた東北が一時のシェア低下から回復基調を示しつつある点，②東海・北陸および近畿における取組事例数が倍以上にまで増加していることが理解できる。それに対して，関東・甲信越は他地域の増加によるシェアの低下している点が確認できる。このことは関東・甲信越は輸出規制措置（輸出禁止・輸出停止）の影響（規制対象地域となる県の数が他地域よりも多い点）から，以前よりも輸出に対して積極的な取組姿勢を見出しにくくなったことが関係していよう（**表1-5**参照）。

18

第1章　野菜産地による輸出の特徴と課題

（単位：事業数，％）

2012 年		2013 年		2014 年		2015 年		2016 年	
実数	構成比	実数	構成比	実数	構成比	実数	構成比	実数	構成比
35	35.4	32	25.2	28	19.4	35	18.1	49	19.8
28	28.3	36	28.3	27	18.8	32	16.6	29	11.7
32	32.3	54	42.5	82	56.9	123	63.7	161	64.9
4	4.0	5	3.9	7	4.9	3	1.6	9	3.6
99	100.0	127	100.0	144	100.0	193	100.0	248	100.0

（単位：事業，％）

2012 年		2013 年		2014 年		2015 年		2016 年	
実数	構成比	実数	構成比	実数	構成比	実数	構成比	実数	構成比
97	100.0	122	100.0	142	100.0	191	100.0	248	100.0
7	7.2	7	5.7	10	7.0	13	6.8	23	9.3
25	25.8	18	14.8	22	15.5	25	13.1	46	18.5
24	24.7	19	15.6	25	17.6	28	14.7	34	13.7
15	15.5	17	13.9	16	11.3	35	18.3	37	14.9
13	13.4	21	17.2	16	11.3	27	14.1	30	12.1
15	15.5	19	15.6	27	19.0	35	18.3	34	13.7
17	17.5	21	17.2	26	18.3	28	14.7	44	17.7
0	0.0	0	0.0	0	0.0	0	0.0	0	0.0

表 1-5　主要輸出相手国・地域における輸入停止措置

輸出相手国・地域	輸入停止措置対象地域		輸出停止品目
香港	5 県	福島，茨城，栃木，群馬，千葉	野菜・果実，牛乳・乳飲料，粉ミルク
米国	14 県	青森，岩手，宮城，山形，福島，茨城，栃木，群馬，埼玉，千葉，山梨，長野，新潟，静岡	日本国内で出荷制限措置がとられた品目
台湾	5 県	福島，茨城，栃木，群馬，千葉	酒類を除く，全ての食品
中国	1 都 9 県	宮城，福島，茨城，栃木，群馬，埼玉，千葉，東京，新潟，長野	飼料を除く，全ての食品
韓国	13 県	青森，岩手，宮城，福島，茨城，栃木，群馬，埼玉，千葉，神奈川，山梨，長野，静岡	水産物及び日本国内で出荷制限措置がとられた農産物

資料：農林水産省 HP（http://www.maff.go.jp/j/export/e_info/pdf/kisei_all_160513.pdf）。

第Ⅰ部　加工品における取引条件の解明

3．野菜産地による輸出の展開と特徴
―長野県の事例を中心に―

　上述の通り，我が国の農林水産物・食品輸出は2011～2012年は停滞していたものの，2013年以降は統計を取り纏めて以降の最高金額を連続して更新しており，その中でも野菜・果実の輸出の増加率が著しい。しかしながら，野菜・果実の輸出に関連する既存研究を整理すると，果実に比較して野菜に関する研究が少なく，震災・原発事故以降についてはあまり存在していない。

　こうした中で野菜の輸出産地を巡る新たなトピックとして，①輸出事業の中心となっている輸出推進協議会が道府県単位から市町村単位によるものへ細分化し，地域の特性に則した対応を行っている点，②産地に立地する単位農協が輸出事業に取り組むケースも見受けられる。

　以上の様な輸出事業主体の多様化は，我が国における農産物輸出の拡大を図る上での有益な取組であると考えられるため，本節では，野菜の有力な主産地であり，輸出の先進事例として位置づけられる長野県の地方自治体，農協が中心となって野菜輸出に取組んでいる事業主体を対象に実施した調査結果に基づき，野菜産地の輸出事業の今日的展開について検討していく。

（1）川上村野菜販売戦略協議会における台湾向けレタス輸出の展開

1）川上村野菜販売戦略協議会の概要

　川上村は長野県の東南端（東経138度，北緯35度），群馬県，埼玉県および山梨県との県境に位置している。村内人口は4,972人，世帯数は1,336世帯（1世帯当たり3.7人）である。その内農家数は566戸（専業農家：62.9％，第1種兼業農家：26.9％，第2種兼業農家：10.2％）である。総世帯の半数近く（42.3％）を農家が占めている地域である。さらに，基幹的農業従事者の年齢別構成を見ると，「15～19歳」0.3％，「20～29歳」7.0％，「30～39歳」10.0％，「40～49歳」20.2％，「50～59歳」21.5％，「60～64歳」11.2％，「65歳以上」29.7％であり，全国および長野県と比較しても高齢者の比率が著しく少ない地域

20

である[3]。

　次に農業生産面を見ると，経営耕地面積は1,781haで，畑地が95％以上（1,723ha）を占めており，全国有数の園芸農業が盛んな地域として位置付けられている。主力品目はレタス，グリーンリーフレタス，はくさいである。これらの品目は，全村が高所（標高1,100〜1,500m）に立地しているため，冷涼な気候および昼夜の寒暖差を生かして生産を拡大させている。とりわけ，レタスに関しては年間出荷量が7万2,856tと国内最大の出荷量を誇る産地となっている。このため，レタスは地域の基幹作物となっており，農業販売総額（177億3,157万円）の54.6％（96億8,228万円）と過半を占めるに至っている（販売金額のみ2013年の数値，それ以外は2010年の数値）。

　川上村野菜販売戦略協議会（以下，「川上村協議会」という。）は，2008年に川上村と生産者が一体的に輸出を推進することを目的に設立された組織である。川上村協議会は，村内に立地する3農協（長野八ヶ岳農協，川上蔬菜販売農協，川上物産農協），川上村役場によって構成されている（「図1-1」

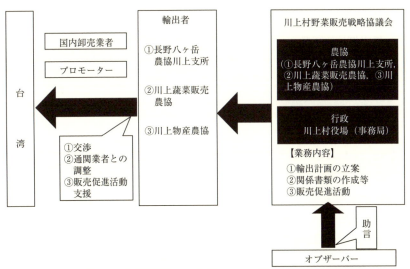

図1-1　川上村野菜販売戦略協議会の構成と対台湾輸出システムの概念図
資料：川上村役場産業建設課農政係資料から作成。

第Ⅰ部　加工品における取引条件の解明

参照)。

　川上村協議会の主要な業務は，①輸出計画の立案（前年度実績を鑑みて数値設定），②関係書類作成および輸出に係る支援（JETRO等の支援および協力を得た市場調査，夏場の輸送調査等），③販売促進活動の取組，輸出事業者である3農協の支援を行うことである。

2）川上村野菜販売戦略協議会によるレタス輸出の実態

　川上村協議会による輸出事業の目的は，①「日本国内の消費者が減少することに伴う国内市場の停滞への打開策の提案」，②「川上村産レタスのブランド化の実現」，③「新たな市場への販路拡大を志向することによる生産者のモチベーションの向上」の3点であった。とりわけ，①は，国内での生産過剰時又は価格低迷時という不測の事態において，他の販路の確保による生産者への影響緩和を目指したものであった。②は，輸出事業を県内外のマスコミへ取り上げられることにより，国内需要の喚起等の波及効果を期待している。

　川上村協議会による台湾輸出行程は，収穫から店頭に並ぶまでに7日から10日程度の日数を要している。一般的な対台湾野菜の輸送工程は，早朝から収穫し，集荷場で予冷処理を行う（1日目）。その翌日（2日目）から検疫検査が開始され，4日目に検疫検査終了合格した荷のみ通関申請し，通関許可後に出航となる（5日目）。その後，3日程度の海輸を経て台湾へ到着し，検疫検査を経て現地の店頭へ並んでいる。

　検疫については，輸出事業開始当初に一定程度の範囲内であれば虫の付着が問題視されていない日本国内の流通慣行で進めたところ，現地（台湾）での検疫では違反となり，現地での販売が行えないロスが発生して問題となった[4]。この問題への対処措置として，2007年以降，①収穫段階において国内向けレタスよりも外葉を多くむき，その後で農協職員が虫の付着を確認する輸出用出荷体制の確立，②コンテナ積載を産地で徹底して行い，輸送コストの削減を目指したコールドチェーン化を図った[5]。以上の取組の結果，現在

22

第1章　野菜産地による輸出の特徴と課題

表1-6　川上村野菜販売戦略協議会における主要輸出地域でのプロモーションの推移

	台湾		香港	
	店舗数	店舗名	店舗数	店舗名
2008 年	7	ミラマ百貨店，裕毛屋（6店舗）	0	
2009 年	4	Jasons（3店舗），Welcome	0	
2010 年	11	Jasons（4店舗），そごう，CitySUPER，微風広場	4	香港ジャスコ（4店舗）
2011 年	1	Welcome	4	香港ジャスコ（4店舗）
2010 年	9	Jasons（7店舗），中友百貨店，漢神百貨店	4	香港ジャスコ（4店舗）
2011 年	0		4	香港ジャスコ（4店舗）
2012 年	8	そごう，微風広場，新光三越（6店舗）	4	香港ジャスコ（4店舗）

資料：『川上村農政要覧 2013』から作成資料。

では毎週1,200ケース[6]の台湾向けレタス輸出を恒常的に行えるようになっている。

表1-6は，川上村協議会による台湾および香港でのプロモーション活動の推移を整理したものである。この表から，川上村協議会は輸出を開始した2006年以降，台湾での高原野菜の新規販路開拓を目的として川上村物産展を毎年開催し，輸出相手地域において消費者に向けた積極的なPR活動を行っている。

これらの催事は，川上村の様子やレタスの効能，調理方法に係るパネル展示や実演，無料提供の抽選会等で構成されている。また，2008年以降は香港でも開催されており，現時点では前述の2地域で行われている。開催場所は百貨店および量販店が中心であるが，日本国内と現地との内外価格差を鑑みて中間層以上が購買層の店舗を選択していた。地域別に見ると，輸出期間や数量の影響から台湾での実施数が多く，年平均5.7店舗で開催されている。開催場所は，日系資本，台湾系資本を問わず開催されていた。それに対して香港は，一貫して日系量販店のみで開催されていた。

表1-7は輸出相手国・地域，品目別に輸出量の推移を示したものである。川上村協議会による高原野菜の輸出は，2006年の台湾向けレタス輸出から始まり，調査時点（2014年）まで継続していた。

23

第Ⅰ部　加工品における取引条件の解明

表1-7　川上村野菜販売戦略協議会による国・地域別，品目別高原野菜輸出の推移

| | | 2006年 | | 2007年 | | 2008年 | |
		実数	構成比	実数	構成比	実数	構成比
台湾	小　計	8,094	100.0	6,391	100.0	2,410	100.0
	レタス	7,650	94.5	6,391	100.0	2,410	100.0
	白菜						
	その他	444	5.5				
香港	小　計					2,140	100.0
	レタス					66	3.1
	白菜					1,659	77.5
	グリーンボール					305	14.3
	その他					110	5.1
シンガポール	小　計						
	レタス						
	白菜						
	その他						
ロシア	小　計						
	レタス						

資料：川上村産業建設課農政係資料から作成。

　現時点の輸出先は，台湾，香港，シンガポールおよびロシアの4国・地域である。このうち，台湾および香港は毎年輸出実績を有している。数量的には，2012年以外は台湾が最大輸出相手国および地域となっている年が多く，輸出量は4,010ケースから1万1,140ケースの範囲で推移している。次いで香港も，2008年以降毎年輸出実績が確認できるものの，その数量は2,140ケースから6,231ケースと台湾との数量の格差は大きい。2010年にはシンガポールおよびロシアへの輸出実績が確認できるものの，試験段階の輸出という位置付けであったため，現時点では単年度のみの実績しか確認できなかった。

　主要な輸出品目は，レタス，はくさい，グリーンボールの3品目であった。国および地域別の需要を見ると，台湾はレタス，香港ははくさいと異なっていた。国および地域別，品目別の輸出動向を整理すると，2010年は円高等の為替変動，2011年は震災・原発事故という明確な要因が影響していると理解できるものの，それ以外の年度を見ても数量の年較差が著しく，未だに安定した輸出が実現できていない点が理解できる。

(単位：ケース（10kg），%)

2009年		2010年		2011年		2012年		2013年	
実数	構成比	実数	構成比	実数	構成比	実数	構成比	実数	構成比
10,090	100.0	6,000	100.0	500	100.0	4,010	100.0	11,140	100.0
8,290	82.2	6,000	100.0	500	100.0	3,260	81.3	9,840	88.3
1,800	17.8					700	17.5		
						50	1.2	1,300	11.7
2,687	100.0	3,683	100.0	2,176	100.0	4,271	100.0	6,231	100.0
481	17.9	218	5.9	28	1.3	276	6.5		
1,528	56.9	3,198	86.8	2,148	98.7	3,806	89.1	6,231	100.0
678	25.2	240	6.5			189	4.4		
		27	0.7						
		37	100.0						
		1	2.7						
		35	94.6						
		1	2.7						
		100	100.0						
		100	100.0						

3）小括

　本項では，川上村協議会が取り組んでいる高原野菜，とりわけ対台湾向けレタス輸出の取り組みに焦点をあてて，輸出事業の展開過程とその特徴について検討してきた。以下では，上述で明らかとなった点を整理するとともに，残された課題と今後の展望を示すと以下の通りである。

　第1に，協議会は，日本国内の消費者が減少することに伴う国内市場の停滞への打開策の提案，川上村産レタスのブランド化の実現，新たな市場への販路拡大を志向することによる生産者のモチベーションの向上の3点を目的に高原野菜の輸出事業を推進していた。

　第2に，わが国と異なる現地での検疫問題へ対応するため，輸出用出荷体制の確立および輸送コスト削減を目指したコールドチェーン化という斬新な取り組みを推進していた。

　第3に，協議会は，輸出開始年以降，毎年海外での高原野菜の新規販路開拓を目的として川上村物産展を開催し，輸出相手地域において消費者に向けた積極的な高原野菜のPR活動を行っていた。

　第4に，主要な輸出品目は，レタス，はくさい，グリーンボールの3品目

第Ⅰ部　加工品における取引条件の解明

であり，国および地域別に見ると，台湾はレタス，香港ははくさいと需要が
異なっていた。2010年は円高などの為替変動，2011年は震災および原発事故
という明確な要因が影響していると理解できるものの，それ以外の年度をみ
ても数量の年較差が著しく，未だ安定した輸出が実現できていないことが示
されていた。

　以上のように，円高，震災および原発事故という厳しい状況下にあっても
協議会はレタス輸出を継続していたが，残された課題も幾つか存在している。

　第1に，品質確保の問題である。台湾輸出は国内の消費地と比較すると遠
隔地にあるため，収穫から現地の店頭に並ぶまでに7日から10日程度の日数
を要してしまうため，品質低下が発生しやすい。特に梅雨時期などにおける
水分を多く含んだレタスは，着荷状態が著しく悪化する事態に陥りやすい。

　第2に，価格面での問題であるが，台湾市場で競合する米国産レタスと比
較すると，価格が高く，需要が伸び悩んでいる[7]。それに加えて，川上村の
生産者サイドの視点から見ても，国内の市場価格と比較した際に台湾輸出向
けの出荷価格が高く有利販売が行えるというわけではないので，メリットが
見出しにくい。過去の実績からも国内市場においてレタスの市況が好調であ
る場合は，対台湾輸出仕向け量が不足する事態に陥ることもあり，安定した
供給体制が構築できているとは言い難い状態と指摘できよう。

　今後のレタス輸出の拡大を目指す上で取り組むべきものとして，下記の2
点を指摘することできる。第1は，輸出仕向けのレタスは，内外価格差を鑑
みるとコストがかさんでいることなどから，現地のレタスとの価格差が大き
く，ロスを発生させることは極めてデメリットが大きい事象といえよう。従
って輸出向けについては，協議会の構成員が中心となり，生産者に雨天時の
収穫を回避するとともに，集出荷場における保管や長期輸送に耐えうる品種
の開発や輸送方法を確立する必要が高いものと思われる。

　第2は，最大輸出相手国および地域である台湾のみでなく，第2位の香港
を含めた主要輸出相手国および地域において効果的なPRを図るとともに，
販売先などとの情報交換を活発に行うことにより現地のニーズの把握に努め，

26

第1章　野菜産地による輸出の特徴と課題

さらなる輸出量の拡大を実現させる必要があるものと想定されよう。特に現時点では，高級品志向の中間層以上の消費者と販路が限定されており，今後は外食店などの業務用需要への対応が望まれるため，関連する事業者のニーズの把握を早急に進めなければならない段階にあると考えられる。

（2）信州諏訪農業協同組合におけるシンガポール向けセルリー輸出の今日的展開

1）信州諏訪農業協同組合の概要

信州農業協同組合（以下，「JA信州諏訪」）は，2004年3月に諏訪湖農業協同組合と諏訪みどり農業協同組合が合併して発足した。組合員は，2万2,453人であり，その内訳は正組合員1万9人（44.9%），准組合員1万2,444人（55.4%）である。

JA信州諏訪の管内は，岡谷市，諏訪市，茅野市，下諏訪市，富士見町，原町の4市・2町で構成されており，本支所30カ所，営業所3カ所が設置されている。職員の総人数は672人である。農業生産に関わる主要な生産者組織として，野菜専門委員会（643人），花き専門委員会（415名），きのこ専門委員会（10名），酪農専門委員会（20人），畜産専門委員会（9人），果樹部会（100人）の3専門委員会・1部会が存在している（数値は2015年の数値）。

管内の農業生産の特徴として，自然特性である清涼な気候（標高700～1,200m）の下で多品目にわたる農畜産物の生産が盛んであり，特にセルリーにとっては最適な産地といわれている。管内におけるセルリー生産の概要をみると，最近10カ年の作付面積は150ha，生産量は9,700t（2014年産実績），販売金額は20～22億円の範囲で推移しており，生産農家数は80戸が確認されている。

なお，夏場の国内市場に出荷されるセルリーのほとんどはJA信州諏訪産（2014年産実績：9,700t）となっており，夏季セルリーの生産・出荷量ともに日本一の規模に至っている。主要な販売先は，全国各地の青果物卸売市場

27

第 I 部　加工品における取引条件の解明

(中央卸売市場，地方卸売市場)，量販店，学校給食関連事業者などがあげられる。

2）信州諏訪農業協同組合によるセルリー輸出の実態

　JA信州諏訪による輸出の目的は，「農家の所得向上」，「需給調整にともなう問題の軽減」の2点を主な目的としてシンガポール向けセルリー輸出を開始するに至った（2011年の輸出は試験的なものであり，2012年から本格的な輸出を開始）。前者（農家の所得向上）については，輸出という海外での販売に取組，新規販路を開拓するだけでなく，継続させることで管内産セルリーの品質の高さを内外に示すというブランドイメージの向上への効果も期待していた。

　次に後者（需給調整）については，管内の生産量を半年程度（5〜11月）の期間で流通させる必要性が高い点が関係している。収穫最盛期には1日当たりの出荷量が1万1,000ケース[8]に至ることもあり，限定された数量であるものの，需給安定のため廃棄調整を実施するケースも存在している。したがって，特定野菜に指定されているが，セルリーは野菜の中でも嗜好品的な消費特性を有する野菜であり，他の野菜と比較すると需要確保の難易度が高い品目と位置づけられている[9]。

　こうした背景から，生産調整のためとはいえ，廃棄調整が継続すると，生産農家のセルリー栽培に対するモチベーションの低下につながる可能性も否めないため，農協担当者による発案を契機に，新規販路の開拓事業として輸出を視野に入れた取組を開始することとなった。JA信州諏訪におけるセルリー輸出事業の到達目標として，輸出量を拡大することにより，国内の価格下落を抑制し，生産農家の収益を安定させることが掲げられていた。こうした経緯から，輸出に仕向けられるセルリーの規格は，生産量の50〜60%程度と過半数を占めている2Lサイズの上位等級に設定している。

　表1-8は，最近のJA信州諏訪におけるセルリー輸出の推移を示したものである。この表をみると，本格的に輸出の取組を開始して以降，2013年：

28

第1章　野菜産地による輸出の特徴と課題

表1-8　最近のJA信州諏訪におけるセルリー輸出の推移

（単位：トン，％，1ドル当たり円）

	合計		シンガポール		香港		為替レート
	実数	構成比	実数	構成比	実数	構成比	米ドル／円
2013 年	10	100.0	10	100.0			79.8
2014 年	23	100.0	23	100.0			97.6
2015 年	50	100.0	30	60.0	20	40	105.9

資料：調査結果より筆者作成。

10t→2014年：23t→2015年：50tと前年から倍増していることが確認でき，管内の生産量を鑑みれば限定された数量とはいえるものの，着実に輸出量を拡大傾向にあることが理解できる。

　また，開始当初は輸出相手国・地域はシンガポールのみであったが，2014年からは香港も加わり，新たな拡がりをみせていることも確認できる。シンガポールおよび香港を輸出相手国・地域に設定した理由は，①経済成長著しいアジアの新興国・地域に居住する富裕層に焦点をあてた点，②アジアの新興国・地域の中で検疫制度が緩やかであり，なおかつ関税もさほど高く設定されていない点，の2点が指摘できる。

　したがって，台湾の様な輸入時にくん蒸処理を施す国・地域では，日本産セルリーの品質面での優位性を見出しにくい状況下であるために他国・地域産との差別化を図り，販路確保を行うのが困難であると容易に想定できるため，輸出相手国・地域として敬遠せざるを得ないとのことである。

　調査時点での輸出相手国・地域の主要な販売先は，日本人向けの量販店が中心であり，一部ホテルとの取引も存在している。これらの販売先に関しては，仲卸業者が主導で開拓し，仲介業務も担っている。現地住民向けのローカルスーパーでの取り扱いは積極的には行われておらず，その数量を確認するまでには至っていなかった。

　図1-2は，JA信州諏訪によるシンガポール向けセルリーの輸出ルートに

29

第Ⅰ部 加工品における取引条件の解明

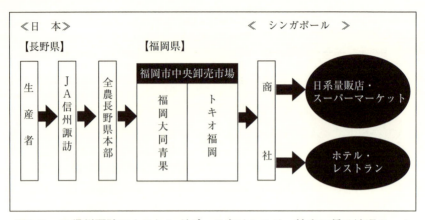

図1-2 JA信州諏訪によるシンガポール向けセルリー輸出に係る流通ルート
資料：表1-8と同じ。

ついて図示したものである。この図から，全農長野県本部，福岡市内の卸売・仲卸を経由して現地商社へ販売していることが理解できる。流通経費については，福岡中央卸売市場の市場手数料のみであり，それ以降のコストをJA信州諏訪が支払う必要はないとのことであった。輸送料についても福岡中央卸売市場までの費用のみを負担しているが，国内仕向けの取引もあるためにさほど大きな負担とはなっていなかった。訪問面接調査によると，シンガポールに輸出する際には，仲卸業者が国内市場の価格に加えて，船便は1ケース（10kg）当たり700円，航空便であれば同5,500円の経費（運賃，ロス負担分を含む）を負担して支払っていることが確認できた（金額は調査時点の数値）。また，市場出荷であれば全農が代金回収に係る業務を担当することとなるため，単協の作業負担が増加することはなかった。販売価格に関しては，国内市場の価格に準じて取引価格を決定（毎週1回決定）している。価格決定後の翌週には輸出が可能な仕組みとなっている。

船便では，シンガポールまで2週間，香港までは1週間で到着することが可能である。調査時点ではJA信州諏訪によるセルリー輸出は船便による輸送がほぼ全量であった。船便を選択した理由は，①航空便と比較して価格が

第1章　野菜産地による輸出の特徴と課題

安価に抑えられる点（香港便の例では1/10の費用で対応可能），②セルリーにおいては輸送時の品質保持の面では航空便よりも船便に優位性が存在している点の2点をあげていた。

とりわけ，②については，航空便を使えば短時間で現地へ輸送することは可能であるが，卸売市場から常温（のカーゴ）で運ばれているため，現地へ到着した時点では鮮度が劣化（棚持ちが悪い）するという不安要素も存在している。それと比較すると，船便はリーファーコンテナで適温（1度）に設定して輸送することが可能であるため，航空便よりも利用度が高いことにつながっている。なお，輸送時のセルリーの荷姿は，段ボール箱によるものであり，これも国内流通と同様な形態で行われていた。

現地消費者向けのプロモーション活動は，仲卸業者が中心となって取り組んでいるが，JA信州諏訪も宣伝用ポスター，広告・チラシ，パンフレットなどの印刷物に加え，POPという販促資材の作成を独自に行っている。これらの費用は年間200万円程度であり，一定程度の金額を負担していた。印刷物はセルリーの機能性に加えて，JA信州諏訪という組織が，自然が豊かで気候などの自然条件が野菜栽培に適した地にあり，なおかつ安全・安心な生産物の提供が可能であることを前面に打ち出した英文標記によるポスターや印刷物も作成されていた。

現地でのプロモーションに関しては，シンガポールのセルリー市場においてトップシェアを誇るアメリカ産との差別化をいかに図るのかが販路開拓のポイントとなっている。一般的に米国産（グリーン系）は（緑）色が濃く，強い香りという特性を有しており，炒め物などに調理して消費されている。それに対して，日本産（コーネル系）は，肉厚で軟らかく，生食で消費しても食べやすいという特性であるため，棲み分けは可能である。しかしながら，担当者によると，現時点では市場シェアの大きいアメリカ産の印象が消費者に強くイメージされており，その影響を克服することが必要と指摘されている。とはいえ，調査時点でも，白く黄色がかった緑色である日本産セルリーへの消費者の反応は，限定されたものであるが富裕層を中心に食感とうま味

31

第Ⅰ部　加工品における取引条件の解明

に対して高評価を与えるものも存在しており，今後の市場での評価を高めて
いく必要があるものと理解している。

3）小括

　本項では，JA信州諏訪が取り組んでいる野菜輸出，とりわけ対シンガポ
ール向けセロリー輸出の取り組みに焦点をあて，輸出事業の展開とその特徴
について検討してきた。以下では上述で明らかとなった点を整理するととも
に，残された課題とその展望について示していく。

　第1に，輸出の目的は，需給調整として廃棄される数量を軽減させて，販
売価格の下落を抑制することを前提にしており，中長期的には新規市場開拓
という目標が掲げられているが，現時点（短期的な目標）では国内余剰分の
供給先という限定された位置づけであることが明らかとなった。

　第2に，卸売業者，仲卸業者と連携し，国内販売と同様な流通形態を利活
用してコストを極力削減したセルリーのシンガポール向け輸出を実現してい
た。このような形態による輸出は，事業資金や規模に限りがある単位農協に
とって参考となる取り組みであるものと考えられる。

　上述のように，シンガポール市場で安価な米国産と競合しながらも，販路
の確保を目指すという厳しい状況下にあっても，JA信州諏訪はセルリー輸
出を継続し，輸出数量も増加傾向を示しつつあるが，残された課題もいくつ
か存在している。

　第1に，シンガポール市場において，米国産との差別化を明確にし，消費
者へPRする必要性が高いことが指摘できる。上述のように，富裕層を中心
に日本産セルリーの食感やうま味に需要を喚起されている消費者も存在して
いる。しかしながら，現在は日系量販店での販売が大部分を占めており，今
後輸出量の拡大を目指すには新規需要が必要な状況といえよう。したがって，
日系量販店以外にも富裕層による野菜消費が想定されるホテル・レストラン
に対する積極的なアプローチに取り組むことを検討する段階に至ったものと
思われる。このような新規需要が期待される販路にターゲットを絞り，前節

第1章　野菜産地による輸出の特徴と課題

で述べたような日本産セルリーの優位性（食感，安全性など）について，繰り返しプロモーションを行うことは需要確保のために取り組むべき課題の一つと考えられよう。

第2にセルリーという単一品目での輸出では数量が限定されており，現地での販路拡大や販路確保を目指す上での隘路といえよう。調査時点では，JA信州諏訪は今後管内で生産されている特産野菜であるキャベツ，ほうれんそうなどとのセット販売による輸出や，県内の大規模なレタス産地である他地域の農協と連携した取り組みも計画している。その広域的な視点での輸出事業に関しては有益なケーススタディとなることが容易に想定できるため，早い段階での実現が期待されるところである。

ただし，これらの活動を単位農協のみで全て担うことは不可能であることは容易に想定できるものであり，複数の農協をはじめ，流通などの他業種，自治体・関連機関などを含めた連携した取り組みが望まれていることが理解できよう。

4．おわりに

本章では，我が国における野菜産地における輸出の現段階的特徴と課題について資料および調査結果を中心に検討してきた。最後にまとめとして，前節までに明らかになった点と今後の展望を整理すると下記の通りである。

第1に，我が国の農林水産物・食品輸出の特徴として，加工食品や水産物と比較すると果実・野菜，畜産物，穀物等は小規模で推移している点，輸出相手国・地域の上位は概ねアジアに集中している点，が明らかとなり，限定された範囲での輸出であることが理解できる。輸出事業主体の中心については県等輸出促進協議会・公社および農林水産業協同組合から食品企業・商社と公的な機関や関連団体から民間セクターへシフトしていた。

第2に，輸出推進政策に伴う支援事業の増加に触発され，輸出に取り組む事業主体が増えたため，日本産農産物・食品の輸出が活発な国・地域におい

33

第Ⅰ部　加工品における取引条件の解明

ては産地間競争が発生しつつある段階に至っていることが確認できた。とりわけ，震災・原発事故以降は，東北，関東甲信越からの輸出が停滞したことを受けて，前述の地域より以西の地域による販路が拡大していることが明らかとなった。

　第3に野菜主産地による輸出をみていくと，輸出の目的として，短期的には需給調整として国内販売価格の下落を抑制する役割があり，それに加えて新規市場開拓という中長期的な目標が掲げられている。しかしながら，その実情をみると，前者の先進的な事例であっても国内余剰分の供給先という限定された流通であることが明らかとなった。

　上述の状況下で我が国の農産物輸出は輸出額を増加傾向を示しつつあるが，残された課題も幾つか存在している。

　第1に，輸出相手国・地域において，他国産との差別化を明確にし，消費者へPRする必要性が高いことが指摘できる。本章で述べたように富裕層を中心に日本産農産物の需要が存在している。しかしながら，現在は日系量販店・スーパーマーケットでの販売が大部分を占めており，今後輸出量の拡大を目指すのであるならば新規需要が必要な状況にあるといえよう。さらに単一品目での輸出では数量が限定されており，現地での販路拡大や販路確保を目指す上での隘路となっている。ただし，以上の点を単一の協議会や単協が全て担うことは不可能で有ることは容易に想定されるものであり，自治体，協議会，関連機関，企業等を含めた連携した取り組みが望まれていることが理解できよう。

　以上の結果を踏まえ，今後の農産物輸出に係る展望を述べていこう。筆者は農林水産物・食品輸出を安定させるためには，産地および消費地の実態を踏まえた上での輸出事業主体に対する客観的な提言や実現性のあるプランニング，プロジェクトの提案が求められるのではないかと考える。

　それ故，農林水産物・食品輸出の研究や提言に関しては，優良事例又は先行事例，消費地（輸出相手国・地域）の実態調査を中心にデータを蓄積し，具体的な検証を行う段階にあると容易に指摘できるため，これらの点に対応

34

第1章　野菜産地による輸出の特徴と課題

できる分析を引き続き検討していきたいと考えている。

　［付記］
　本章は，石塚（2015，2016，2017）をベースに再構成し，加筆・修正した
ものである。

［注］
1）本章に係る調査の概要は以下の通りである。筆者は，2014年10月に川上村産
　業建設課，2015年11月に信州諏訪農業協同組合営農部生産販売課を幹部職員，
　担当職員を対象に訪問面接調査を実施した。ご多忙であるにも関わらず，ご
　協力いただいた関係職員の皆様へこの場を借りて謝意を申し上げる。なお，
　調査の実施にあたってはJSPS科研費26252037，16K07887の助成を受けたもの
　である。
2）農林水産省「農林水産物の輸出取組事例」は，2008年以降毎年公表される資
　料である（震災・原発事項の影響により，2011年の数値のみ未公表）。記載内
　容は，各種支援事業の対象者を中心に取り纏められている。本資料は，輸出
　事業主体の全てを網羅しているわけではないものの，①政府による農林水産物・
　食品輸出関係の資料は稀少な点，②当該資料以上に輸出事業主体を収録した
　資料が皆無な点を踏まえると，我が国の輸出事業主体の動向を把握する上で
　一定程度の役割を果たす有益な資料と判断できよう。
3）農業センサス（2010年版）によると，全国，長野県の総基幹的農業従事者に
　占める65歳以上の比率は69.0％，61.1％である。
4）台湾で違反した場合，くん蒸処理が施されるため販売可能な品質が確保できず，
　廃棄処分となるケースが多い。
5）当初は積出港である横浜で検疫を実施していたが，現在は名古屋港から検疫
　官を招聘して産地で検疫検査を実施し，通過したものを出荷する形式に変更
　した。
6）概ね40フィートコンテナ満載分に相当する。
7）川上村協議会による台湾市場調査（2008年，2009年に実施）によると，日本
　産レタス1玉55～69元，米国産45～49元であり，約10～20元の価格差が生じ
　ている。
8）1ケース当たりの重量は10kgである。
9）JA信州諏訪の担当者は，量販店1店舗当たりの販売量が3ケース（30kg/日）
　程度であれば，優良な販売店舗として認識される旨の実情を述べていた。

第Ⅰ部　加工品における取引条件の解明

［引用文献］

福田　晋（2016）『農畜産物輸出拡大可能性を探る―戦略的マーケティング戦略の観点から―』農林統計出版。

石塚哉史（2012）「ながいも産地における輸出戦略の再編」『農業市場研究』第21巻第2号，pp.49-54。

石塚哉史（2015）「川上村野菜販売戦略協議会による高原野菜輸出の取り組み」『野菜情報』Vol.134，pp.43-51。

石塚哉史（2016）「産地農協におけるセルリー輸出の今日的展開」『野菜情報』Vol.143，pp.48-55。

石塚哉史（2017）「農産物・食品輸出の現段階特質と展望」『農業市場研究』第25巻3号，pp.4-13。

石塚哉史・神代英昭編著（2013）『わが国における農産物輸出戦略の現段階と展望』筑波書房。

中村哲也（2016）「農産物輸出をめぐるバリューチェーン構築の可能性」斎藤修監修，佐藤和憲編著『フードシステム革新のニューウェーブ』日本経済評論社，pp.154-177。

成田拓未（2013）「原子力発電所事故以後のリンゴ輸出における風評被害の実態と対策」神田健策編著『新自由主義下の地域・農業・農協』筑波書房，pp.135-150。

成田拓未・黄孝春（2008）「日本産農産物の対中国輸出の課題と展望」『農業市場研究』第17巻第2号，pp.55-66。

根師梓（2008）「台湾における「日本茶」市場動向と日本産緑茶の課題」『農業市場研究』第18巻第2号，pp.88-94。

佐藤敦信（2013）『日本産農産物の対台湾輸出と制度への対応』農林統計出版。

佐藤和憲（2012）「農産物輸出におけるマーケティングの課題」斎藤修・下渡敏治・中嶋康博編著『東アジアフードシステム圏の成立条件』農林統計出版，pp.61-78。

栩木誠（2013）「長野県川上村レタス輸出，行政指導方式の可能性と課題」『農業市場研究』第21巻第4号，pp.38-44。

吉田良生・角本伸晃・水野英雄（2013）「東日本大震災後の日本の農産物輸出の動向と各国の規制対策」『社会とマネジメント』第10巻第2号，pp.73-89。

（石塚哉史）

第2章

加工食品輸出の意義と現段階

1．はじめに

　近年，政策面でも実践面でも農林水産物・食品の輸出促進に関する注目が急速に高まっている。しかしながらこれまで学術的に輸出の現状や意義・課題が取りあげられる機会は少なかった。

　特に加工食品は，農林水産物・食品全体の輸出促進を考える際にも寄せられる期待が極めて大きい。なぜなら，現時点での輸出実績や全体に占める割合が大きいこと，早い時期から民間の大企業を中心に積極的な海外展開が図られてきた経緯をもつからである。

　しかしこのような注目や期待が高まっている一方で，加工食品輸出の実態についてはこれまで十分に検討される機会は少なかった。そこで本章では，加工食品の輸出の意義と現段階について，政策面，実践面の両側面から，総合的に検討してみたい[1]。

2．農林水産物・食品の輸出実績と政府の輸出促進戦略

（1）農林水産物・食品輸出実績の推移

　石塚・神代（2013）で指摘したように，2003年以降農林水産物・食品の輸出促進に向けての積極的な取り組みが本格化し，輸出金額も2007年までは拡大していた。しかし，サブプライムローンを起点とした世界的な景気後退（2008 〜 09年）や，福島第一原子力発電所の事故に伴う諸外国の輸入規制強化（2011 〜 12年）などの影響により，2008 〜 12年までの輸出金額は停滞し，

37

第Ⅰ部　加工品における取引条件の解明

4,000 ～ 5,000億円台にとどまっていた。

　ところがその後の2013 ～ 15年にかけて，農林水産物・食品の輸出金額が著しい増大の一途をたどっており，輸出統計の開始年（1955年）以来，史上最高の実績を3年連続で更新し続けている。2013年は5,506億円（対前年比22.4％増），2014年は6,117億円（対前年比11.1％増），2015年は7,451億円（対前年比21.8％増）であった。全国農業新聞（2014）では，2013年度の輸出金額の急増を取り上げ，円安と日本食ブーム，東南アジア諸国の経済成長という環境変化の追い風の存在を指摘している。それととともに，農林水産省の「官民ともにやる気スイッチが入った成果」という表現を取り上げながら，政府の輸出促進戦略が「取りあえず順調に滑り出した」と評価している。

（2）政府の輸出促進戦略の基本的考えと特徴

　政府の輸出促進戦略の基本的考えは，その時々で表現は多少変化するが，おおむね世界の今後の食市場の成長を取り込むことで，日本の農林漁業者や食品事業者の所得向上や，意欲ある若い担い手の参入を促進することと整理できる。

　近年の政府の輸出促進戦略のベースとなっているのは，2013年8月の『農林水産物・食品の国別・品目別輸出戦略』（以下，「戦略」と略）である。「戦略」では，具体的な数値目標として，2020年までに輸出金額を1兆円規模まで拡大することを掲げ，重点国・地域，重点品目へ支援を集中させることを明確化した[2]。神代（2015）は「戦略」の特徴を2点指摘している。第1に，輸出拡大だけを促進するのではなく，日本の食文化の普及や食産業の海外展開と併せて一体的に推進する「FBI戦略」の明確化である[3]。第2に，輸出促進の重点的な柱に加工食品を据えていることである。

3．加工食品輸出の位置づけ

（1）『農林水産物・食品の国別・品目別輸出概略』における加工食品の位置

　「戦略」における加工食品の扱いは極めて大きい。輸出金額全体を2020年

38

第 2 章　加工食品輸出の意義と現段階

表 2-1　「戦略」記載の輸出目標と実績

単位：億円

	2012 年実績	2016 年中間目標	2020 年目標	倍率（金額）			2015 年実績	
				12→16	16→20	12→20		実現率
水産物	1,700	2,600	3,500	1.5	1.3	2.1	2,757	106.0%
加工食品	1,300	2,300	5,000	1.8	2.2	3.8	2,258	98.2%
コメ・コメ加工品（米菓・日本酒含）	130	280	600	2.2	2.1	4.6	201	71.8%
林産物	120	190	250	1.6	1.3	2.1	270	142.1%
花き	80	135	150	1.7	1.1	1.9	85	63.0%
青果物	80	170	250	2.1	1.5	3.1	235	138.2%
牛肉	50	113	250	2.3	2.2	5.0	110	97.3%
茶	50	100	150	2.0	1.5	3.0	101	101.0%
合計	4,500	7,000	10,150	1.6	1.5	2.3	7,451	106.4%

資料：農林水産省『農林水産物・食品の国別・品目別輸出戦略』の数値を基に筆者作成。

までに2.3倍にする計画が描かれているが，その中でも加工食品全体の将来目標は他の品目と比較して群を抜く水準に設定されている（**表2-1**）。2012年実績から2020年目標への倍率が大きいのは牛肉（5.0倍），コメ・コメ加工品（4.6倍），加工食品（3.8倍）であるが，輸出金額では圧倒的に加工食品が大きい。また輸出金額で同水準の水産物の倍率（2.1倍）と比較することで，加工食品に寄せられる期待の大きさが見て取れる。

　次に2016年の中間目標と2015年の実績を比較すると，加工食品はほぼ計画通りの実現率（98.2％）であるが，2016 〜 20年にはこれまでの期間（1.8倍）をさらに上回る拡大（2.2倍）が求められている。

　「戦略」では加工食品を，①調味料類，②菓子類，清涼飲料水，③レトルト食品，アルコール飲料など[4]の3つに分類し，現状分析と目標設定を行っている。特に，①，②に対する期待が非常に大きい。それぞれの2012年実績と2020年目標は①270億円→1,600億円（5.9倍），②215億円→1,400億円（6.5倍），③814億円→2,000億円（2.5倍）である。また「戦略」の現状分析と目標設定の表現を引用すると，①については「みそ，醬油をはじめ日本の調味料は「日本食」の根幹をなすものであり，調味料だけは日本製にこだわる事業者も多い」ことから，「日本食を構成するキラーコンテンツの代表として，

39

第Ⅰ部　加工品における取引条件の解明

日本食の普及・Made by Japan普及の取り組みとあわせて進める」と記述している。②については，「菓子類・清涼飲料水は日本の文化等とも関連させやすい」ことから，「大手メーカーの魅力ある商品による市場拡大が主となるが，中小企業の商品については，（中略）後押しする（中略）取組を進める」と記述している。

　政府の輸出促進戦略における加工食品の位置づけを整理すれば，FBI戦略との関係や連携も強く意識し，日本らしさを活かして，一部の加工食品を，大手メーカーを中心として集中的に拡大することが掲げられている。これは後述するように，加工食品輸出の従来路線の延長線上に位置づくと考えられる。

（2）取組主体にとっての農林水産物・食品輸出の意義

　これまで政策面での輸出促進戦略の位置づけに注目してきた。その一方，実際の輸出取組主体にとっての輸出の意義・目的は見えづらい。特に加工食品の輸出の意義・特徴についてはこれまで十分な検討・整理がなされているとは言えない。

　例えば農林水産省（2009）が農林水産物・食品輸出の目的として指摘しているのは，①国内市場・生産現場の充実と可能性，②国内市場の販売価格の安定の可能性，③国内市場では評価されにくい生産物が評価される可能性，④食料自給率の向上や地域の活性化に貢献，の4点である。ただし具体例として併記されている品目に注目すると，米，いちご，水産物，牛肉，りんごというように，あくまでも生鮮食品が中心と考えられるため，加工食品にそのまま当てはめるわけにはいかない。そこで本章では加工食品の取組主体にとっての輸出の意義について改めて考えるが，その際に注意を要する点として，2つの商品特性をまず提起してみたい。

　第一に，保存・流通などに関する制約度合いと輸出の自由度の関係である。生鮮食品は収穫前の量・質のコントロールが極めて難しいとともに，収穫後も保存・流通適性が乏しい。長距離，長期間輸送と安全性検査が必要不可欠

40

なため，輸出には困難が伴う。そのため取組主体にとっては国内市場が中心で輸出市場は補助的な位置になることが多い。一方加工食品はこれらの制約が小さいために，取組主体の考え方中心で輸出市場の位置づけも自由に決定できる可能性が高まる。

　第二に，輸出に向けたサプライチェーン（供給連鎖）を考える際のスタート地点の違いである。生鮮食品の場合，輸出サプライチェーンのスタート地点は生産者や生産者団体となることが多い。そのため輸出の意義や効果についても国内生産地が中心になることが多い。その一方，加工食品は食品製造業者の関与が不可欠なため，輸出サプライチェーンのスタート地点も食品製造業者の場合が大半であるとともに，輸出に関して食品製造業者が果たす役割が大きい。原料にさらに加工を施すことで新たな付加価値を獲得する可能性もあるが，その一方で，国内原料生産地との関係が必ずしも保障されるわけではない。そもそも食品製造業者の国産原料使用率がそれほど高くないという指摘もあり[5]，加工食品の輸出拡大が国内生産地に波及効果を与えるとは単純にはいえない。

　以上の2つの商品特性を考慮しただけでも，生鮮食品とは異なる部分が少なくない。ただしここでは論点提起にとどめ，4．にて事例分析を行った後に，その結果を踏まえて5．で再整理することにする。

4．加工食品の輸出と食品製造業の経営戦略・海外展開

（1）事例分析企業の選択理由と概要

　周知の通り，加工食品には多様な品目が含まれているとともに，大企業が支配的な業種と，中小企業が多く存在する業種もあるため，食品製造業は大企業と中小企業が併存する構造を取るのが一般的である（大矢 2016）。

　そこで本章では，品目，企業規模，経営戦略の違い等を考慮したうえで，輸出や海外展開に取り組む3つの企業を選択し，比較分析することを通じて，食品製造業の経営戦略との関係を意識しながら，加工食品の輸出や海外展開

第Ⅰ部　加工品における取引条件の解明

表2-2　事例分析の対象企業の特徴

企業名	キッコーマン	岩手阿部製粉	石橋屋
品目	醤油 (調味料)	和菓子 (菓子)	こんにゃく (その他)
企業規模 総販売額	大企業 4,083億円	中企業 10億円	小企業 1.8億円
立地	海外・国内	岩手県	福岡県
海外展開時期	1957年～	1976年～	2002年～
海外展開 地域	世界100カ国 現地工場5カ国	13カ国 アジア，北米	15カ国 米，EU，アジア
情報源	文献，HP情報の整理	2016年5月聞き取り調査	2016年2月聞き取り調査

資料：聞き取り調査を基に，筆者作成。

の関係について分析する（表2-2）。

（2）大企業のグローバル経営戦略：キッコーマン株式会社

　醤油は，現時点では国際的に高い知名度を得ているとともに，輸出実績も大きい。財務省「貿易統計」によれば，醤油の輸出実績（2015年）は，26,001kℓ・61.8億円，輸出相手国数は67である。ただし，こうした現在の「有望」食材の地位は，民間の大企業の，積極的かつ地道な海外進出・展開の蓄積によって成し遂げられた結果である。

　キッコーマン株式会社は醤油製造企業として1917年に設立した。1950年代から海外展開を開始し，アメリカに販売会社を設置し醤油の国際化に取り組んでいた（茂木 2007，キッコーマンHP）。醤油は生活必需品で消費が安定している分，急激な拡大が見込みづらいことに着目し，早くからの国際化戦略，多角化戦略が意識されていた。

　当初は駐在日本人や日系人を対象とした，人に商品がついていく「移出」の段階であったが，その後，現地の一般消費者相手の「輸出・現地化」を目指していく。「日本製」を前面に打ち出しすぎないように心がけ，日本料理の調味料として伝えるのではなく，醤油を使ったアメリカ人好みの料理を開発し，まず醤油の「味」を知ってもらいそれから料理の使い方も覚えてもらう地道な動きを展開し[6]，それに応じて次第に海外の現地需要を拡大してき

42

た。2015年度のキッコーマンの海外における醤油販売量は20万8,000kℓで，1975～2015年の1年あたり平均伸び率は8.2%である。

海外での需要拡大の動きに対応し，キッコーマンは現地工場の設立と現地生産化の動きを強めていく。当初はビン詰め工程のみの現地化からスタートしたが，次第に完全現地化していき，現在は5カ国に7つの現地生産工場を保有している。2014年時点の同社の総販売額4,083億円のうち57%を海外が，営業利益325億円のうち73%を海外が占めていることからもわかるように，キッコーマンはかなり積極的にグローバル経営を展開する企業といえる。現地生産化のメリットとして，①海路輸送コストの削減，②関税を払う必要がなくなる，③現地調達すれば原料調達費が安くなることが，デメリットとしては，①陸上輸送コストの上昇，②現地の工場にはない特注の機械が多くなることから設備投資がかさむこと，③地域社会・住民との関係構築が重要になることが指摘されている。

図2-1はキッコーマン以外も含めた，醤油の海外生産量と日本からの輸出

図2-1　醤油の海外生産量と日本からの輸出量

資料：財務省「貿易統計」の輸出量と，しょうゆ情報センター『醤油の統計資料』の海外生産量の数値を基に，筆者作成。

第Ⅰ部　加工品における取引条件の解明

量の関係を示している。確かに日本からの輸出量も継続的に拡大しているものの，実際には輸出をはるかに上回る勢いで，日本企業による海外生産量が増加している。2014年の海外生産量は輸出量の9.6倍である。また同年の日本国内での醤油出荷量101万1,165kℓを基に計算すると，日本国内で製造された醤油のうち輸出に回された割合は2.8％である。また，日本企業による醤油製造量のうち21.4％が海外工場で製造されていることとなる（ちなみに1990年時点ではそれぞれ0.7％，4.5％であった）。醤油の国際化は，日本国内製造業者の輸出拡大以上に進展した現地生産化を中心に実現されたといえる。

（3）中企業の経営展開と冷凍生和菓子の輸出：岩手阿部製粉株式会社

岩手阿部製粉株式会社は岩手県花巻市に立地し，創業1954年，法人設立1975年である。従業員数は85人，資本金1,400万円，総販売額は約10億円の中企業である。創業当初は製粉業としてスタートしたが，製粉業界の競争が激しくなった1966年に米菓製造工場を併設したことを契機に，その後は穀類の製粉から和菓子の製造・販売まで一貫して行うようになっている。地域農業や国内農業への貢献のため，国産原料の使用（うるち米，もち米，雑穀，黒豆，桜葉，小麦，小豆など）にこだわっている。国内の販売先は生協，通販，自社販売，業務用，和菓子屋などである。

輸出を本格化したのは1976年の香港での日本食フェアへの参加が契機である[7]。同社は同時期に国内で和菓子部門のチェーン工場（「北上京チェーン」）の全国展開を図っていたが，西日本にはなかなか広がらず，その突破口を開く「遠交近攻の策」として，香港への展開を考えた。香港の百貨店店頭に製造機材を持ち込み，生和菓子の製造販売を実施したところ，好評を博した。早速，現地工場などの海外展開を検討したが，賃貸価格の面などで折り合わなかった。そこで日本の工場で製造した直後に冷凍して輸出することを思いついた。2年余りの試行錯誤を経て，防腐剤を使用せずマイナス40℃以下で急速冷凍し，食べる前に室温2時間で自然解凍する冷凍生大福を開発した。穀類の製粉から和菓子の製造まで一貫して行っている強みを生かしながら，

第2章　加工食品輸出の意義と現段階

冷凍という冬眠技術を新たに開発したことによって品質保持期間が1年間となり，無添加，無着色の作りたて味を保持した和菓子を異国の地に安全に届けることができるようになったのである。

　この冷凍生和菓子が現在の輸出の主力商品であり，輸出実績は3,000万円である。輸出相手国は香港，アメリカ，カナダ，EU，シンガポール，オーストラリアなど13カ国である。中間流通は商社12社と取引している。輸出商品の最終消費者は百貨店や飲食店などである。輸出先の取引相手から求められる食品安全性対策として，菓子製造工場で日本冷凍食品協会の認定を取得している。

　輸出に取り組む効果として指名買いが多く販売量が安定することを，課題としては為替レートの変動により，収入が安定しないことを指摘している。今後の輸出の方針としては拡大する意向ではあるが，最大でも総販売額の10％以下にとどめる方針である。

（4）小企業の経営展開とこんにゃくの輸出：有限会社　石橋屋

　こんにゃく製品は超低カロリー，豊富な食物繊維という効能を保有しており，世界で広がる「日本食＝健康食」というイメージに合致する今後の可能性は高い。こんにゃくは保存期間が長く（板こんにゃくで約1年間），常温コンテナの船便（2～3カ月）にも十分対応できるように，保存・流通適性に優れている。しかし他国には存在しない，日本独自の食文化に根付いた伝統的加工食品であることから，現在のこんにゃく製品の海外の消費および知名度は極めて低い（神代 2015）。

　石橋屋は福岡県大牟田市に立地し，創業1877年，法人設立1992年である。従業員数は12人，資本金800万円，総販売額が1億8,000万円の小企業である。こんにゃく製品の製造が主な業務であり，国内の販売先はスーパーマーケット，百貨店，生協などである。原料は全て国内産を使用している。

　輸出を開始したのは2002年にシンガポールで開催された日本食フェアへの参加が契機である。昔ながらの伝統的な手作り製法（バタ練り）にこだわっ

45

第Ⅰ部　加工品における取引条件の解明

た，自慢の高品質の板こんにゃくをシンガポールに持って行った。在留日本人には喜んで受け入れられたものの，日本人以外には日本国内向けの定番商品が全く相手にされない経験を目の当たりとした。この様な経験を糧に，海外経験を持つシェフとアドバイザー契約を交わし，“洋食の3原色”（赤，緑，黄）を意識し，穀物と野菜（ほうれん草，かぼちゃ，にんじん）を混ぜたパスタタイプの商品「雑穀こんにゃく麺」を作り上げた。さらにスープとの絡み具合や食感・のどごしも楽しめるよう，断面を星形にする工夫も施した。

　現在の輸出の主力商品はこの雑穀こんにゃく麺であり，輸出実績は70tである。輸出相手国はアメリカ，EU3カ国，東南アジアなど15カ国にわたる。中間流通は商社経由を基本とし，輸出商品の最終消費者は量販店や外食企業である。

　輸出に取り組む効果として創業者魂が復活することを，課題としては外国語の資料作成など展示会出展に向けてのハードルが高いことを指摘している。今後の輸出の方針としては，量を拡大する予定はないが，情報収集やネットワーク構築のために，現時点での取引を維持する意向である。

5．おわりに―加工食品の輸出の意義と現段階―

（1）事例分析からみる加工食品輸出の意義・特徴

　事例分析から見えてくる加工食品輸出の意義・特徴について，生鮮食品輸出の意義（3．（2）の農林水産省（2009）による農林水産物・食品輸出の目的）と比較しながら，再検討してみたい。

1）経営者・従業員の意欲向上

　どの事例においても，経営者が海外の市場に出向き，異文化を体験することで，創業者魂，開拓者精神が刺激されている。国内市場では安定した地位を築く企業であっても，海外市場ではベンチャーとなり，革新やスピード感が必要とされるのである。また，輸出開始にあたっては，国内市場向けとは

別の製造・供給体制を構築する必要があるため，従業員にとっても，技術水準向上のための良い緊張感をもたらす。

この点は，生鮮食品輸出の意義①「国内市場・生産現場の充実と可能性」と共通する。

2）適正な価格設定と利益水準の確保

国内の食品製造業界では，消費が飽和から縮小に向かっていることも影響し，同業者間だけでなく，対小売業者との間でも価格競争が激化している。輸出に取り組むことは国内市場よりも厳しい技術・制度条件が必要とされる分，競争者が少ない。中小企業の輸出取組事例では商社経由の間接流通を選択することが多く，その場合は輸出仕向けであっても手取り価格は国内市場向けと同一水準のことが多い。しかし国内市場では量販店向けを中心に価格競争が激化しているが，輸出はそれを回避できることの効果は大きい。

この点は生鮮食品輸出の意義②「国内市場の販売価格の安定の可能性」と共通する。

3）現地需要に適合する輸出向けの新製品開発が不可欠

どの事例においても，国内市場向けの製品をそのまま輸出するのではなく，現地の需要に適合する新製品開発や地道な普及活動を行うことを通じて，ようやく輸出が軌道に乗るようになっていた。

そもそも食料消費と食生活には密接なつながりがあり，異なる食文化圏の食品はもともと現地に存在しないものであり，それがそのまま取り入れられることは少ない。特に製造地の味覚，食習慣，利用方法に基づく消費形態を前提とした高度加工食品はその傾向が強い（門間 2006）。その壁を乗り越えるための地道な「出したい市場」づくり（新興市場の開拓）の積み重ねの結果として，現在の「出せる市場」（安定市場）が形成されている。

この点は生鮮食品の輸出の意義③「国内市場では評価されにくい生産物（規格外品，風習・嗜好の違い）が評価される可能性」とは大きく異なる。

第Ⅰ部　加工品における取引条件の解明

4）食品製造業の経営戦略・海外展開の形態と国内生産者との関係

　事例分析で扱った企業は，それぞれの経営戦略全体の一部として，輸出や海外展開に取り組んでいる。海外に目を向けた理由が，国内市場の飽和，競争にあることは共通しているが，その後の展開過程や到達度は異なる。

　佐藤（2012）では，国際マーケティング論の枠組みから輸出や海外の事業展開に関する発展段階を6つに整理するとともに[8]，生鮮食品を中心としたこれまでの輸出事例の大半は国内段階Ⅰから国内段階Ⅱへ一歩踏み出した段階にあり，ごく一部が国際段階Ⅰまたは国際段階Ⅱに到達しているに過ぎないとしている。これに倣って本章の事例分析企業を分類すれば，キッコーマンはグローバル段階ⅠもしくはⅡ，岩手阿部製粉と石橋屋は国内段階Ⅱから国際段階Ⅱへ踏み出した段階に分類できる。食品製造業が主体となる加工食品の輸出は生鮮食品よりも進んだ段階にあることは共通するが，その到達度において，企業による差が極めて大きい。

　この点も影響して，加工食品の輸出が増大したからといって，生鮮食品の輸出の意義④「食料自給率の向上や地域の活性化に貢献」に結びつくとは単純には言えない。海外現地工場化を進める傾向が強い大企業は，間接的もしくは長期的には日本産農林水産物・食品の認知度の向上や需要拡大に貢献するかもしれないが，直接的あるいは短期的な効果は見えづらい。一方，国産原料使用率が高い中小企業の輸出拡大は国内生産地に好影響をもたらすと考えられる。ただし国内生産地からの原料を国内市場向け製品と輸出仕向け製品のどちらに振り分けるかの意志決定は食品製造業者が行っているため，生産者にとってみれば，自らの生産物が輸出に関わっているかどうかを判断するのは難しいという側面もある。総合すると，それぞれの企業の加工食品の輸出拡大が国内市場や国内生産地に与える影響は一様ではない。

（2）加工食品の輸出促進戦略と研究の現段階

　はじめにでも述べた通り，特に政策面で輸出促進戦略に寄せられる期待は大きい。しかしイメージや一部の数値のみが強調されすぎる風潮も筆者は感

第2章　加工食品輸出の意義と現段階

じている。例えば，輸出促進戦略が取り上げられる時には，「攻めの農林水産業」，「農業の成長産業化」とワンセットになっていることが多く，あたかも輸出促進戦略が日本農業の救世主になりうるかのような取り上げ方をされている。数値に関しても，「3年連続で史上最高を更新」，「中間目標を1年前倒しで実現」，「目標1兆円」という力強い言葉が集中してとりあげられている。

　しかしその数字の中身を見れば，外部から寄せられる農業重視のイメージとはズレが見受けられる。増大している輸出金額の1/4強（28.9％）を加工食品が占め，さらに2020年までに輸出金額を3.8倍まで拡大し，この割合を半分弱（49.3％）まで高めるという目標が掲げられているのである。この目標の妥当性についてはこれ以上の議論はしないとしても，それではこの目標が達成された後に，我々はどのような農業と食品産業の姿を描くのであろうか，そうした根本的な議論が欠けているように感じられる。例えばグローバル段階にある大企業主導の輸出拡大によって輸出金額の拡大が達成されたとしても，その時にはどのような国境を越えた農産物・食品市場が形成されているのだろうか。実はこのあたりはまだ話題になってすらいない。この点に注目し，輸出促進戦略は，食品工業や海外展開している外食産業・小売業にとってはビジネスチャンスの拡大になりえても，日本農業の振興にはほとんど寄与していないという指摘もある（三島 2016）。

　しかしだからと言って筆者は，輸出促進戦略そのものの意義が小さいと言い切れない。過大評価とともに過小評価も避けたい。総合的に判断するためには，以下のようなさらなる研究蓄積が必要不可欠であると感じている。①輸出の拡大は，国境を越えた農産物・食品市場をどのように変化させるのか。②加工食品の輸出拡大と国内農林水産業との関係性の考察，③先進事例と後発事例の関係性（波及効果やノウハウ共有の可能性はどこまでありうるのか），④多大な輸出実績を既に収めている大企業ばかりでなく現在の実績は小さくとも今後の大きな可能性を秘めている中小企業も含めた，食品製造業の輸出事例研究のさらなる蓄積と総合的な考察，の4点である。

49

第Ⅰ部　加工品における取引条件の解明

[注]
1）本章は，2015年までの状況を基に整理した神代（2016）を基に，加筆修正したものである。2016年以降の状況については稿を改めて論じる予定である。
2）さらに「戦略」を継承し発展させるものとして2014年6月24日には「日本再興戦略（改定2014）」が閣議決定されており，2030年に農林水産物・食品の輸出額5兆円の実現を目指す新たな目標を掲げられている。
3）農林水産省（2013）によれば，FBI戦略とは，以下の3つの取り組みを一体的に展開する戦略を指す。①世界の料理界での日本食材の活用推進（Made FROM Japan：Fと略），②日本の「食文化・食産業」の海外展開（Made BY Japan：Bと略），③日本の農林水産物・食品の輸出（Made IN Japan：Iと略）。
4）本章では「③レトルト食品，アルコール飲料など」と要約したが，具体的品目を原文のまま拾い上げると，「レトルト食品，植物性油脂，めん類，健康食品，牛乳・乳製品，アルコール飲料（日本酒除く），その他」と多岐に渡り，①，②以外の品目を広く全般的にカバーしていると考えられる。ちなみに日本酒は「コメ・コメ加工品」として別項目に算入されている.
5）作山（2016）は，アルコール飲料や調味料といった加工食品の国産原料割合が2割程度であり，輸入原料に依存した加工食品の輸出では農業者にとってのメリットが少ないことを指摘している。
6）肉を醤油の中に浸して焼く「テリヤキ」のスーパーマーケット店頭でのデモンストレーションや，ホームエコノミストとして雇用した現地女性を中心とした醤油になじむアメリカ料理の新しいレシピ開発と普及を行ってきた。
7）冷凍和菓子に先行して1970年にライスチップスをアメリカにシリアル原料として輸出した経験も持つ。需要は好調だったが，ライスチップスの製造は骨身を削るようなハードな仕事であった。同時期の高度成長の中で，わが国の雇用環境が急激に変化したこともあり，労務管理と商品管理の面を考慮し，1975年にはライスチップスの生産を中止しているため，本章では省略した。詳細は阿部（2000）を参照。
8）佐藤（2012）では，①輸出を行わず国内生産・販売だけの段階（国内段階Ⅰ），②国内生産・販売を主体としながら一部を輸出する段階（国内段階Ⅱ），③国際的な標準品を生産し直接輸出する段階（国際段階Ⅰ），④相手国のニーズに適応した製品について現地チャネルを利用して輸出する段階（国際段階Ⅱ），⑤世界的な標準品を生産しグローバルな販売チャネルで販売する海外事業重点企業の段階（グローバル段階Ⅰ），⑥世界中の生産拠点で世界的な差別化商品を生産しグローバルな販売チャネルや現地の販売チャネルで販売する多国籍企業の段階（グローバル段階Ⅱ）の6つである。

第 2 章　加工食品輸出の意義と現段階

［引用文献］

阿部淳也（2000）「冷凍和菓子で作りたての味を世界に」日本貿易振興会編『実戦食品輸出読本』日本貿易振興会，pp.52-59。

石塚哉史・神代英昭（2013）『わが国における農産物輸出戦略の現段階と展望』（日本農業市場学会研究叢書14），筑波書房。

神代英昭（2015）「日本産加工食品の輸出の現状と課題」『開発学研究』第25巻第3号，pp.12-19。

神代英昭（2016）「日本産加工食品輸出の意義と現段階」『農業市場研究』第25巻第3号，pp.81-90。

キッコーマン「海外への展開」，http://www.kikkoman.co.jp/index.html，（2016年7月2日参照）

三島徳三（2016）「「攻めの農林水産業」と輸出戦略」三島徳三著『よくわかるTPP協定　農業への影響を品目別に精査する』農文協，pp.81-90。

茂木友三郎（2007）『キッコーマンのグローバル経営』生産性出版。

門間裕（2006）「食品輸出はどこまで広がったか」『農業と経済』第72巻第10号，pp.24-31。

農林水産省（2009）「Ⅰ．どうして今，輸出に取り組むのか」『農林水産物・食品の『輸出』についてのヒント集』。

農林水産省（2013）『農林水産物・食品の国別・品目別輸出戦略』。

大矢祐治（2016）「食品製造業と食品企業の展開」高橋正郎・清水みゆき編『食料経済（第5版）フードシステムから見た食料問題』オーム社，pp.101-121。

作山巧（2016）「農産物輸出（現場からの農村学教室）」『日本農業新聞』2016年5月22日。

佐藤和憲（2012）「農産物輸出におけるマーケティングの課題」齋藤修・下渡敏治・中嶋康博編『東アジアフードシステム圏の成立条件』農林統計出版，pp.61-78。

『全国農業新聞』（2014）2014年3月21日。

（神代英昭）

第3章

加工食品の輸出拡大に関する企業行動の方向性
—3Esの検討—

1．はじめに

（1）本章の目的

　近年，わが国では農林水産業の成長産業化を進めるための方策として，農林水産物・食品の輸出促進を特に重視している。この目標について，農林水産省は2019年までに１兆円規模とすることを明示しており，そのうち加工食品が5,000億円（調味料類：1,600億円，菓子・清涼飲料水：1,400億円，レトルト食品・アルコール飲料など：2,000億円）と品目別の目標額で最大となっている。

　ところが，農林水産省が2013年８月に公表した「農林水産物・食品の国別・品目別輸出戦略」によると，加工食品の輸出は伸び悩んでいることが示されている。この状況は農林水産省（2016）に記載されている「品目別の農林水産物・食品の輸出額」からも理解することができ，2015年において目標額の半分以下の2,221億円となっていることが明記されている。

　しかし，加工食品のうち調味料類の区分に位置するみそは，比較的順調に推移している。財務省「貿易統計」から輸出量の推移を捉えると，2002年に6,161tであったのが2016年には過去最高の１万4,760tへ2.4倍増加している。いうまでもなく，政府が掲げる目標のなかで最も高い位置づけにある分野を強化していくことは，わが国の輸出戦略上重要である。

　上述の農林水産省（2013年）では，農林水産物・食品の輸出促進に向けて政府が支援する方向性（通称3Es）を示している。その内容を引用すると，「政

53

第Ⅰ部　加工品における取引条件の解明

府は市場の状況に応じ，原発事故の影響の最小化を起点に（START：原発事故への対応），相手国が求める認証・基準への対応や基準のハーモナイゼーション等の輸出環境の整備（STEP1），商流の確立支援（STEP2），商流の拡大支援（STEP3）の3つに関する施策を集中的に実施する」となっている。同資料には段階ごとに取り組みの内容が示されており，輸出主体の立場に立つと，この指針に沿って対策を講じていくことが有益であると理解できる。具体的には，STARTは輸出する前提条件として原発事故に起因する問題への対応，STEP1ではハラール，GLOBAL G.A.P等，世界の食市場において通用する認証の取得があげられる。そして，STEP2では情報提供を始め，商談会や各種イベントへの参加，安定供給できる体制の構築，物流費の抑制があげられる。ただし，STEP3に関しては，農林漁業成長産業化ファンド，Made by Japanとの有機的な連携があげられているものの具体的な内容については言及されていない。

　農林水産物・食品の輸出促進策は，品目や輸出先国の特徴等を踏まえながら講じるので多様に存在するが，国は輸出拡大に向けた共通の方策として上述の3Esを明示している。農林水産省の資料をみると，これは2019年までの目標として定められている1兆円の輸出額を達成するための方策とも捉えることができるうえ，輸出国および品目横断的な方策は他に存在しないことから輸出を検討している企業やいっそうの輸出拡大を目指す企業は，参照する機会が多いと考えられる。そのため，本研究分野において重要なものと位置づけられる。

　こうした意識の下，農林水産物・食品の輸出に関する先行研究をあげると，代表的な成果に石塚・神代（2013）と福田（2016）がある。石塚・神代（2013）では，先駆的に輸出研究に取り組み，国内市場向けに商品を生産する過程で一部を輸出に回すようになったのが契機であったことを先進事例の考察から明らかにした。そして，有望な輸出市場は限られており短期的には限界に達しやすい状況にあるなか，もともと割高な国産品において流通コストがかさむことによってさらに高くなるので価格面での優位性は期待できないため，

54

第3章　加工食品の輸出拡大に関する企業行動の方向性

輸出を拡大していくには希少性や味覚等の面で十分に差別的な商品を対象とすることが重要であることを明示している。

また，福田（2016）では，同一海外マーケットにおいても明確な製品差別化がされやすい品目とそうではない品目が存在すること，また，販路別にニーズが異なっていることも踏まえ，輸出先国での入念なマーケティングリサーチを実施したうえで現地に適合したマーケティング戦略を講じる必要があること，さらには，海外輸送手段の開発とそれによるコスト低減の可能性を明らかにした。この成果は，石塚・神代（2013）の成果で，農産物輸出の支援体制に関する研究と農産物輸出における産地側の取り組みに関する研究に重点が置かれている一方，輸出の可能性を広げるのに不可欠な輸出マーケティングに関する成果や物流システムに関する成果が手薄となっているところを補っている点に特長がある。また，これまで先進的な個別事例を通して考察することが大半であった本研究分野において，この成果では，それ以外にも理論分析，計量経済学的分析，統計分析，実証試験等，様々な角度から課題に対してアプローチを行なっており，研究手法の面でも重要な示唆を与えるものとなっている。

ところが，石塚・神代（2013）や福田（2016）をはじめとする農林水産物・食品の輸出に関する先行研究では，3Esに関する研究が行なわれていないどころか，触れてさえおらず，導入している企業の実態やその成果が不明となっている。それゆえ，3Esが有益なのか，また，どのような水準の対応を輸出企業に求めているのかも深く理解できない現状にある。さらには，これらの先行研究では，加工食品において高い輸出目標が設定されているにもかかわらず，研究対象としてほとんど取り上げていない。

そこで，本研究では加工食品のなかでも順調に輸出を増加させているみそを対象に，日本有数の規模にある大手みそ製造企業の企業行動を，3Esの視点に基づいてその実態および成果を明らかにする。もし，3Esから事例企業が輸出に成功している要因を説明することができれば，この内容は有益と考えられる。そして，3Esは具体的な内容がSTEP2までしか示されていないの

55

第Ⅰ部　加工品における取引条件の解明

でこの段階までに限定されるが，解明した結果を国際マーケティング論から
捉え[1]，どのような位置づけになっているのかにも言及することで国が輸出
企業に求めている水準を把握したい。課題の解明にあたり，本研究では事例
企業社長へ実施した2回の聞き取り調査の結果，社内報の情報，入手した企
業データ，先行研究の成果をもとに考察を行う。

（2）事例企業の位置づけと概要

　本稿ではひかり味噌株式会社（以下，ひかり社）を事例企業に選定した。
同社はわが国のみそ製造企業において第3位に位置する企業であり，2016年
において133億円の売り上げを有する。また，同社は有機みそおよび無添加
みその分野で国内最大の企業でもある。

　事例企業が輸出を開始したのは2004年頃である。2013年のわが国のみそ輸
出量1万1,816tのうち，事例企業の輸出量は3,000tと25.3％を占める。そのため，
輸出が順調に推移しているみそ業界の中でも事例企業は特に輸出に成功して
いる企業と位置づけられる。

　同年における事例企業の輸出先は約35カ国に上り，そのうち米国向けが50
％，EU向けが23％となっている。ちなみに，わが国のみその最大の輸出先
国米国において，同社は41.2％（2013年）のシェアを占めている。輸出向け
の取引先は海外の輸入業者や国内の卸売業者を中心に約100社であり，うち
海外の実需者と直接取引を行っているのは20社である（同年）。2013年の国
別の販路数は，米国向けが8社と最大となっている。また，同国とEU向け
以外は1カ国1社程度となっている。

　以下の構成は次の通りである。2節でSTEP1，3節ではSTEP2に関する
企業行動とその成果を述べる。そして，4節において3EsではSTEP3の具体
的な内容が示されていないので，商流の拡大に必要と考えられる視点を検討
したうえで，そのことに関する事例企業の企業行動と成果を述べる。それか
ら5節では，国際マーケティング論から事例企業の企業行動の位置づけを行
うとともに，わが国の農林水産物・食品の輸出の現段階についても言及する。

第3章　加工食品の輸出拡大に関する企業行動の方向性

最後に6節で本稿の内容を整理する。

　なお，STARTについては言及しない。それは輸出を行う前提となる最低限の対応であるうえ，同社のHPにもその対応がすでに公表されているからである[2]。したがって，本章では3EsのSTEP1〜2を中心に，そして一部STEP3を対象とする。

2．STEP1：輸出環境の整備

（1）輸出先国で要求される認証の取得

　事例企業は輸出先国において要求される認証を取得し，取引機会の増加に取り組んでいる。同社の輸出は2004年から本格化しているが，**表3-1**をみるとそれ以前に外国向けの認証として2001年にNOP認証を取得している。その後，2007年には宗教への対応等としてコーシャ認証を，さらには2008年に欧州の有機規格を取得する等，輸出を意識した行動を加速させている。同表で特に注目されるのはBRC認証の取得である[3]。これはGFSI（Global Food Safety Initiative）という組織が認証を行うものであり，英国をはじめとした欧州諸国や米国を中心に世界的に最も認知度の高い規格である。GFSIは，世界70カ国650を超える小売業者や製造業者で構成される独立した国際組織TCGF（The Consumer Goods Forum）の食品安全を担当する下部組織であり，Wal-Mart Stores，Carrefour，Metro等の世界的小売業が加盟している。

　事例企業では，この認証の取得年度にあたり2,000万円，翌年度に1,000万円の費用が発生した。だが，この認証を取得したことによって直接取引ではないものの，2014年5月よりTesco向けに商品の販売が開始された。2015年6月の段階でその取引量は300tにも達している。また，ハラールについても2013年の時点で100tの輸出量に達している。これらのことから，この行動が輸出拡大に効果的であったことを理解できる。

57

第Ⅰ部　加工品における取引条件の解明

表3-1　ひかり社における認証取得の変遷

取得年	取得認証	分類	備考
1999	ISO14001	環境マネジメントシステム	・国際標準化機構が定める環境マネジメントシステム
2000	ISO9001	品質マネジメントシステム	・国際標準化機構が定める品質マネジメントシステム
2000	有機 JAS	日本農林規格	・農林水産省制定の有機の日本農林規格 ・有機 JAS 施行と同時に取得
2001	NOP 認証	米国農務省認定有機制度	・2013 年 9 月，米国が有機 JAS と同等であると認定 ・2014 年 1 月より，いずれかの認証を取得していれば有機商品として輸出可能
2004	ISO22000	食品安全マネジメントシステム	・国際標準化機構が定める食品安全マネジメントシステム ・2013 年の BRC 取得により返上
2007	コーシャ認証	宗教への対応	・ユダヤ教の戒律に従った食品に与えられる認証 ・米国ではユダヤ教徒以外にも安心商品としての認識が広まっている
2008	EU 認証	欧州の有機規格	・EU 委員会が定めた欧州の有機規格
2012	ハラール認証	宗教への対応	・イスラム教の戒律に従った食品に与えられる認証 ・豚やアルコール等の原材料の使用制限だけでなく，製造過程・流通過程においてもイスラム教の定める適正な方法で管理されたことを証明する認証
2013	BRC 認証	食品安全規格	・英国小売協会策定の食品安全規格 ・食品の安全だけでなく，品質や法令順守に関する要求事項も含まれ，不適合数によりグレード分けされる ・英国をはじめ，ヨーロッパ諸国や米国を中心に最も普及している規格

資料：ひかり味噌株式会社『社内報』各報より作成。

（2）社内でのバックアップ体制の構築

　わが国において輸出額がまだ目標に達していないことからも明らかなように，一般的に各輸出主体が輸出する規模は決して多くない。そのような場合，非経済的となることから全社戦略として取り組む等の対応をしない限り，海外において営業所を設けることはない。

　だが，営業所が存在しないと国内の商社に依存して販売することになるので，海外の卸売業者や小売業者等の現地の主体と関係が希薄となり，効果的なマーケティング活動を講じることができないうえ，異物混入等の問題が生

58

第3章　加工食品の輸出拡大に関する企業行動の方向性

じた際にも現地で迅速に対応することが不可能となる。すると，海外の取引
先企業からの信用が低下し，次第に取引規模が縮小する傾向に向かう。

　一方，ひかり社は2003年から米国ロサンゼルスに事業所を設けている。そ
して，2013年においては，輸出体制を強化すべく社内に専用の担当部署を設
けている。具体的には，15ユニットで構成されているプロフィットセンター
のなかで海外営業を担当する部署を2つ設置している。そのうち，海外営業
管理課では社長自らが課長を兼務しており，積極的に海外に赴いてトップセー
ルスを行っている。また，海外営業課においては，担当者が年間合計で約
180日にもおよぶ海外出張をする等，国外販路の開拓・拡大に努めている。
さらには，2014年より海外駐在経験が豊富で国際マーケティングに精通した
外部顧問を招聘するとともに，2015年からは社外取締役に米国人も招聘して
いる[4]。これらの点から同社は国内向けの片手間で行っているわけではなく，
全社戦略として輸出に取り組んでいると位置づけられる。

3．STEP2：商流の確立

（1）商談会や各種イベントへの参加

　事例企業は国内で国際食品・飲料展「FOODEX」や業務用専門展「FABEX」
に定期的に参加しているが，それ以外にも海外で開催される国際的な展示会
等へ直接ないし間接的に参加することによって，商品の魅力や使用方法をア
ピールするとともに，新規取引先と商談する機会を得ている（表3-2）。

　事例企業が関与する海外展示会の形式は3つある。第1に，企業単独で米
国の展示会に参加するものであり，これは年2回程度実施している。第2に，
JETROや農林水産省が関与してジャパン・パビリオンを設置する際の参加
であり，これは年3～4回となっている。この2つの形式においては，ひか
り社のスタッフが参加することとなっており，いわば直接的な参加である。
これらに関して表3-2をみると，欧米で開催される展示会に積極的に参加す
るだけでなく，シェフとも連携し国際的な飲食料品の品評会にも参加し賞を

59

第Ⅰ部　加工品における取引条件の解明

表 3-2　ひかり社が参加した海外の国際展示会等の一例

年	月	参加展示会・審査	開催国・機関	内容
2013	1	SIRHA	フランス	・フランスの業務用向け展示会 ・フランス料理のシェフやパティシエ，料理学校の学生などが来場 ・味噌の使い方のデモンストレーションやサンプルの提供を実施 ・同会場で開催された国際料理コンクール（ボキューズ・ドール国際料理コンクール）において，ひかり味噌株式会社の商品を使用した日本人シェフが史上初の3位入賞
2014	1	Winter Fancy Food Show 2014	米国	・35の国と地域から 1,300 超の出展社が参加する西海岸最大の食品展示会 ・液状タイプの商品を使用した試食を実施
2014	2	BIOFACH	ドイツ	・有機の本場であるニュルンベルクで開催 ・86ヶ国から 2,396 社が出展 ・有機味噌と野菜ブイヨンを使用したベジタリアンでも食べられる味噌ラーメンを紹介
2014	―	iTQi 優秀味覚賞	iTQi （国際味覚審査機構）	・世界中の食品や飲料に関する表彰やプロモーションを行う機関である iTQi による審査 ・審査員は欧州で最も権威のある 15 の調理師協会と国際ソムリエ協会に属するシェフとソムリエで構成 ・パッケージなど製品を特定する要素を取り除いた状態で，第一印象，外観，香り，食感，味，後味の5項目について評価 ・70% 以上の得点を獲得した製品のみが優秀味覚賞を受賞（70% 以上＝1つ星，80% 以上＝2つ星，90% 以上＝3つ星） ・ひかり味噌株式会社は，2つ星（1商品），1つ星（2商品）を受賞

資料：ひかり味噌株式会社『社内報』各報より作成。

得ており，国際的な場で自社商品のプロモーション活動を実施している。また，その他にも液状タイプの商品を提案する等，現地の食文化を意識した対応も実施している。第3に，取引先の海外の卸売業者が参加する形式であり，対応はサンプル品の提供等を行うにとどまる。商談は海外の卸売業者が担当する。こうした間接的な参加は年間5〜6回となっている。このようにプロモーション活動が多様になっているのは，対象国の食文化や展示会に参加している企業の特徴，さらには想定する取引規模の水準等を踏まえながら弾力的に対応しているからである[5]。

60

第3章 加工食品の輸出拡大に関する企業行動の方向性

（2）安定供給できる体制の構築

　事例企業では，輸出事業に加え，国内販売も好調であることから安定供給するための設備投資を行なっている。その一部を示したのが**表3-3**である。これによると，2010年から2012年の短期間にかけても敷地面積で8,280m²，建物面積で4,940m²，大豆サイロで300t分，みそ発酵タンク（2t）で1,300本増加させている。2014年にはロジスティクスセンターを新設している。ひかり社によると，これによってISO9001およびBRC認証への適応を軸とした食品安全面で精度を向上させることが可能になるとともに，みその定温保管管理もできるようになったことから品質管理面でも精度が向上している。すなわち，量の安定供給に加え，品質面の安定にも取り組み一定の成果を得ている。また，これ以外にも2012年にはメタンガス発電システムの導入，2013年には充填ラインの自動化を行うことで加工段階の燃料費と人件費の削減にも着手している。

表3-3　事例企業における設備投資の変化（2010年/2012年）

	敷地面積	建物面積	大豆サイロ	みそ発酵タンク
2010年	6万6,590m²	2万9,560m²	50t×4基	2t×4,500本
2012年	7万4,870m²	3万4,500m²	50t×4基 100t×3基	2t×5,800本
増減	8,280m²増加	4,940m²増加	100tを3基増設	1,300本増設

資料：菊地ほか（2012）およびひかり味噌『社内報』（2013年1月　vol.52）より作成。

（3）企業行動の成果—輸出品目と輸出金額の拡大および物流費の抑制—

　同社によると，2015年からの過去10年間で海外の展示会を介して取引が行われたことのある企業数は200社に上り，そのうち帳合を介さず直接取引に至った企業数は30社である。ここで注目されるのは，それぞれの国でニーズがある認証を取得したうえで各国において開催される様々な分野の展示会に参加していることから，幅広い商品の輸出に成功していることである。

　同社の輸出しているみその商品数は，2014年で200アイテムに達する。ま

61

第Ⅰ部　加工品における取引条件の解明

たそれ以外にも加工品として即席みそ汁，その他加工味噌，スープ類を輸出している。これらの商品数は同年において102アイテム，29アイテム，62アイテムとなっている。その結果，これらの商品の売上総額の動向をみると，2009年には3.4億円であったが，2014年には7億円を超えるまでに成長している。

　さらに，みその部門では特定商品のニーズが輸出を牽引しているのではなく，商品全般にわたって輸出量を倍増させることにも成功しており，輸出の安定化が実現されている。事例企業のデータから輸出用みその上位10品の売上合計が輸出用みその売上全体に占める割合をみると，2009年で23.6％であったのが2014年には16.1％となっている。また，上位40品の割合も43.5％から35.2％へと低下している。このことは，輸送時のコンテナを自社商品だけで満載することが容易となっていることを意味している。自社で直接輸出できることのメリットは，間接輸出する場合に比較して2割程度物流コストを抑制できるだけでなく，マーケティング活動においても価格戦略や製品戦略において多様なミックスを講じやすくなるので，販売面でも生じている。

4．STEP3：商流の拡大

（1）商流の拡大に寄与する視点の提示

　先述のように，3EsのSTEP1～2では具体的な方策が提示されているが，STEP3に関しては農林漁業成長産業化ファンド，Made by Japanとの有機的な連携があげられているだけであり，それらを活用して何を行うかという具体的な内容は一切触れていない。つまり，不完全なものとなっている。3Esの有益性を実証するという観点からはやや外れるかも知れないが，こうした実態を踏まえ，ここでは商流の拡大に必要と考えられる視点を独自に検討するとともに，そのことに関する事例企業の企業行動を論じることで，一部ではあるがSTEP3の方策の明確化を試みる。

　生鮮食品の場合，輸出先国の消費者は自らの味覚に合わせて加工し食する

62

第3章　加工食品の輸出拡大に関する企業行動の方向性

ことができる。だが，加工食品に関しては調理済みであるため，商流の拡大には輸出先国で好まれる味付けや商品形態等，現地のニーズに合った商品を国内で生産すること（以下，現地化対応）が重要である。これは，わが国の実態からもその必要性が示唆される。

農林水産省国際部「農林水産物輸出入概況」によると，農林水産物についてわが国は北米から総輸入額9.2兆円の26.3%（2014年）を輸入している。ところが，外国由来の加工食品に関して，国内メーカーの供給状況（推定）の一例としてマーガリン，ヨーグルト，マヨネーズ，液体ドレッシングをみると，国内企業が圧倒的に高いシェアを有している（**表3-4**）。これは，日本人の好みに合わせて日本の食品製造企業がアレンジし生産したことが一因になっていると考えられる。ちなみに，現地化対応せずに日本で販売している加工食品を輸出するのであれば，輸出先国に居住する日本人や日本人の長期旅行者，日本に訪問したことがある現地の人等，限られた層の顧客しか対象にならないだろう。以下では，事例企業のこのことに対する企業行動と成果についてみてみよう。

表3-4　外国由来の加工食品の国内シェア（推定）の一例

マーガリン	単位：t	%	発酵乳（ヨーグルト）	単位：億円	%
雪印メグミルク	15,700	33.1	明治	1,654	41.4
明治	13,600	28.6	森永乳業	519	13.0
J-オイルミルズ	7,200	15.2	雪印メグミルク	460	11.5
			ダノンジャパン	280	7.0
			ヤクルト本社	272	6.8
上位5社の合計・集中度（%）	36,500	76.8		3,185	79.7

マヨネーズ	単位：t	%	液状ドレッシング	単位：t	%
キユーピー	150,950	54.4	キユーピー	80,750	60.5
味の素	54,050	19.5	理研ビタミン	20,250	15.2
ケンコーマヨネーズ	50,310	18.1	ケンコーマヨネーズ	9,980	7.5
エスエスケイフーズ	8,950	3.2	日清オイリオG	5,330	4.0
丸和油脂	6,820	2.5	味の素	4,990	3.7
上位5社の合計・集中度（%）	271,080	97.7		121,300	90.9

資料：『酒類食品統計月報』2016年5月，6月号より作成。
注：1）発酵乳（ヨーグルト）は2014年であるが，それ以外は2015年の数値（推定）である。
　　2）下線は外国に本社が存在する企業。

63

第Ⅰ部　加工品における取引条件の解明

（2）事例企業の現地化対応と成果

　事例企業は，米国人のニーズに合った現地仕様の商品を日本国内で製造し，米国の卸売業者と直接取引する形式で輸出している。この商品は日本ではほぼ販売していない液体みそであり，現地の小売企業で販売されている。

　この商品の特徴は，みそに関する知識が深くない米国人でも容易に使用できるように簡便化への配慮が行われている点にある。具体的には，ドレッシング用，スープ用，バーベキュー用のソースとして，そのまま使用できる商品形態となっている。それ以外にも商品パッケージに関して，日本語で表記せずに英文で表記し，これらの用途を包装資材や商品説明に加える等の配慮も行なっている。これは，国内販売している商品を輸出する際に多く導入されているシールでの対応（商品名や産地等のごく一部を英語で表記したシールを商品の包装に貼り付ける形式）とは大きく異なっている。また，包装容器も日本国内で販売されているカップのものではなく，ペットボトルの容器に入っている。

　先に述べたように，ひかり社の輸出は2004年頃から開始しているが，液体みそは一定程度経験を積んだ2010年以降より本格的に輸出している。この商品の輸出金額が2015年で1.5億円に達している実情に鑑みると，現地化対応した商品の開発・導入は，いっそうの商流拡大に寄与することが示唆される[6]。

（3）現地化対応の導入方法

　ここではどのようにして現地化対応をするのかについて，若干ではあるが，個別企業での対応と地域的対応の2つの方策を取り上げてみたい。

　個別企業の場合，比較的大きな資本を有していることや輸出経験を既に積んでいる企業が対象になると考えられる。そして，このような企業であっても，輸出先国の食品製造企業と連携し，一定の経験やノウハウを得てから自らが現地化対応する段階的な対応が有益と考えられる。

64

第3章　加工食品の輸出拡大に関する企業行動の方向性

　本事例企業の企業行動も参考にすると，その一例は，第1段階：最終的な味付けを行わずに半製品として輸出先国の食品製造企業に向けて輸出し，その企業が最終加工して製品を販売する形式→第2段階：連携の関与を深め，日本の製造企業も味付けの一部を行って商品製造する形式→第3段階：自らがすべてを担って商品を製造し輸出する形式，があげられる。これはこのような過程を経ることで，学習効果を働かせることや設備投資等の面で柔軟な意思決定ができ，不確実性を低下させることが可能になる等のメリットがあるからである。

　地域的対応に関しては，クラスターのメリットを発揮することが考えられる。わが国の食品製造業や農業分野では規模は異なるものの，地域クラスターが一定程度形成されてきた。本章で対象としているみそでは，2016年の生産量47.6万tのうち，長野県が20.2万tと42.4％を占め，同県に生産が集中している。こうした傾向は加工食品のうち冷凍食品の分野も同様であり，農産物は北海道，水産物は東北，調理食品（菓子類を含む）は関東，畜産物は九州に生産地が比較的に集中している（**表3-5**）。

　産業クラスターについては，斎藤（2007）に詳しいが，その内容を引用すると，定義は「特定分野に属する互いに関係を持つ企業や組織が地理的に集中している状態」とされている。そして，このメリットに，地域内における新規参入者の参入コストが低下し，地域内で蓄積された標準的技術の獲得や

表3-5　冷凍食品の品目別国内生産量の地域別構成比（2015年）

（単位：％）

	工場数	水産物	農産物	畜産物	調理食品	合計
北海道	8.5	2.3	65.3	21.4	9.8	13.1
東北	13.5	43.1	3.9	16.6	11.3	12.0
関東	19.6	5.2	3.7	1.9	21.0	19.3
中部	19.8	20.6	2.6	24.1	14.8	14.3
近畿	9.4	2.3	10.2	2.9	12.3	11.7
中国	6.3	16.6	0	4.2	3.6	3.9
四国	9.6	3.5	1.2	1.5	15.1	13.8
九州	13.3	6.4	13.2	27.3	12.0	11.9
合計	100.0	100.0	100.0	100.0	100.0	100.0

資料：日本冷凍食品協会「冷凍食品に関連する諸統計」平成28年版より作成。

第Ⅰ部　加工品における取引条件の解明

販売チャネルの確保ができるようになること，新しい事業領域には，新たな担い手と技術革新を誘発すること等があげられている。ちなみに，先述の個別企業での現地化対応が困難な中小企業の場合，この対応を選択することになると思われる。

5．事例企業の企業行動の位置づけと3Esの要求水準

　3Esの内容から事例企業の企業行動とその成果について論じてきたが，以下ではこれらが国際マーケティング論から捉えるとどのような位置づけになっているのかに言及することで，国が輸出企業に求めている水準を把握する。

　佐藤（2012）では，輸出や海外への事業展開に関するマーケティングを国際マーケティングとし，その発展段階論について先行研究を整理している。同成果を引用すると，「①輸出を行わず国内生産・販売だけの段階（国内段階Ⅰ），②国内生産・販売を主体としながら一部を輸出する段階（国内段階Ⅱ），③国際的な標準品を生産し直接輸出する段階（国際段階Ⅰ），④相手国のニーズに適応した製品について現地チャネルを利用して輸出する段階（国際段階Ⅱ），⑤世界的な標準品を生産しグローバルな販売チャネルで販売する海外事業重点企業の段階（グローバル段階Ⅰ），⑥世界中の生産拠点で世界的な差別化商品を生産しグローバルな販売チャネルや現地の販売チャネルで販売する多国籍企業の段階（グローバル段階Ⅱ）」の6段階に区分されている。

　政府が示すビジョンを上述の国際マーケティング論の発展段階に照らし合わせると，STEP1の相手国が求める認証・基準への対応は，国際段階Ⅱに関連すると考えられる。また，STEP2の商談会や各種イベントへの参加，物流費の抑制，安定供給できる体制の構築についても，相手国が求める認証・基準を取得したうえで展示会等に参加し商談の機会をつくり，その場においてコストおよび供給量の面で合意に至らないようなことを避けることを意識していると考えられることから，これも同じく国際段階Ⅱに関連する。

　事例企業はSTEP2までの主要な内容にすべて対応し，輸出量を拡大して

第3章　加工食品の輸出拡大に関する企業行動の方向性

いることからすでに国際段階Ⅱに達している。そして，近年ではBRC認証を取得し，世界的標準品の生産・輸出に着手するとともに，海外の実需者20社と直接取引を行っていること，さらには相手国ニーズに適応した商品製造を行う等，海外事業を重視していることからグローバル段階Ⅰへの移行期にある。

　一方，わが国の農林水産物・食品の輸出の現段階はどうであろうか。上述の佐藤（2012）では，農林水産省「平成22年度農林水産物の輸出取組事例」にもとづいてそのことを整理している。これによると，114事例のうち69事例しか輸出量が記載されていない。だが，そのうち31事例は10t未満にあることや，相手国の小売企業等への直接輸出ないし自社現地法人を通じての輸出がわずかに3事例しか存在しないことを理由に（商社等の中間流通業者を介した間接輸出が大半を占める），国内段階ⅠからⅡへと踏み出した段階にあるとしている。

　こうした実態を踏まえると，STEP1とSTEP2が有機的かつ段階的に結びつくので両者の関係に齟齬はないものの，国際マーケティング論の視点からみるとこれらは国際段階Ⅱに関連する事項であるため，3Esはわが国の農林水産物・食品の輸出の現状には即しておらず，高いところにビジョンが設定されている[7]。

6．おわりに

　本章は事例企業がみその輸出に成功している要因として，3EsのSTEP1に関しては輸出国で要求される認証の取得，社内におけるバックアップ体制の構築という対応を講じ，STEP2では国際展示会への参加，安定供給できる体制の構築といった対応を講じていたことを明らかにした。つまり，STEP2の段階までに示されている主要な方策のすべてに対応したうえで輸出拡大に成功している。それゆえ，政府が示す3Esから優良事例の成功要因を説明することができ，これらを構成する個々の内容およびその方向性は有益である

67

第Ⅰ部　加工品における取引条件の解明

ことが示唆される。

　ただし，考察結果および先行研究の成果を踏まえ，3Esで示される段階的
な方策がわが国の農林水産物・食品の輸出の現状に即しているかを国際マーケ
ティング論の視点から考察した結果，STEP1～2は国際段階Ⅱに関連す
る事項であるため，国内段階ⅠからⅡへと踏み出した段階にあるわが国の現
状には即しておらず，高いところにビジョンが設定されている。

　また本章では，現時点で不明瞭となっているSTEP3の具体的方策に関して，
この研究分野において初めて検討を行い，加工食品の場合，一定の輸出経験
を積んでから現地化対応することの有益さとその導入方法を提示した。これ
は，先述の国際マーケティング論でいえば，④相手国のニーズに適応した製
品について現地チャネルを利用して輸出する段階（国際段階Ⅱ）に関連した
ものである。この企業行動について，事例企業は取り組み始めて5年という
短期間で成果を得ていた。

　ただし，事例企業は輸出先国の企業と直接取引を行う等の一定の経験を積
んだことで米国人のニーズを把握することに成功している。また，新商品の
導入は設備投資を伴うケースが多く，場合によっては製造ラインが複雑にな
ることや製造ラインの切り替えに伴う洗浄工程の導入によって，既存商品の
稼働率の低下等の影響を招く可能性もあるので，これもわが国の農産物・食
品の輸出の現状ではまだ容易に導入できないと考えられる。

　わが国の加工食品輸出の現状の成果について目標への達成度をみると，
2016年の中間目標に対して2015年の実績は98.2％とほぼ予定通りであること
が示されていた。しかし，ここからあと4年でいかに現状から2.2倍増加さ
せるかが課題である。そのためには，有益な方策を検討しなくてはならない
が，3Esで示される段階的な方策が実態に即していないので，掲げた目標を
達成していくには，わが国の現状に合わせて新たなビジョンを3Es以外にも
作成するか，あるいは実態に即すようにより細分化した改良案を考える必要
がある。

　その際，日本の食品製造業が高い中小零細性を有し，かつ同じ分野の商品

68

製造が特定地域に集積しているケースが少なくないという特徴を踏まえると，本章で取り上げた現地化対応の対策だけに留まらず，その他の方策でも地域的な対応を検討する余地があると考えられる。しかし，加工食品の輸出分野では地域クラスターとして輸出拡大に向けてどのような策を検討できるかはまだ十分に検討されていない。全国的規模で輸出に取り組むには，今後こうした研究分野にも着手していく必要があろう。

［付記］

本章は，菊地・林（2016）および菊地（2016a），菊地（2016b）を加筆修正し，そして一部を書き下ろしたものです。本研究の調査にあたり，ひかり味噌株式会社の林善博社長には多大なご支援・ご協力を賜りました。心より感謝申し上げます。

［注］
1）同論から考察を加えるのは，輸出が本研究分野の対象となっているからである。
2）事例企業は輸出する商品すべてについてロットごとに検査を行っている。また，原料の調達でも自主検査を実施している。同社のHPは次のとおりである。http://www.hikarimiso.co.jp/corporate/safety/ （2017年4月閲覧）。
3）英国の小売業団体である英国小売協会が考案した国際規格BRC（British Retail Consortium）認証。2013年2月現在において，事例企業は国内で5社目の取得となった（みそ業界では初）。
4）彼らは海外の商習慣等を踏まえたうえで同社社員の海外でのマーケティング活動に助言や提案を主に行っている。自身が営業を行なうわけではないので直接的に販路の拡大に結びつくわけではないが，こうした後方支援によって間接的に輸出量の拡大に寄与している。なお，事例企業では取締役会等の役員だけで行う会議において，社長と社外取締役の議決権を同等に持たせている。この点からも彼らの知見の重要さや存在の大きさをうかがい知ることができる。
5）特に効果があがるのは有機食品，ナチュラル商品，PB特化，東南アジアフードサービス特化型等の専門分野での展示会であるとのことである。このことを踏まえると，多様なプロモーション活動は品目全体の底上げに加えてこうした特徴を有する品目の販売増加に特に寄与していると考えられる。なお，取引形態について直接，間接のどちらになるかは，商談の際に相手から提示

され，それに基づいて決定することが多いとのことである。また，輸出先国での販路数については商談の結果が反映されている。

6 ）ただし，本章でこの企業行動が成功した具体的な分析は行っていない。そのため，輸出マーケティングに関する研究分野ではこの内容を深く分析する余地が残っている。

7 ）なお，事例企業ではBRC認証の取得によって世界的小売企業との取引が開始されていることを踏まえると，これは輸出環境の整備という位置づけよりも商流の拡大に位置付けた方が実態に即している可能性がある。

[引用・参照文献]

福田晋編（2016）『農畜産物輸出拡大の可能性を探る—戦略的マーケティングと物流システム』農林統計出版。

石塚哉史・神代英昭編（2013）『わが国における農産物輸出戦略の現段階と展望』筑波書房。

菊地昌弥・神代英昭・林明良（2012）「伝統食品製造企業の今日的企業行動と市場構造の寡占化」『農村研究』第114号，pp.13-24。

菊地昌弥・林明良（2016）「わが国の農林水産物・食品の輸出拡大の方向性に関する考察—ケーススタディと国際マーケティング論の視点から—」『農業市場研究』第25巻第 1 号，pp.62-68。

菊地昌弥（2016a）「加工食品の輸出拡大に関する企業行動—大手みそ製造企業を事例に3Esと国際マーケティング論の視点から—」『流通情報』第48巻第 3 号，pp.43-51。

菊地昌弥（2016b）「農産物・食品輸出の現段階の成果と展望に関するコメント—加工食品の輸出を中心に—」『農業市場研究』第25巻第 3 号，pp.39-42。

農林水産省（2013）「農林水産物・食品の国別・品目別輸出戦略」，http://www.maff.go.jp/e/export/kikaku/kunibetsu_hinmokubetsu_senryaku.html（2017年 4 月閲覧）

農林水産省（2016）『平成28年度食料・農業・農村白書』。

斎藤修（2007）『食料産業クラスターと地域ブランド』農文協。

佐藤和憲（2012）「農産物輸出におけるマーケティングの課題—台湾向けリンゴ輸出を事例として—」日本フードシステム学会監修，斎藤修・下渡敏治・中嶋康博編『東アジアフードシステム圏の成立条件』農林統計出版，pp.61-96。

（菊地昌弥）

第4章

日本産農産物輸出者の価格支配力
—香港市場におけるりんご，牛肉，長いもを事例として—

1．はじめに

　本章では，輸出先国の市場をどのように分析したらよいか，また，市場分析に現実によく見られる交渉をも含めて特定の商品規格の数量と価格の合意に至る取引をどのように取り込んだらよいのか，さらには，生産者や消費者とは行動の異なる流通業者を市場分析でどのように取り扱ったらよいのか，という問題意識の下，日本産農産物の輸出研究の中でその解明に取り組んだ成果と課題を述べていく。

　上記の交渉をも含めた取引がなされ，流通業者がその取引主体として参加する市場には，生産者組織や輸出業者等の輸出者が売り手，輸入業者や小売業者等の輸入者が流通業者買い手として参加する貿易取引の市場がある。そのような市場に関しては統計が充実しており，それらは公表されているために上記の問題意識に基づく分析対象に好適である。中でも，本章では2018年1月～7月にかけて日本産農林産物の輸出金額の最も高い輸出先国である香港へのりんご，牛肉，長いもの貿易取引市場について分析をしている。

2．分析の目的と方法

（1）目的

　まずは市場動向として，対象品目の日本と全世界からの輸出金額・数量，価格の推移を比較しながら把握する。また，市場構造として，輸出競合国と

71

第Ⅰ部　加工品における取引条件の解明

なる上位輸出国5カ国，それら輸出国の数量シェア，それら輸出国からの品目間の商品差別化の程度を表すと考えられる価格の差を明らかにする。

　市場行動については，日本産の輸出者群と輸入者群は価格支配力を発揮するように行動しているか否かを計量分析により解明する。後に詳述するが価格支配力は市場支配力と取引交渉力の混合効果である。よって価格支配力が発揮されるように行動しているのかということは，市場支配力と取引交渉力の両方を同時に発揮するように行動しているのかということが解明されて，判明することである。なお，ここで言う価格支配力とはヴァリアン（1994）で述べられる推測的価格変動，市場支配力はヴァリアン（1994）で推測的変動と呼ばれる個別企業の産出の変化が産業の産出に及ぼす効果，そして取引交渉力は同じくヴァリアン（1994）での産業全体の産出の変化が価格に及ぼす効果，と同義である。

　このような市場行動の計量分析結果を用いて，最終的には市場成果として輸出者群からみれば取引によって決まる価格とその取引決定までに要した限界費用の乖離度，輸入者群からみれば取引によって決まる価格と取引で決まった品目への限界評価との乖離度を明らかにする。

（2）方法

1）特徴

　輸出者はその限界費用（輸出者の派生供給関数）と輸入者はその限界評価（輸入者の派生需要関数）を考慮する中で，交渉をも含めて商品規格の数量と価格に合意するという取引関数を明示的に導入する。

　Kohls（2002）は，買い手と売り手によりある場所である商品ロットに対して特定の価格に到達する人的過程を価格発見と呼び，需要と供給の作用によるある商品の均衡価格の目標は人的過程により発見され，かつ，市場における各取引に適用されるに違いないと述べている。また，価格発見は買い手と売り手の相対的な交渉力に左右され，買い手と売り手が常時，または即座に均衡価格を発見する保証はないとしている。本章での取引関数における価

格合意の表現，すなわち，後述するpe_i (Q) は，このようなKohls（2002）の価格への見解を反映している。

これまでの研究は市場需要関数に直面すると仮定した中での売り手の市場支配力の発揮，逆に市場供給関数に直面すると仮定した買い手の市場支配力の発揮を分析したものであった。換言すれば前者には買い手がプライステイカー，売り手がプライスメイカー，後者にはその逆とする仮定が存在する。本研究では，買い手も売り手もプライスメイカーとする取引関数を導入することにより，そのような仮定を除去し，その関数における市場全体取引数量と合意された価格の関係，すなわち，pe_i (Q) は，通常は市場需要関数であれば負，同供給関数ならば正となるものとは異なり，正負の両方あり得るものとして取り扱っている。

2）仮定

分析には次の仮定がある。①輸出者－輸入者－消費者の流通である。②輸出者と輸入者は取引において利潤を最大化するように行動する。③輸入者は売買差益商人である。④消費者は多く市場支配力を有さない。消費者と輸入者は価格の交渉をしない。消費者は輸入者の設定する価格で買うか買わないか，買うとすればどれだけの数量にするか決定する。

3）理論行動モデル

ここで，i は i 品の取引，q_i は i 品特定国産の個別取引数量，Q_i は i 品の市場全体取引数量，pd_i (Q_i) は小売市場における i 品特定国産の価格，pe_i (Q_i) は貿易取引市場における i 品特定国産の取引価格，cd_i (q_i) は輸入者の i 品特定国産の取引までに要する費用，ce_i (q_i) は輸出者の i 品特定国産の取引までに要する費用，πd_i は輸入者の i 品特定国産の取引により得られる利潤，πe_i は輸出者の i 品特定国産の取引により得られる利潤，とする。

まず，輸出者の行動について以下の通り表す。

第Ⅰ部　加工品における取引条件の解明

$$\pi d_i = p d_i(Q_i) q_i - p e_i(Q_i) q_i - c d_i(q_i)$$

πd_i を最大化する q_i は以下を満たす。

$$d\pi d_i / dq_i = p d_i(Q_i) + (d p d_i / dQ_i)(dQ_i / dq_i)q_i - p e_i(Q_i)$$
$$- (d p e_i / dQ_i)(dQ_i / dq_i)q_i - d c d_i / dq_i = 0$$

輸入者の取引関数は以下となる。

$$p e_i(Q_i) = p d_i(Q_i) + (d p d_i / dQ_i)(dQ_i / dq_i)q_i - d c d_i / dq_i$$
$$- (d p e_i / dQ_i)(dQ_i / dq_i)q_i \qquad\qquad ①$$

　輸入者の取引関数は，輸入者購買価格＝輸入者限界評価－（取引交渉力×市場支配力）×個別取引数量，ただし，輸入者限界評価＝輸入者限界収入－輸入者限界費用と言い表すことができる。したがって，輸入者の価格支配力は，輸入者が取引交渉力と市場支配力を発揮することにより，個別取引数量において限界評価より低く価格を設定する力である。

　次に輸出者の行動について以下の通り示す。

$$\pi e_i = p e_i(Q_i) q_i - c e_i(q_i)$$

πe_i を最大化する q_i は以下の式を満たす。

$$d\pi e_i / dq_i = p e_i(Q_i) + (d p e_i / dQ_i)(dQ_i / dq_i)q_i - d c e_i / dq_i = 0$$

輸出者の取引関数は以下となる。

$$p e_i(Q_i) = -(d p e_i / dQ_i)(dQ_i / dq_i)q_i + d c e_i / dq_i \qquad\qquad ②$$

　上記より輸出者の取引関数は，輸出者販売価格＝－（取引交渉力×市場支配力）×個別取引数量＋輸出者限界費用と言える。そのため，輸出者の価格支配力は，個別取引数量における取引交渉力と市場支配力の発揮により，輸出者が限界費用より高く価格を設定する力である。

　なお，通常は輸出者と輸入者には複数の商品の取り扱いがあり，各商品にも複数の市場が存在するため，厳密にはそのことを考慮した利潤関数より取引関数を導出すべきであるが，ある商品のある市場での取引関数は結局，上記の①式と②式に帰着するため，簡略化した形で表現している。

第4章　日本産農産物輸出者の価格支配力

4）価格支配力の発揮と取引成果

①・②式のdQ_i / dq_iは市場支配力であり，個別取引数量q_iの変化が市場全体取引数量Q_iに及ぼす効果である。これが＋で大きいほど市場支配力が強い。dpe_i / dQ_iは取引交渉力であり，市場全体取引数量Q_iの変化が輸出者販売（輸入者購買）価格pe_iに及ぼす効果である。これが－でその絶対値が大きいほど輸出者の取引交渉力が強く，＋でその絶対値が大きいほど輸入者の取引交渉力が強い。

dQ_i / dq_i =0（市場支配力の発揮無），または，dpe_i / dQ_i =0（両者から取引交渉力の発揮無）の時，$(dpe_i / dQ_i)(dQ_i / dq_i)$=0（両者から価格支配力の発揮無）となる。また，$dQ_i / dq_i$ >0（市場支配力の発揮有），かつ，dpe_i / dQ_i <0（輸出者の取引交渉力の発揮有）の時，$(dpe_i / dQ_i)(dQ_i / dq_i)$<0（輸出者の価格支配力の発揮有）となる。そして，dQ_i / dq_i >0（市場支配力の発揮有），かつ，dpe_i / dQ_i >0（輸入者の取引交渉力の発揮有）の時，$(dpe_i / dQ_i)(dQ_i / dq_i)$>0（輸入者の価格支配力の発揮有）となる。

以上のように価格支配力は取引交渉力と市場支配力の混合効果によって発揮される。輸出者と輸入者の双方から価格支配力の発揮がない場合と比べて，輸出者が価格支配力を有するならば価格は高く，輸入者が価格支配力を有するのであれば価格は低く決まる。

（3）データ

データは貿易統計であるGrobal Trade Atlasより入手した。香港におけるりんご，牛肉，長いもの各国からの輸入に関する統計として，りんごについてはHSコード080810（Apples, Fresh），牛肉は020130（Meat Of Bovine Animals, Boneless, Fresh Or Chilled），長いもは071430（Yams（Dioscorea Spp.）, Fresh, Chilled, Frozen Or Dried）を該当させた。それぞれの輸入金額と輸入数量に関する2012年1月～2017年12月の月別データを利用するが，長いもについては2012年1月から2013年2月まで日本からの輸入はなかった。

このデータからはある国におけるある品目の世界各国からの輸入金額と輸

75

第Ⅰ部　加工品における取引条件の解明

入数量が得られる。そのために，輸入金額を輸入数量で除することによる国別の価格の比較，各国産のシェアやハーフィンダル指数の計算も可能である。

（4）価格支配力の推定

本章における価格支配力の推定にあたっては，本来ならばある商品規格の輸出者と輸入者により合意された個別の取引の数量と価格のデータを適用すべきであるが，そのようなデータの入手は極めて困難である。すなわち，i 品特定国産のt 番目の取引関数について輸入者は③式，輸出者は④式で表されるが，$pe_{it}(Q_{it})$とq_{it}の獲得は厳しいということである。

$$pe_{it}(Q_{it})=pd_{it}(Q_{it})+(dpd_{it}/dQ_{it})(dQ_{it}/dq_{it})q_{it}-dcd_{it}/dq_{it}$$
$$-(dpe_{it}/dQ_{it})(dQ_{it}/dq_{it})q_{it} \qquad ③$$

$$pe_{it}(Q_{it})=-(dpe_{it}/dQ_{it})(dQ_{it}/dq_{it})q_{it}+dce_{it}/dq_{it} \qquad ④$$

そのために，i品特定国産のt 番目までの取引が集計された取引データとして入手可能な月別の日本産品目の輸入数量・価格（輸入金額を輸入数量で除したもの）及び同品目の世界各国からの合計輸入数量を適用する。ある月に合意に至った i 品特定国産のt 番目までの１社以上の輸出者と同輸入者による多数の取引の平均取引関数をそれぞれ⑤式，⑥式のように表すことができる。これはnをその月に合意された取引の数とすれば，t 番目の取引関数の両辺の各変数をn 番分合計した後，両辺の各項をnで割って得られる。

$$\overline{pe_t}=\overline{pd_t}+(d\overline{pd_t}/d\textstyle\sum_{t=1}^{n}Q_{it})(d\textstyle\sum_{t=1}^{n}Q_{it}/d\textstyle\sum_{t=1}^{n}q_{it})\textstyle\sum_{t=1}^{n}q_{it}-\overline{mcd_t}$$
$$-(d\overline{pe_t}/d\textstyle\sum_{t=1}^{n}Q_{it})(d\textstyle\sum_{t=1}^{n}Q_{it}/d\textstyle\sum_{t=1}^{n}q_{it})\textstyle\sum_{t=1}^{n}q_{it} \qquad ⑤$$

$$\overline{pe_t}=-(d\overline{pe_t}/d\textstyle\sum_{t=1}^{n}Q_{it})(d\textstyle\sum_{t=1}^{n}Q_{it}/d\textstyle\sum_{t=1}^{n}q_{it})\textstyle\sum_{t=1}^{n}q_{it}$$
$$+\overline{mce_t} \qquad ⑥$$

ここで，$\overline{pe_t}=\left(\frac{1}{n}\right)\textstyle\sum_{t=1}^{n}pe_{it}$，$\overline{pd_t}=\left(\frac{1}{n}\right)\textstyle\sum_{t=1}^{n}pd_{it}$，

$\overline{mcd_t}=d(1/n)\textstyle\sum_{t=1}^{n}cd_{it}/d\textstyle\sum_{t=1}^{n}q_{it}$，$\overline{mce_t}=d(1/n)\textstyle\sum_{t=1}^{n}ce_{it}/d\textstyle\sum_{t=1}^{n}q_{it}$　　である。

u を誤差項とする⑦と⑧の回帰式に最小二乗法を適用することによって得られる β は平均取引交渉力 $d\overline{pe_t}/d\textstyle\sum_{t=1}^{n}Q_{it}$，$\eta$ は弾力性タームの市場支配力 $(d\textstyle\sum_{t=1}^{n}Q_{it}/d\textstyle\sum_{t=1}^{n}q_{it})(\textstyle\sum_{t=1}^{n}q_{it}/\textstyle\sum_{t=1}^{n}Q_{it})$ のそれぞれ推定値となる。

76

第4章　日本産農産物輸出者の価格支配力

$$\overline{pe_t} = \alpha + \beta \sum_{t=1}^{n} Q_{it} + u \qquad\qquad ⑦$$

$$log\left(\sum_{t=1}^{n} Q_{it}\right) = \gamma + \eta\ log\left(\sum_{t=1}^{n} q_{it}\right) + u \qquad\qquad ⑧$$

3．結果と考察

（1）市場動向─市場全体と日本産の取引金額，取引数量，価格の推移─

1）りんご

　表4-1にりんごについての動向を示している。2012年から2017年にかけて市場全体取引金額は827億円から1,344億円（1.6倍），市場全体取引数量は82万4,016tから110万8,803t（1.3倍）に増大している。同期間に日本産の取引金額は33億円から177億円（5.4倍），同取引数量は7,739tから43,558t（5.6倍）となった。輸出先としての香港市場は拡大しているが，日本産拡大のスピードは速いと言える。同期間，市場全体価格は100円/kgから133円/kgの範囲内にあるが，日本産は394円/kgから432円/kgであり，日本産は市場全体価格に対して高価格となっている。

表4-1　香港におけるりんご輸入の市場全体と日本産の動向

	2012 年	2013 年	2014 年	2015 年	2016 年	2017 年
市場全体取引金額（億円）	827	865	1,050	1,396	1,198	1,344
市場全体取引数量（t）	824,016	735,332	813,016	1,050,532	1,034,728	1,108,803
市場全体価格（円/kg）	100	118	129	133	116	121
日本産取引金額（億円）	33	46	102	211	205	177
日本産取引数量（t）	7,739	11,418	23,673	53,524	50,748	43,558
日本産価格（円/kg）	427	405	432	394	405	407

資料：Grobal Trade Atlas より入手した貿易統計の筆者分析による。

2）牛肉

　表4-2は牛肉についての輸入動向である。2012年から2017年にかけて，市場全体取引金額は421億円から933億円（2.2倍），市場全体取引数量は34,133tから46,302t（1.4倍）となり，市場は拡大傾向にある。同期間の日本産取引

77

第Ⅰ部　加工品における取引条件の解明

表4-2　香港における牛肉輸入の市場全体と日本産の動向

	2012 年	2013 年	2014 年	2015 年	2016 年	2017 年
市場全体取引金額（億円）	421	548	672	867	833	933
市場全体取引数量（t）	34,133	38,543	46,443	48,089	46,489	46,302
市場全体価格（円/kg）	1,234	1,423	1,446	1,804	1,792	2,016
日本産取引金額（億円）	50	70	92	160	140	200
日本産取引数量（t）	1,108	1,195	1,454	2,548	2,433	3,607
日本産価格（円/kg）	4,515	5,825	6,311	6,270	5,741	5,557

資料：Grobal Trade Atlas より入手した貿易統計の筆者分析による。

金額は50億円から200億円（4.0倍），同取引数量は1,108tから3,607t（3.2倍）
となり，市場全体より早い速度で増大している。同期間の価格の範囲は市場
全体が1,234円/kg〜2,016円/kgに対して，日本産は4,515円/kg〜6,311円/kg
であり，日本産の価格帯はかなり高い。

3）長いも

　表4-3は長いもについてである。2012年から2017年にかけて長いもの市場
全体取引金額は2,605万円から1億5,948億円（6.1倍），市場全体取引数量は
78tから298t（3.8倍）と市場規模は小さいが拡大している。2012年に日本産
の輸出はなかったが，2013年から2017年にかけて日本産取引金額は114万円
から6,493万円（57倍），3tから111t（44倍）と少ないものの急速に増大して
いる。2013年から2017年の価格の範囲は市場全体価格が82円〜668円とかな

表4-3　香港における長いも輸入の市場全体と日本産の動向

	2012 年	2013 年	2014 年	2015 年	2016 年	2017 年
市場全体取引金額（万円）	2,605	3,494	10,540	4,921	8,033	15,948
市場全体取引数量（t）	78	424	1,079	74	153	298
市場全体価格（円/kg）	333	82	98	668	526	536
日本産取引金額（万円）	0	114	254	2,107	1,171	6,493
日本産取引数量（t）	0	3	5	34	20	111
日本産価格（円/kg）	−	454	485	623	576	587

資料：Grobal Trade Atlas より入手した貿易統計の筆者分析による。

りの差があり様々な品種が輸入されていると考えられるが，日本産は454円
～623円と市場全体と比べると価格帯は小さく高い水準にある。

（2）市場構造

1）りんご

　表4-4に示されるように，日本は2012年には数量シェア上位5位外であっ
たが2017年には4位に入っている。中国，アメリカ，ニュージーランド，チ
リが数量シェア上位国であり，日本にとっての競合国と言える。価格につい
ては，最も低い中国産から最も高い日本産まで原産国によって差がある。

表4-4　香港におけるりんご輸入数量上位5カ国の数量シェアと価格

年/月	数量シェア1位			数量シェア2位			数量シェア3位		
	国	シェア %	価格 円/kg	国	シェア %	価格 円/kg	国	シェア %	価格 円/kg
2012/6	アメリカ	44	112	中国	18	55	チリ	15	87
2012/12	アメリカ	43	121	中国	23	66	チリ	13	97
2017/6	中国	49	74	アメリカ	26	138	ニュージーランド	10	164
2017/12	中国	52	81	アメリカ	24	137	ニュージーランド	9	179

年/月	数量シェア4位			数量シェア5位		
	国	シェア %	価格 円/kg	国	シェア %	価格 円/kg
2012/6	ニュージーランド	15	99	南アフリカ	3	82
2012/12	ニュージーランド	12	110	南アフリカ	3	91
2017/6	日本	4	397	チリ	3	147
2017/12	日本	5	373	チリ	4	148

資料：Grobal Trade Atlas より入手した貿易統計の筆者分析による。

2）牛肉

　表4-5を見ると，数量シェアの上位1位オーストラリア，上位2位アメリ
カの順番は変わらないが，それ以下の上位5位以内はブラジル，日本，ニュ
ージーランドで入れ替わりがある。価格は日本，アメリカ，オーストラリア，

第Ⅰ部　加工品における取引条件の解明

表4-5　香港における牛肉輸入数量上位5カ国の数量シェアと価格

年/月	数量シェア1位			数量シェア2位			数量シェア3位		
	国	シェア%	価格円/kg	国	シェア%	価格円/kg	国	シェア%	価格円/kg
2012/6	オーストラリア	41	1,185	アメリカ	32	1,314	ニュージーランド	10	999
2012/12	オーストラリア	44	1,157	アメリカ	31	1,363	ブラジル	10	448
2017/6	オーストラリア	49	1,670	アメリカ	26	1,998	日本	8	5,760
2017/12	オーストラリア	48	1,702	アメリカ	26	2,100	ブラジル	10	522

年/月	数量シェア4位			数量シェア5位		
	国	シェア%	価格円/kg	国	シェア%	価格円/kg
2012/6	ブラジル	8	438	日本	3	4,391
2012/12	ニュージーランド	7	1,051	日本	3	4,853
2017/6	ブラジル	7	523	ニュージーランド	5	1,549
2017/12	日本	7	5,541	ニュージーランド	5	1,551

資料：Grobal Trade Atlas より入手した貿易統計の筆者分析による。

ニュージーランド，ブラジルの順に高いが，2番目に高いアメリカに対しても日本の価格は3倍以上の水準にある。

3）長いも

　表4-6より，2012年には輸出国がアメリカ，中国のみであるが，2017年にはそれらに日本とオーストラリアが加わっている。日本，アメリカ，オーストラリアの間には相互に2倍以上となるほどの価格差は見られないが，中国については年月により407円から2,965円までの幅広い価格差がある。

（3）市場行動・成果—価格支配力の発揮—

1）りんご

　⑦式と⑧式を用いて以下の推定結果を得た。式下の括弧内の値は切片と係数のt値であり，*は5％，**は10％の有意水準にあることを示している。

80

第4章　日本産農産物輸出者の価格支配力

表4-6　香港における長いも輸入数量上位5カ国の数量シェアと価格

年/月	数量シェア1位			数量シェア2位			数量シェア3位		
	国	シェア%	価格円/kg	国	シェア%	価格円/kg	国	シェア%	価格円/kg
2012/6	アメリカ	100	326	–	–	–	–	–	–
2012/12	アメリカ	97	344	中国	3	407	–	–	–
2017/6	日本	40	579	アメリカ	30	373	オーストラリア	24	327
2017/12	オーストラリア	37	355	日本	35	565	アメリカ	19	428

年/月	数量シェア4位			数量シェア5位		
	国	シェア%	価格円/kg	国	シェア%	価格円/kg
2012/6	–	–	–	–	–	–
2012/12	–	–	–	–	–	–
2017/6	中国	6	2,965	–	–	–
2017/12	中国	8	910	–	–	–

資料：Grobal Trade Atlas より入手した貿易統計の筆者分析による。

$$pe_{jpapple}=422.65 - 0.00000012 \ Q_{apple} \quad R^2=0.048$$
$$（74.02）** \ （-1.87） \qquad DW 比=0.81$$
$$log（Q_{apple}）=4.32 + 0.55 \ log（q_{jpapple}） \quad R^2=0.45$$
$$（9.39）** \ （7.56）** \qquad DW 比=0.62$$

$pe_{jpapple}$ は月別日本産りんご価格[1]，Q_{apple} は月別りんご市場全体取引数量，$q_{jpapple}$ は月別日本産りんご取引数量である。日本産輸出群と日本産輸入群により弾力性タームの市場支配力の推定値は0.55と1％水準で有意であり，市場支配力は発揮されているが，平均取引交渉力の推定値は-0.00000012で有意ではなく，両群より平均取引交渉力は発揮されていないため，両群より平均価格支配力は発揮されていない。

　図4-1は上記の推定値を利用して，日本産の価格（実測値）と限界費用（理論値）の推移を示しているが，平均価格支配力が発揮されていないため，その差はほとんど無く，分析期間月平均の価格・限界費用マージン率 $(pe_{jpapple} - mce_{jpapple}) ／ mce_{jpapple} \times 100$ は0.62％である。

81

第Ⅰ部　加工品における取引条件の解明

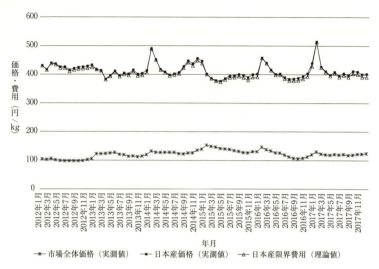

図 4-1　香港輸入段階における日本産りんごの価格（実測値）と限界費用（理論値）
資料：Grobal Trade Atlas より入手した貿易統計の筆者分析による。

2）牛肉

⑦式と⑧式より以下の推定結果を得た。

$$pe_{jpbeef} = 5364.07 + 0.000082\, Q_{beef} \quad R^2 = 0.057$$
$$\quad\quad (31.76)^{**}\ (2.05)^{*} \quad DW 比 = 0.49$$

$$\log(Q_{beef}) = 2.19 + 0.84\, \log(q_{jpbeef}) \quad R^2 = 0.85$$
$$\quad\quad (10.28)^{**}\ (20.06)^{**} \quad DW 比 = 0.50$$

pe_{jpbeef} は月別日本産牛肉価格[2]，Q_{beef} は月別牛肉市場全体取引数量，q_{jpbeef} は月別日本産牛肉取引数量である。

　日本産輸出者群と日本産輸入者群による弾力性タームの市場支配力の推定値は0.84と1％水準で有意であり，市場支配力は発揮され，平均取引交渉力の推定値は0.000082と5％水準で有意であるため，日本産輸入者群から平均取引交渉力が発揮されており，日本産輸入者群からの平均価格支配力が発揮されている。

第4章　日本産農産物輸出者の価格支配力

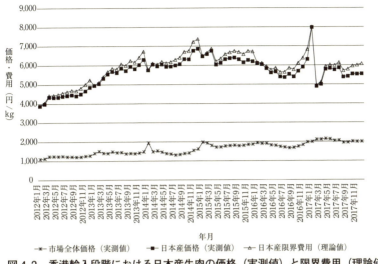

図4-2　香港輸入段階における日本産牛肉の価格（実測値）と限界費用（理論値）
資料：Grobal Trade Atlas より入手した貿易統計の筆者分析による。

図4-2は日本産の価格（実測値）と限界費用（理論値）の推移を示しているが，限界費用が価格を上回って推移している。分析期間月平均の価格・限界費用マージン率 $(pe_{jpbeef} - mce_{jpbeef}) / mce_{jpbeef} \times 100$ は -4.4% となっており，適正価格である限界費用よりも低い価格で輸出されていることを示している。日本産輸出者群からの平均取引交渉力が顕著に弱いと推定されるからである。

3）長いも

⑦式と⑧式を用いて以下の推定結果を得た。

$pe_{jpyams} = 543.92 - 0.00052 \ Q_{yams}$　　$R^2 = 0.061$
　　　　　(35.03)　**　(−1.91)　　DW 比 = 0.35

$log(Q_{yams}) = 3.66 + 0.17 \ log(q_{jpyams})$　　$R^2 = 0.03$
　　　　　　　(9.74)　**　(1.38)　　DW 比 = 0.36

第Ⅰ部　加工品における取引条件の解明

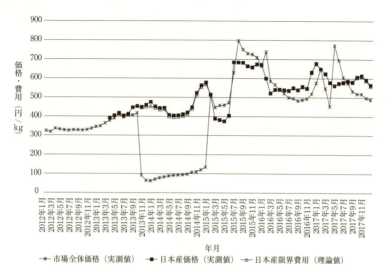

図4-3　香港輸入段階における日本産長いもの価格（実測値）と限界費用（理論値）
資料：Grobal Trade Atlas より入手した貿易統計の筆者分析による。

pe_{jpyams} は月別日本産長いも価格[3]，Q_{yams} は月別長いも市場全体取引数量，q_{jpyams} は月別日本産長いも取引数量である。

弾力性タームの市場支配力の推定値は0.17で有意ではないため，日本産輸出者群とその輸入者群から市場支配力は発揮されず，かつ，平均取引交渉力については−0.00052で有意でないため両群からの取引交渉力は発揮されず，両群から平均価格支配力は発揮されていない。

図4-3を見れば日本産の価格と限界費用にはほとんど差がなく，分析期間月平均のその価格・限界費用マージン率（$pe_{jpyams} - mce_{jpyams}$）／$mce_{jpyams} \times 100$ は0.62%である。

4．おわりに

本章では，りんご，牛肉，長いもの香港における輸入者群と輸出者群の取引市場の分析をした。このことにより，その市場における日本との競合国，

第4章　日本産農産物輸出者の価格支配力

日本産と競合国産の価格差を明らかにすることができた。また，取引市場の傾向としては，3品目とも日本産は数量と金額ともに増加しつつあることを解明した。価格支配力を発揮するためには，取引交渉力と市場支配力の両方を発揮する必要があることが取引関数により示されたが，顕著な平均価格支配力の発揮は日本産牛肉の輸入者群から見られた。日本産牛肉の香港輸出によって得られる利潤は多くの輸出者においてマイナスであると推測されるのであり，それら輸出者の取引交渉の改善によりその赤字を解消できる余地があると指摘できる。日本産のりんごと長いもについては，平均価格支配力が発揮されておらず，輸出者群の要する平均限界費用及び輸入者群の平均限界評価の水準に同等な適正価格により取引されていると言える結果が得られた。

　ここでの分析は他の品目，他の輸出先国にも適用することができる。また，取引関数の導入によって売り手群，もしくは，流通業者買い手群からの平均価格支配力の発揮の有無を解明できる点，売り手群の要する平均限界費用と流通業者買い手群の平均限界評価に等しい適正価格を示すことができる点に本分析の特長がある。しかしながら，分析上の課題も残っている。それは市場支配力並びに平均取引交渉力の発揮を推定した単回帰分析結果におけるDW比が良好でないことであり，最適な推定に向けてその問題を解決することである。

[注]
1）　$pe_{jpapple}$ には，⑦式の $\overline{pe_i}$ は $(1/n)\Sigma_{t=1}^{n}pe_{it}$ に等しいことから，日本産りんごの n 個の個別取引において決定した価格の単純平均を用いるべきであるが，個別の取引価格は入手できないため，各月の日本産りんごの輸入金額を輸入数量で除して求まる価格を用いている。
2）　pe_{jpbeef} も1）と同じ扱いである。
3）　pe_{jpyams} も1）と同じ扱いである。

[引用文献]
ハル　R　ヴァリアン著，佐藤隆三・三野和雄訳（1994）『ミクロ経済分析』勁草書房，p114。
Kohls, Richard L., Joseph N. Uhl（2002）*Marketing of Agricultural Products*

85

第Ⅰ部　加工品における取引条件の解明

NINTH EDITION, Prentice Hall, p162.

（豊　智行）

第5章

わが国におけるワイン輸出の現状と課題

1. はじめに

　一般に，わが国における今日的な農産物・食品輸出の促進・振興は，少子高齢化によって国内市場の縮小が見込まれる一方，経済発展等の影響によって海外市場の拡大が見込まれていることを背景として展開されている[1]。個別の品目に限定してみれば，必ずしもすべての品目において，市場が縮小しているわけではないが，様々な農産物・食品輸出に取り組もうとする各種団体が振興策を活用している。

　本章で取り上げるワインは，国内市場が依然として拡大し続けている品目の一つである。わが国農産物・食品輸出の一般的な背景とは異なる背景のもとで，ワイン輸出がいかなる現状と課題を有するのか，その検討が本章の課題である。

　ワイン輸出に関する社会科学分野の研究は皆無であり，酒類輸出に範囲を広げれば，清酒・焼酎の海外における生産事情とマーケット動向をまとめた喜多（2009a，2009b），日本産清酒・焼酎の海外への輸出動向を整理した喜多（2012），個別の清酒製造企業を対象にその清酒輸出にかかるマーケティング戦略について分析した石塚他（2015）がある。このように，酒類輸出において，対象品目は清酒・焼酎に偏っており，ワイン輸出についての成果はほとんど見当たらない。

　そこで，本章では，わが国における酒類市場，ワイン市場の動向について概観した上で，ワイン輸出に取り組む2つの組織に着目し，ワイン輸出の現状と課題に関する初歩的な分析を試みる。

87

第Ⅰ部　加工品における取引条件の解明

　対象事例は，第1に，甲州ワインEU輸出促進協議会（山梨県甲府市）である。第2に，北海道ワイン株式会社である。前者は，日本最大のブドウ産地にあって，「甲州ワイン」のEU向け輸出の促進に取り組む組織である。後者は，わが国最大の日本ワインの製造企業である。いずれも，日本ワインの輸出取組事例として「農林水産物・食品の輸出取組事例」（農林水産省）に度々取り上げられるなど，代表的な事例として注目されているものである。調査は，2016年12月から2017年1月にかけて，訪問面接により実施した。

　ワインをとりあげる際に注意すべきは，その原料の調達先である。わが国において製造されるワイン（国内製造ワイン）の大半は，海外から輸入したブドウの濃縮果汁やワインを原料に日本国内で製造されたもの（国産ワイン）である。それに対し，日本産のぶどうのみを原料に製造されたワインを，日本ワインという。かつては，これらをまとめて「国産ワイン」と呼んでいたが，国税庁が2015年に定めたルールによって，両者を厳密に分けて表示することとなった。わが国農業の振興に軸足をおき，農産物・食品輸出を検討するという本書の趣旨を踏まえれば，本章で注目すべきは日本ワインということになろう。

2．拡大するわが国ワイン市場

　わが国における酒類市場は縮小する傾向にある。図5-1に示すように，わが国における酒類の製成数量は戦後大きく伸びてきたが，1999年の9,595千kℓをピークに，横ばいから減少傾向へと転じて今日に至っている。

　その内訳を，表5-1に示した。清酒の製成数量は1973年に早くもピークの1,421千kℓとなり，現在では約3分の1程度の440千kℓ程度で推移している。ビールの製成数量は1994年にピークの7,101千kℓとなって以降，大きく減少している。それは，ビールに類似の酒類（ビール系飲料）である発泡酒やリキュールに移行したことにも起因している。しかしながら，発泡酒の製成数量は2002年に早くもピークの2,624千kℓとなって以降減少へ，リキュールの

88

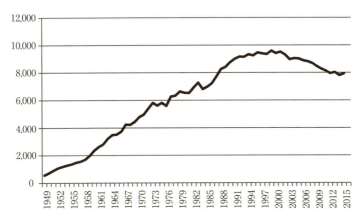

図5-1　わが国における酒類の製成数量（単位：千kℓ）

資料：国税庁統計年報。

それも2013年の1,996千kℓをピークに頭打ちとなっている。ビール，発泡酒，リキュールの製成数量を合計しても，2015年で5,250千kℓとピーク時のビールの製成数量には及ばない。ウィスキー・ブランデーの製成数量は，1983年にピークの412千kℓとなって以降減少し続け，2007年には63千kℓとなるが，以降増加傾向に転じている。ワインを含む果実酒・甘味果実酒の製成数量は，1998年にピークの116千kℓとなり，2007年の73千kℓまで減少するが，再び増加に転じて今日に至っている。

　次に，わが国におけるワインの消費量の推移を見てみよう（図5-2）。わが国におけるワインの消費量は，幾つかのブームを経て増大してきた[2]。第1次ワインブーム（1972年）は外国産ワインの輸入自由化を期とする本格的テーブルワインブーム，第2次ワインブーム（1978年）は1,000円ワインブーム，第3次ワインブーム（1981年）は一升瓶入りの地ワインブーム，第4次ワインブーム（1987年）はバブル景気を追い風としながらのボジョレー・ヌーヴォー，高級ワインブーム，第5次ワインブームは500円で購入可能な低価格ワンコインワインブームである。そして，ポリフェノールが健康維持に有用であることが注目されたことによる赤ワインブーム（第6次ワインブーム，1997年）となり，ワイン消費量を飛躍的に増大させ，一つのピーク（1998

第Ⅰ部　加工品における取引条件の解明

表 5-1　わが国における主な酒類の製成数量の推移

単位：千kℓ

年	清酒	連続式・単式蒸留しょうちゅう	ビール	発泡酒	リキュール	ウイスキー・ブランデー	果実酒・甘味果実酒
1962	800	251	1,519	7	7	52	53
1963	982	245	1,769	3	11	55	46
1964	1,028	225	2,021	0	10	58	47
1965	1,089	216	2,006	0	11	69	42
1966	1,099	231	2,167	0	13	98	44
1967	1,233	230	2,514	0	16	122	59
1968	1,253	228	2,488	0	17	116	45
1969	1,163	209	2,811	0	23	126	34
1970	1,257	219	3,037	-	25	144	37
1971	1,329	199	3,138	0	23	155	46
1972	1,361	214	3,511	0	25	166	46
1973	1,421	210	3,843	0	27	187	45
1974	1,417	199	3,643	-	22	216	44
1975	1,350	199	3,897	-	22	248	28
1976	1,238	215	3,724	0	23	275	41
1977	1,299	235	4,297	-	23	298	38
1978	1,219	246	4,421	0	23	296	38
1979	1,182	249	4,681	0	23	369	45
1980	1,193	257	4,559	0	25	364	46
1981	1,194	277	4,542	-	25	356	43
1982	1,191	326	4,839	0	27	392	59
1983	1,185	423	5,053	0	41	412	59
1984	1,006	619	4,598	9	94	282	45
1985	928	668	4,852	4	76	273	51
1986	1,061	589	5,075	0	66	271	45
1987	1,132	588	5,492	0	70	268	53
1988	1,110	668	5,857	0	72	308	61
1989	1,119	461	6,287	0	99	209	55
1990	1,060	592	6,564	0	112	202	58
1991	1,058	484	6,916	10	115	186	57
1992	1,037	584	7,011	2	138	173	50
1993	1,026	649	6,964	1	129	171	51
1994	963	641	7,101	30	216	168	52
1995	980	675	6,797	210	223	134	65
1996	937	712	6,908	327	233	122	68
1997	872	731	6,637	487	251	155	93
1998	781	674	6,176	1,061	253	124	116
1999	735	727	5,890	1,433	332	142	100
2000	720	757	5,464	1,715	327	136	97
2001	680	804	4,813	2,374	419	112	90
2002	633	827	4,300	2,624	558	89	89
2003	601	923	3,959	2,503	595	80	80
2004	524	1,043	3,844	2,282	714	72	70
2005	499	1,042	3,650	1,694	742	69	94
2006	513	1,020	3,536	1,594	755	67	75
2007	505	1,000	3,470	1,528	1,025	63	73
2008	488	970	3,213	1,383	1,285	66	74
2009	469	968	3,036	1,103	1,562	73	75
2010	447	912	2,954	948	1,714	85	78
2011	440	881	2,895	773	1,838	85	84
2012	439	896	2,803	626	1,891	88	91
2013	444	912	2,862	527	1,996	93	98
2014	447	880	2,733	560	1,871	105	102
2015	444	848	2,794	536	1,920	116	112

資料：国税庁統計年報もとに筆者作成。
注：2005 年以前は分類の表記が一部異なっている。具体的には，連続式・単式蒸留しょうちゅうは「しょうちゅう」，リキュールは「リキュール類」，ウィスキー・ブランデーは「ウィスキー類」，果実酒・甘味果実酒は「果実酒類」。

90

第5章　わが国におけるワイン輸出の現状と課題

図5-2　わが国におけるワインの消費量（kℓ）
資料：メルシャン株式会社『ワイン参考資料』。

年の297千kℓ）を成した。この間のブーム的なワイン消費の伸びは、ときに減少局面も経ながら推移してきたが、2009年から再び増加に転じている。目下、チリ産を始めとする低価格帯の新世界の輸入ワインによる第7次ワインブームを迎え、過去最高のワイン消費量（2014年、350千kℓ）となっている。

以上のようなワインブームに伴って、ワインの国内製造量も増減を繰り返してきている。そのピークは1999年の123千kℓであったが、2007年の78千kℓで底を打って以降増加に転じ、2014年には105千kℓとピーク時に迫る伸びとなっている。

このように、わが国におけるワイン市場は、国産品、輸入品ともに拡大局面にあり、潜在需要の掘り起こしが続いているものとみられる。こうした状況下での日本製造ワインの輸出はどのように推移しているのだろうか。次節で見ていくこととしよう。

3．わが国ワイン輸出の動向

近年のわが国のワイン輸出量は、概ね200千ℓ台で推移しており、明瞭な増減の傾向を見出すことができない。また、輸出金額も輸出数量の増減と必

91

第Ⅰ部　加工品における取引条件の解明

表 5-2　日本の酒類輸出の推移

単位：ℓ，千円

	ビール			清酒			ワイン		
	輸出数量	輸出金額	価格	輸出数量	輸出金額	価格	輸出数量	輸出金額	価格
2010	23,977,541	3,181,710	133	13,770,045	8,500,076	617	221,979	337,607	1,521
2011	31,077,831	3,799,359	122	14,022,296	8,776,009	626	252,267	233,883	927
2012	38,379,715	4,475,131	117	14,130,554	8,945,976	633	174,224	146,963	844
2013	46,511,691	5,448,796	117	16,202,201	10,523,576	650	236,602	118,148	499
2014	55,671,765	6,583,697	118	16,313,867	11,506,945	705	207,895	149,676	720
2015	73,770,930	8,549,797	116	18,180,213	14,011,241	771	283,701	191,926	677
2016	82,926,030	9,489,331	114	19,736,818	15,581,063	789	225,652	164,175	728

資料：農林水産省国際部国際経済課「農林水産物輸出入概況」。

　ずしも一致していない。年によって，ワインの輸出価格は大きく上下しており，2010年と2013年の価格差は3倍に達している。

　対して，ビールや清酒においては，輸出数量，輸出金額ともに右肩上がりであり，ワインと対象的である。価格については，ビールがほぼ横ばいで推移しているのに対し，清酒は次第に上昇してきている。このことは，ビールにおいては大手ビール製造企業による寡占市場のもとで，各社横並びの管理価格的に安定した価格形成となっていることから理解することができる。一方，清酒においては，全国に多数の製造企業があり，また使用原料や精米歩合による分類が8つにおよび，廉価なものから高価なものまで，多様な価格が存在する。その中で，年々高級な清酒が輸出されるようになりつつあることが理解でき，このこと自体，輸出側の販売戦略の変化が一定の傾向を有していることの証左であると見ることもできよう。

　こうしたワイン輸出動向の中にも，輸出先という点では一定の傾向を見いだせる。**表5-3**に，近年のわが国のワイン輸出先のうち，輸出金額上位3カ国・地域を示した。それによると，香港，台湾，シンガポールが上位を占め，アジア諸国が中心であることがわかる。

　以上のことから，ビールや清酒における輸出動向にワインのそれを対置させるとき，現段階のわが国ワイン輸出には，いかなる製品をいかなる価格で

第5章　わが国におけるワイン輸出の現状と課題

表 5-3　日本のワイン輸出の推移

単位：ℓ，千円

年	1位			2位			3位		
	国名	輸出数量	輸出金額	国名	輸出数量	輸出金額	国名	輸出数量	輸出金額
2010	香港	11,334	163,767	中国	32,040	79,720	台湾	161,766	64,207
2011	香港	6,488	142,794	台湾	202,451	69,311	中国	9,721	6,521
2012	香港	4,491	66,652	台湾	131,628	46,950	シンガポール	7,232	11,024
2013	台湾	179,377	76,504	香港	3,433	8,465	ロシア	11,868	7,180
2014	台湾	152,562	73,579	英国	5,899	25,100	香港	5,410	11,912
2015	台湾	193,438	101,809	香港	18,297	24,730	シンガポール	8,010	15,911
2016	台湾	156,452	69,763	香港	15,427	31,010	シンガポール	6,752	13,317

資料：農林水産省国際部国際経済課「農林水産物輸出入概況」。

輸出するのか，製品戦略や価格戦略の面で一定の方向性は十分に成立していないものと考えられる。チャネル戦略の面では，アジア地域に重点的に販売する傾向を見出すことができる。

4．わが国ワイン輸出の実践

（1）甲州ワインEU輸出促進プロジェクトのプロモーション

1）組織概要

　甲州ワインEU輸出促進協議会は，甲州ワインのEU向け輸出のための「甲州ワインEU輸出促進プロジェクト（KOSHU OF JAPAN〈KOJ〉）」[3]を実施する中心的な組織である。2009年にKOJを実施するために設立されたKOJ実行委員会が前身組織である。構成員は，山梨県内のワイン生産者15社，甲州市商工会，甲府商工会議所，山梨県ワイン酒造協同組合である。設立初年度より国の各所補助金の受け皿となり，甲州ワインのプロモーション活動を主な業務としている。

　世界的な和食ブームを背景として，和食に適したワインとして甲州ワインを世界的に売り込むため，ロンドンを中心にプロモーション活動を実施している。

93

第Ⅰ部　加工品における取引条件の解明

２）甲州ワインの輸出促進

　甲州ワインとは，日本固有の「甲州」なるぶどう品種（以下，「甲州種」）から醸造されたワインを指す。

　甲州種の主な産地は山梨県であり，わが国甲州種生産量231.3tのうち222.3t，96％を占める[4]。ワインの国際的審査機関である国際ぶどう・ぶどう酒機構（OIV）が，2010年，甲州種をワイン醸造用ブドウと認めたことにより，「KOSHU」と表示して甲州ワインをEUに輸出することが可能となった。

　こうした状況のもとで，甲州ワインのEU向け輸出拡大への期待が高まるととともに，その生産者や立地する自治体による輸出促進活動が，当協議会を通じて本格的に実施されていくのである。

　前身組織であるKOJ実行委員会発足以来，当協議会では，毎年１月末から２月上旬にかけて，ロンドンでメディア，ジャーナリスト，輸入商社，ソムリエ等を対象とする試飲会及び市場調査を実施している。2012年にはパリ，2015年にはスウェーデンでも同様のプロモーションを実施した。

　2017年は，ロンドンの和食レストランで消費者対象の試飲会も実施することとしており，和食に適したワインとしての普及を企図している。

３）ワイン輸出の現状

　同協議会のまとめによれば，甲州ワインの輸出量は，2010年の1,992本から着実に数量を伸ばし，2014年に12,700本に達した（**表5-4**）。

　EU向けの主な輸出先は，イギリスを始めフランス，スウェーデン，ベルギー，ドイツ等である。特にイギリスは，全体の30％程度を占める重要な輸出先である。

　その背景は，イギリスのロンドンが，世界各国のワイン

表 5-4　協議会参加企業における甲州ワインのEU向け輸出量

年度	輸出量（本）
2010	1,992
2011	3,388
2012	6,168
2013	8,076
2014	12,700
2015	11,600

資料：甲州ワインEU輸出促進協議会資料。

第5章　わが国におけるワイン輸出の現状と課題

表 5-5　わが国における EU 向けワイン輸出量の推移

単位：ℓ

年	2010	2011	2012	2013	2014	2015	2016
英国	1,494	3,117	4,194	943	5,845	3,442	3,816
フランス	1,538		1,828	1,800	1,125	742	3,609
ベルギー		99			504	1,017	981
スウェーデン				1,512	1,008		675
デンマーク						270	630
オランダ					378	468	378
ドイツ	450	72					270
スペイン						1,170	
イタリア	342			277		1,533	
ポーランド					648		
計	3,824	3,288	6,022	4,532	9,508	8,642	10,359

資料：財務省「貿易統計」。

輸入商社の集積地となっており，世界におけるワインの重要な情報発信基地としての性格を有していることにある。**表5-5**に示すように，貿易統計によれば，EU諸国の内，近年わが国より最も安定的にワインが輸出されている国は，イギリスとなっている。当協議会参加企業に限らず，わが国におけるEU向けワイン輸出の趨勢も，イギリスが主なターゲットとなっていることが理解できる。当協議会によれば，イギリス向け輸出によって，甲州ワインの世界的な認知度の向上，市場拡大，国内での評価の向上につながっているという。

　ヨーロッパでは，食生活との相性もあって，一般的にボディのあるワインを好む傾向が強いとされる。それに対して甲州ワインのボディは弱めであるので，一般的なヨーロッパのワインに対する嗜好とは相容れない側面もある。あくまで，世界的な和食ブームに乗って，和食にあうワインとして普及を図っていくことが，当協議会の甲州ワイン輸出促進の主旨である。

4）輸出のメリットと課題

　ロンドンを中心とした甲州ワインの輸出とプロモーションの展開は，世界のワインの情報発信基地としてのロンドンの特徴も相まって，アジア向け甲

第Ⅰ部　加工品における取引条件の解明

州ワイン輸出の促進にも波及しているという。欧州におけるプロモーションが，アジアにおける甲州ワインの認知度向上につながり，アジア諸国への甲州ワイン輸出量は年間30,000本に達している。比較的軽めのワインを好む傾向にあり，今後の経済成長にともなって一層の購買力の上昇を期待できるアジア諸国こそが，今後の有望なワイン輸出先であるという。

　一方，EU向けワイン輸出における課題は，信頼できる輸入商社の探索であるという。同協議会は，あくまでプロモーションと市場調査による販売促進事業を展開することを本務としており，ワインの輸出入そのものは個別のワイン生産者が担い手となっている。直接の輸出相手となる輸入商社は必ずしも大企業とは限らない。また，甲州ワインの輸出量そのものも現状では大きなロットとはいえない段階にある。確実な代金回収や安定的な輸出量の確保等の観点で，好適な輸入商社はまだ少数であるという。

（2）北海道ワイン株式会社のワイン輸出対応

1）会社概要

　同社は，ワインの製造とその原料生産を目的として，北海道小樽市に1974年1月に設立された。資本金4億4,689万円，社員数73名，年間の売上金額は約17億円である。

　同社の特徴は，北海道で盛んに生産されているナイヤガラを中心とする白ワイン用品種を原料に生産されるワインの生産・販売を主力としている点である。

2）主力のナイヤガラワイン

　同社の2016年産ぶどうの使用量2,170tのうち，ナイヤガラは800t（36.9％）を占めている。また，ワイン生産量のうち，白が約60％，赤が約30％，ロゼが約10％を占めている。わが国国内製造ワインの製造数量構成比において，赤ワインが50.6％，白ワインが42.8％を占めている[5]ことに鑑みれば，同社における白ワインの構成比の大きさが理解される。ナイヤガラを原料とする

96

ワインは，いわゆる甘口ワインであり，このことが後述するワイン輸出に関わってくる。

3) ワイン輸出の展開

　同社のワイン輸出は，2002年の韓国向け輸出が始まりである。同社製ワインを扱っていた関東地方の飲食店経営者（韓国出身者）が，韓国向け輸出を打診したことがきっかけとなった。2004年にはシンガポール，2005年には台湾，2007年には中国というように，輸出先国・地域は年々増え続け，輸出開始以来の輸出先は8つの国と地域に及ぶ（**表5-6**）。そのほとんどがアジア諸国である。ヒアリングによれば，アジア諸国では甘口ワインが好まれる傾向が比較的強く，同社の主力であるナイヤガラワインが輸出数量の約半分を占めるという。

　輸出金額および輸出数量は，**図5-3**に示すように年ごとに一定していない。これは，同社のワイン需給が基本的に逼迫傾向にあり，国内で十分販売しきることができるためである。輸出金額は，ピーク時で2015年の1,541万円で，

表5-6　北海道ワイン株式会社の輸出先国・地域

年	韓国	シンガポール	台湾	中国	香港	マレーシア	オーストラリア	マカオ
2002	○							
2003								
2004	○	○						
2005	○		○					
2006	○	○	○					
2007			○	○				
2008			○		○			
2009			○		○			
2010	○		○			○		
2011			○		○			
2012	○	○	○		○			
2013		○	○		○			
2014			○		○	○	○	
2015		○	○		○	○		○
2016			○		○	○	○	○

資料：北海道ワイン株式会社提供資料をもとに筆者作成。

第Ⅰ部　加工品における取引条件の解明

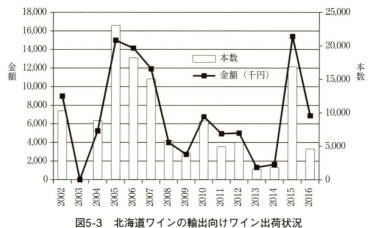

図5-3　北海道ワインの輸出向けワイン出荷状況
資料：北海道ワイン提供資料元に筆者作成。

同社のワイン年間販売額の1％程度である。同社にとってワイン輸出は，あくまで国内需要に十分に対応した上で，海外から受注のある限りで対応すべき対象となっている。例えば，2008年から2011年にかけてはぶどうの不作が続き，ワインの生産量，在庫ともに減少した。また，2011年には東日本大震災，尖閣諸島問題，竹島問題，円高など，輸出を困難にする事態が相次ぎ，輸出の低迷が続いた。2015年には，ようやく輸出実績が回復したものの，年単位での保管が可能なワインだけに，輸出先における在庫状況により2016年の輸出実績は前年を大幅に下回った。

4）ワイン輸出のメリット・デメリット

同社において，ワイン輸出は事業全体のごく一部を占めるにすぎないが，多様なチャネル展開と，輸出の取り組みが政府やマスコミに取り上げられることにより，日本国内における同社の知名度向上に資するものと認識されている。

一方，製品そのものの原価に含まれない，様々なコストの発生が，ワイン輸出の難点である。海外でのプロモーションに要する旅費，中国向けにおけ

第5章　わが国におけるワイン輸出の現状と課題

る原産地証明の取得等があげられる。同社では，道庁や地元商工会議所等が主催する商談会等や補助金を活用するなどしてできるだけプロモーション費用を節約する，一定のロット以上の受注にのみ対応する等，輸出にかかる諸費用の低減に努めている。

5）ワイン輸出の課題と展望

　現在，同社が直面している大きな課題は，ワイン原料ぶどうの安定的な確保である。同社の生産するワインは，100％日本ワインであり，原料の85％は地元北海道から調達している。北海道ぶどう作においても，生産者の高齢化や後継者不足が深刻になりつつあり，ぶどう生産量の維持は困難な情勢にある。同社では，直営農場における原料調達を強化していくことを検討している。

　従って，現状でも同社生産のワインは国内需要によって十分に吸収されている中で，今後輸出向けワインの安定的な数量確保にとっては，次第に困難な情勢になっていくことが考えられる。一方で，人口減少による国内需要の減少も見込まれている中で，国内需給バランスの推移が，今後の輸出の趨勢を大きく左右するものと考えられる。

5．おわりに

　わが国におけるワイン市場は，目下新たな潜在需要が掘り起こされつつある段階にあり，市場が縮小傾向にある清酒やビール（およびビール系飲料）とは異なる状況にある。後者においては，順調に海外向け輸出が伸びつつあるが，前者のワインにおいては，輸出数量は不安定な動きを示している。日本国内の需給動向に鑑みれば，安定した輸出を行える状況にはないものと考えられる。またそのような態度は，北海道ワイン株式会社の事例に於いて明瞭に観察することができた。

　しかしながら，わが国における少子化，高齢化，人口減少の長期予測に鑑

第Ⅰ部　加工品における取引条件の解明

みれば，わが国におけるワイン市場もいずれ縮小傾向に陥ることは避けられない。その意味では，ワイン製造業者にとって，農林水産物・食品輸出の振興策が盛んに展開されている目下の情勢を捉え，海外も視野に入れた販路開拓を図っていくことは，合理的な選択肢の一つである。

　そのような中で，甲州ワインEU輸出促進協議会の取り組みには，一定の意義を見出すことができる。日本固有の甲州種を原料に生産される甲州ワインは，世界的に希少なワインである。OIVに登録されたわが国初の日本固有品種による日本ワインである上に，世界に普及しつつある和食に適するという特徴を持っている。世界のワイン市場において，独自の地位を確保するに有力な特徴を持ったワインということができよう。加えてワイン産地としての日本の存在を，世界において認知させる上で意義のあるワインである。そのようなワインの原料である甲州種のほとんどが山梨県で生産され，従って山梨県でほとんどの甲州ワインが製造されている。山梨県内の甲州ワイン製造業社が，世界のワインハブともいえるロンドンにターゲットを絞り，積極的に甲州ワインのプロモーションに取り組むことは，日本ワインの海外市場進出の一つの重要な画期といえよう。

　表5-5に示したように，EU向けワイン輸出は着実に伸びてきている。加えて，アジア諸国へはEU向け以上の数量の甲州ワインが輸出されており，少なくとも輸出当事者においては，ロンドンにおけるプロモーションの効果が現れ始めているとの手応えをえている。

　北海道ワイン株式会社においては，生産数量の100％を日本ワインが占め，基本的に国内需要によって十分に吸収される状況のもとでのワイン輸出であった。同社が製造するワインは，ナイヤガラを中心に，比較的甘口の白ワインが多く，主としてアジア諸国の受注に対応して輸出されている。大ロットでの輸出は困難であるため，輸出業務の効率性が低位である点が難点である。しかしながら，海外輸出の実績が国やメディアに取り上げられることによって，企業とその製品の知名度が向上するメリットが重視され，同社では可能な範囲で前向きにワイン輸出に対応している。

100

第5章　わが国におけるワイン輸出の現状と課題

　いずれにしても懸念されるのは，安定的な原料調達の確保である。北海道ワイン株式会社においては，目下原料の不足が生じてきており，海外需要に十分に対応することができない水準であった。わが国農業の一般的な傾向としての農業就業者の高齢化と不足のもとで，甲州ワインにおいても，早晩北海道ワイン株式会社と同様の課題に直面することとなるだろう。日本ワインの市場は国内外で今後も拡大することが見込まれるが，このことがワインおよびその原料にとって生産刺激的な方向へ作用する仕組みづくりが求められているものと考える。

　［付記］
　青森県北津軽郡鶴田町受託研究成果報告書「労働力マッチングによる農業活性化事業に関する調査研究」の成果の一部を加筆修正したものである。

[注]
1）石塚・神代（2013）参照。
2）ワインブームについては，萩原（1999），メルシャン株式会社（2016）参照。
3）山梨県ホームページ（https://www.pref.yamanashi.jp/chiikisng/wine/documents/koshuwineforeignpromotion.html，2017年3月23日閲覧）
4）農林水産省「平成26年産特産果樹生産動態調査」参照。2014年の数値。
5）国税庁課税部酒税課「国内製造ワインの概況（平成27年度調査分）」2016年11月。

[参考・引用文献]
石塚哉史・神代英昭編著（2013）『わが国における農産物輸出戦略の現段階と展望』筑波書房。
石塚哉史・安川大河（2015）「日本酒製造業者における輸出マーケティングの再編」2015年度日本農業市場学会第1セッション『日本産加工食品の輸出に関するマーケティング戦略論による理論的・実証的研究』口頭報告。
喜多常夫（2009a）「お酒の輸出と海外産清酒・焼酎に関する調査（Ⅰ）」『日本醸造協会誌』第104巻第7号，pp.531-545。
喜多常夫（2009b）「お酒の輸出と海外産清酒・焼酎に関する調査（Ⅱ）」『日本醸造協会誌』第104巻第8号，pp.592-606。
喜多常夫（2012）「成長期にあるSAKEとSHOUCHU」『日本醸造協会誌』第107巻

第Ⅰ部　加工品における取引条件の解明

　第7号，pp.458-476。

萩原健一（1999）「最近のワイン消費動向とワイン造り」『日本ブドウ・ワイン学
　会誌』Vol.10，No.1，pp.36-40。

メルシャン株式会社（2016）『ワイン参考資料』。

（成田拓未）

第Ⅱ部

実需者ニーズの把握とマーケティング戦略の構築

第6章

香港における農林水産物・食品の輸出拡大の一因に関する一考察
―現地の日系大手食品小売企業のチャネルを対象に―

1．はじめに

　日本の食品産業の国内生産額は，2013年以降90兆円台を維持している。しかし，今後，日本国内では少子高齢化社会の一層の進展とともに，国内の食市場規模が縮小すると予測される。そのため，日本の農林水産業の産地や食品産業では現状の経営規模を維持・拡大させるための方策が必要となっている。

　一方，人口の増加と経済の成長に伴い，世界の食市場は拡大している。農林水産省（2014）によると，2009年に世界の食の市場規模は340兆円であったが，2020年までに680兆円へと２倍に増加すると見込まれている。こうしたことから，農林水産省は世界の食市場の獲得を目的に，2019年までに農林水産物・食品の輸出額を１兆円とする目標を掲げている。

　農林水産省（2016）によると，2015年の香港向け輸出は1,794億円となっており，昨年実績比で1.34倍も増加した。その結果，11年連続で日本最大の食料品輸出先地域となっている。

　このように近年においても香港向け輸出額が急成長しているものの，在香港日本国総領事館が香港政府統計局「Hong Kong External Merchandise Trade」および「Hong Kong Merchandise Trade Statistics-Imports」をもとに作成した統計資料から香港の国別の食品輸入額の推移を捉えると，2015年の第１位は中国本土で23.5％，第２位は米国で16.7％となっており，日本

105

第Ⅱ部　実需者ニーズの把握とマーケティング戦略の構築

のシェアはわずか4.8％と第6位となっている。この低いシェア及び輸出が近年も増加していることを踏まえると，日本はまだ香港向けに輸出を拡大できる余地があると考えられる。それゆえ，先述の1兆円の輸出目標の達成のためにも，香港向け輸出が拡大している現状の一因を明らかにするとともに，その結果を踏まえて今後の展開を検討する必要がある。

2．課題の設定

前節で示した問題意識に関連する先行研究をみると，香港において中国が最大の供給先であることも関係し，中国の香港向け輸出に関する成果はいくつか存在する。これらは，日本が香港向けに農林水産物・食品をさらに輸出拡大するための方策の検討や本章での課題設定において参考になると考えられる。主要なものを取り上げると，牛・孫（2000），陳（2006），王（2011）の成果がある。

牛・孫（2000）は，香港特別行政区政府統計処「香港統計年鑑」にもとづき，比較優位（Revealed Comparative Advantage：RCA）分析を通して，中国の香港向け輸出農産物の競争力が低いことを解明した。また，実態調査を通して中国産農産物の品質が低いこと，および流通段階の廃棄率が高い等の課題を明らかにするとともに，その解決策として，生産段階では消費者ニーズに合わせて新品種の開発・栽培を行うこと，そして流通段階では包装・貯蔵等の技術革新を実現する必要があることを指摘した。

陳（2006）は，香港の場合，輸入品への依存が高く生産段階が見えづらいため，香港の消費者は輸入食料品に対して安全性を特に重視していることを明らかにした。また，今後，中国産農産物を香港向けに輸出する際，品質と安全を重視することはもちろんのこと，現地での販促活動も強化し，商品のブランド化戦略を推し進める必要があること等を指摘した。

王（2011）は，2005年から中国大陸で頻発している食品安全問題の影響により，香港の消費者は中国産農産物への不信感を高めていることを明らかに

106

第6章 香港における農林水産物・食品の輸出拡大の一因に関する一考察

した。また，中国大陸部と香港の通関制度の不具合により，取引コスト上昇等の課題が生じていることも明らかにした。そして，今後香港向け輸出を円滑に拡大するには，広東省と香港のCEPA協定に基づき[1]，検疫制度の共通化や非関税障壁の撤廃，通関制度の簡易化等を通して両地域の農産物市場の一体化を推進する必要があることを指摘した。

これらの研究を日本側の視点からみると，先述したように中国産の食料品が香港内で最大のシェアを有し流通しているものの，消費者は安全面を含めた品質に不安を抱えていることや注意を払っていることが確認され，日本産はこれらの面に強みを発揮していくことの重要性を再認識できる点で有益である。だが，一方で，これらの研究では消費者に直接商品を販売する役割を担う「川下」段階については考察を行なっておらず，これらの主体が輸出拡大にどのように関与しているかを把握することができない。

こうしたことから日本の先行研究で，川下段階に位置する食品小売企業と外食企業の海外での展開に関する研究をみると，西野（2015）と口野・大島（2015），菊地（2015），石塚ら（2013）の成果がある。

外食企業に関する成果について，西野（2015）では，日系のCoCo壱番屋が日本国内の外食市場の縮小により中国に進出するとともに，カレールーを供給し，同社とつながりが深いハウス食品と合弁企業を設立し多店舗展開していることや，現地の店舗の食材の仕入れは現地の日本メーカーから直接調達していることを解明している。そして，口野・大島（2015）では，日本の外食企業サイゼリヤの中国進出の事例を取り上げ，食材調達について中国の流通業者は商品の取り扱いが粗雑で問題がある一方，近年，現地に進出した日系の物流企業や農業企業を利用することによって改善が進んでいることを論じている。

この2つの成果からは，現地での展開において日系企業間で連携し取引関係が構築されるに伴い，日系企業が生産した商品が流通していることや現地で直面した課題が解決されている等のメリットが生じている実態を把握できる。また，菊地（2015）でも外食企業だけに留まらず，他の分野でも日系企

業間での連携によりシナジーが生まれ，それによって相互に競争力が強化されることを論じている。これらを踏まえると，日本から香港への輸出拡大においても同様のことが期待できると考えられる。

　一方，食品小売企業に関する成果は極めて少なく，わずかに石塚ら（2013）があるに過ぎない。この成果は，ロサンゼルス市内の日系及び日系以外の量販店での日本産こんにゃくの取扱いを調査している。輸出分野における同主体に関する研究が少ないなかで，調査対象として先駆的に取り上げている点は注目に値するが，この研究は販売の状況と消費者の嗜好を明らかにすることを主眼に置いているので，輸出チャネルとしての細かな考察は一切行っておらず，触れた程度にすぎないものとなっている。そのため，先述の中国の先行研究の現段階と同様に，日本でも現地の食品小売店が輸出拡大にどのように関与しているかは明らかになっていない。したがって，外食企業よりも研究が遅れているこの川下の主体に焦点を当てる必要があるが，先述の菊地（2015）で示されている日系企業間の連携によるメリットの存在を踏まえると，日系食品小売企業が特に重要な役割を果たしていることが推測される。

　そこで，本章では香港に存在する日系食品小売企業のなかでも大手に焦点を当て，日本食品の販売に関する現状分析を行い，このチャネルが実際に輸出の拡大に寄与しているかを明らかにする。そして，今後日本から香港への輸出を増加させるにあたっても同チャネルが有益と考えられるかを，製品ライフサイクル論の視点から検討する。

　ここで同論を用いるのは，対象市場を導入期，成長期，成熟期，衰退期と段階的に分けて市場の構造や企業行動の特徴を整理しているので，今後の対象市場の段階を推察することができれば，その段階で必要とされる企業行動の視点と調査結果から得た実態を照らし合わせることで，対象チャネルの有益性を検討できると考えたからである。

3．事例企業の位置付けと香港の食品小売市場の概況

（1）事例企業の位置付け

　本章で対象とした企業はイオン株式会社（以下，イオン）である。イオンは1926年9月に日本で設立された。同社は，小売業，デベロッパー，金融，サービス等の事業を経営し，それぞれの事業において大きな規模を有している。2015年3月1日から2016年2月29日までを対象とした「2016年2月期決算補足資料（第91期）」によると，営業収益8兆1,767億320万円，営業利益1,769億770万円，経常利益1,796億740万円と，その経営規模は日本国内の小売業で最大手となっている。

　また，同資料によると，総合スーパー（以下，GSM）事業，スーパーマーケット（以下，SM）事業，ディスカウントストア（以下，DS）事業の営業収益は5兆8,915億3,700万円となっており，グループ内で規模が最も大きな事業部門である。同社は2016年2月末までに日本国内のGMS・MS・DS事業合計3,013店舗を保有し，これらの店舗の当期純利益は316億7,200万円であるため，1店舗あたりの純利益は1,050万円となっている。

　イオンでは国内事業を展開するとともに，国際事業も積極的に行っている。「2016年2月期決算補足資料（第91期）」によると，2014年1月から2015年1月の期間にかけて，国際事業営業収益は3,771億1,200万円から4,264億8,200万円へと493億7,000万円増加している。そのうち，香港も対象となっている中国事業は，同期間中に1,703億2,400万円から2,032億円へと328億7,600万円増加しており，国際事業営業収益の増加分に占める割合が最も高い国・地域となっている。

　こうしたなか，イオンの香港子会社「永旺（香港）百貨有限公司」（以下，イオン香港）は，2014年度時点で41店舗を保有し[2]，中国事業の中で最大の出店地域となっている。2014年1月〜2015年1月の期間にかけて，営業収益は1,401億と，中国事業の営業収益の約7割を占めている。この資料のなか

109

第Ⅱ部　実需者ニーズの把握とマーケティング戦略の構築

で香港地域のGMS・MS・DS事業別の当期純利益の記載は存在しないものの，香港全地域41店舗の当期純利益は16億1,600万円であるため，1店舗あたりの純利益は3,941万円となる。この水準は日本国内のGMS・MS・DS合計した店舗あたりの純利益より3倍以上大きい。

　以上のように，本章で事例とするイオン香港は日本国内最大手の食品小売業イオンの国際事業のうち，営業収益の伸び率が最も高い中国事業のなかでそのシェアが7割を占め，さらに，店舗あたり純利益も日本より高いという位置にある。

（2）香港における食品小売業の概況

　香港経済において小売業は経済を支える大きな柱の1つとなっている。2015年の小売業の売上総額を捉えると4,752億香港ドルと，GDPの19.8％を占めている。

　表6-1は香港の小売業の内訳を示している。これによると，食品小売業（SMと食料小売店の合計）は小売業の売上総額の20.7％を占めており，このうちSMは579.1億香港ドルとなっている。

　ジェトロ（2014）では，香港の地元SMを現地系SM，日系以外の高級SM，日系SMに区分している。これによると，現地系SMは，低価格帯の中国産や

表6-1　香港における業種別の小売業のシェア

項目	2015年 （百万香港ドル）	シェア （％）
耐久財小売店	88,097	18.5
宝石・貴金属小売店	86,213	18.1
衣類小売店	61,117	12.9
スーパー	57,914	12.2
百貨店	50,123	10.5
食料小売店	40,356	8.5
その他小売店	91,336	19.3
合計	475,156	100.0

資料：香港特別行政区政府統計局（2016）「零售業銷貨額
　　　按月統計調査報告」をもとに作成。

他国産の生鮮食品を中心に，現地の中・低所得層向けに販売している。ここでは商品の品揃えが豊富であるものの，日本産食品の取り扱いは少ない。日系以外の高級SMは，日本食品や日本以外（アメリカ，ヨーロッパ，韓国等）の輸入食品を多く取り扱っており，高所得層の香港人，欧米人，日本人を中心に販売している。日系SMは，日本以外の輸入食品を多数取り扱っているが，日本産農林水産物や加工食品も多く取り扱っており，「日本直送野菜」の販売コーナーも設置する等の工夫も行っており，現地の富裕層・中間層や日本人を中心に販売している。

　なお，香港特別行政区政府統計局の担当者によると，香港の食品SMには多国籍企業がコングロマリットの１つとして参入していることもあり，香港だけの売上を把握することが困難となっている。このため，本章ではジェトロの資料を参考にし，香港で日本食品を取扱う主要な食品SMの店舗数とそのシェアをもとに動向を捉える。

　現地系SMのWellcome（恵康）の270店舗とPARKnSHOP（百佳）の246店舗を合計すると，香港におけるSMの市場シェアの約７割を占め，寡占状態となっている。これ以外には華潤の100店舗，大昌（DCH）の46店舗，Internationalの24店舗，Market Placeの18店舗がある。こうしたなか，日系では41店舗を展開しているイオン香港が残り３割の市場シェアの中で第３位となっている。

4．事例企業と日本の産地との連携による販売促進

（1）輸出ルートとコーンヒル店の仕入の概況

　課題の解明にあたり，2016年２月20日にイオン香港康怡店（以下，コーンヒル店）でヒアリング調査を実施した。コーンヒル店はイオン香港の第１号店舗として，1987年11月にオープンしたGMSである。同店は香港の中心部東区にあり，地下鉄港島線の太古駅に直結している。この店舗は，イオン香港の各店のなかで売場面積（２万3,000m^2）が最も大きい旗艦店である。顧

111

第Ⅱ部　実需者ニーズの把握とマーケティング戦略の構築

客の年齢層は主に40〜60歳である。また，利用客は香港人が95％，韓国人４％，日本人１％となっている。

　日本産農林水産物・食品の香港向け輸出には，主に２つの輸出ルートが存在する（**図6-1**）。１つは，日本の商社および香港系輸入業者を介した一般的な輸出ルートである。このルートでは，日本国内の食品卸売業者と食品製造企業が，取り扱っている商品を日本で活動している香港系輸入業者や日本の商社に販売し，その後，彼らが海運や空運会社を利用して香港で活動する輸入業者に向けて輸出する[3]。そして，現地の食品卸売業者を経て，日本食品を取り扱う日系およびそれ以外の系列の小売店，飲食店へ供給されるケース，現地系大型SMに直接販売するケースが存在する。また，さらには中国大陸部やマカオ等の第三国・地域に再輸出されるケースもある。ジェトロ（2014）によると，2012年に香港の農産物の総輸入額の26.1％は第三国・地域に再輸出されたとしている。

　もう１つは，日本の大型SMを介した輸出ルートである。このルートでは，日本国内の食品卸売業者と食品製造企業が取り扱っている商品を日本に多数の店舗を構える日本の大型SMの物流センターに直販し，このSMによって商品が輸出される。そして，輸出先の香港では同じ系列のSMの物流センターを経由し，各店舗へ商品が供給される。同ルートは香港内で活動する輸入業者や現地の卸売業者を利用しないため，前述の流通ルートよりも取引回数を減少させることができるので，流通コストが低い可能性がある。

　なお，輸出に関するこの２つの流通ルートについて，食品製造業者と食品卸売業者の段階までは同様だが，その前段階には商品によって相違がある。**図6-1**に示す国内調達ルートは，国産の農林水産物そのもののほか，加工食品の原材料として使用されるものが対象となる。そして海外調達ルートは，外国産の農林水産物やその半製品を日本の食品製造業者が輸入商社を介して調達し，それを加工して商品化したものが対象となる[4]。

　コーンヒル店では，上記の両方のルートから商品を仕入れている。香港の卸売業者から仕入れるルートについて，利用している企業数は10社程度とな

112

第6章 香港における農林水産物・食品の輸出拡大の一因に関する一考察

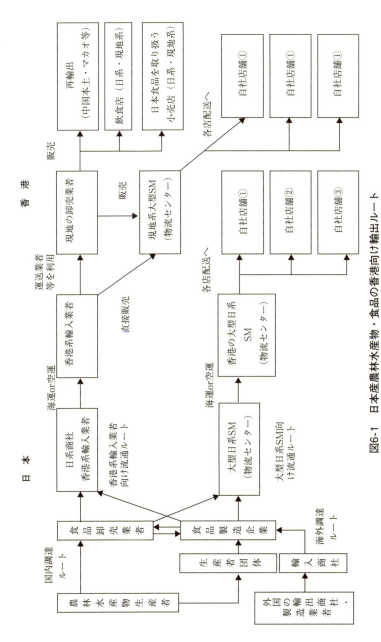

図6-1 日本産農林水産物・食品の香港向け輸出ルート

資料：ジェトロ（2014）とヒアリング調査をもとに作成。

113

第Ⅱ部　実需者ニーズの把握とマーケティング戦略の構築

っている。このように企業数が多いのは，各社によって得意とするメーカーが異なることに伴い，最低ロット数や商品の価格に違いが存在すること，および商品の配送圏内の違いから余分に配送費が発生するケースが存在するからである。

　日本の大型SM（自社本社）を介した輸出ルートについては，空輸と船便の両方を使って輸入している。商品によって多少異なるが，空輸の送料は300円/kgとなっており，船便の10倍の費用が必要となる。空輸では鮮度を重視する生鮮食品が中心となっており，毎日，那覇空港等から香港へ配送している。その際の最低ロットは300kgである。一方，船便ではメロン，イチゴ，ブドウ等の果物を載せることもあるが，賞味期限が長い加工食品が中心となっている。このルートでは主に40フィートのコンテナを利用している。

（2）日本の産地との連携による日本食品の販売促進

　コーンヒル店で取り扱う食品は生鮮部門，加工食品部門，日配部門に区分される。それぞれの部門の売上は総売上の40％，40％，20％である。同店で取り扱っている食品は，約1万2,500アイテムである。2010年から2015年にかけて日本食品が総アイテム（食品）に占める比率は10％弱から20％（2,500アイテム）に増加している。なかでも特に増加しているのは果実，野菜，肉である。また，2,500アイテムのうち10％強が大手菓子メーカーのNB商品となっている。また，日本食品の売上は2012年の40億円から2015年の60億円に1.5倍に増加している。

　コーンヒル店の取り組みとして特筆されるのは，定期的に日本の地方・県・市町村単位と連携し，特産物の農林水産物・食品の販売促進フェアを行っていることである。こうした対応が可能になっているのは，同店の仕入れのキーマンが2名の日本人だからである[5]。この取り組みは年間5回（2月，5月，7月，9月，11月）で，1回あたり1週間～2週間の期間となっている。その際，特別販売コーナーの設置（ワゴン20個ほど），試食，日本食品の調理方法を中国語で明記したチラシの配布，日本人販売員による消費者への販

114

第6章　香港における農林水産物・食品の輸出拡大の一因に関する一考察

促を直接行っている。2011年から2015年にかけて，九州と北海道を中心に全国の25県がこのフェアに参加した。

　こうしたフェアによって，期間中において売上は市町村単位で300～400万円，地方単位で最大の九州物産展では2,000万円～3,000万円となっており，なかには通常販売の100倍も増加するケースも存在する。また，「水曜市」という名称の特売では，10香港ドル/個で日本産リンゴを3万～4万個の規模で廉価販売することがある[6]。このうち売れ行きが良好な商品は定番商品となり，2015年時点で米，イチジク，タマネギをはじめとする200アイテムが該当する。

　以上のように，日本産農林水産物・食品の輸出を拡大するには現地の日系大型食品小売企業と連携したうえで，人的な販売促進を行うことが有益となっている。そして，その成果を経てさらなる商機を得ている商品が存在している。

（3）アイテム数と価格からみた日系チャネルの優位性

1）調査対象商品の選定理由

　前節では，事例企業と日本の地方・県・市町村との連携とそれによるメリットを論じたが，本節では，事例企業と現地の他の食品小売企業との間で日本産加工食品の取扱いにどの程度違いがみられるかを把握することで，日本の食品製造業にとって現地の日系大型食品小売企業は有益なチャネルになっているかを考察する。

　本研究では，調査対象商品としてひかり味噌株式会社（以下，「ひかり社」）のみそを選定した。この品目の選定理由は，農林水産省（2013）で輸出重点品目の中に位置づけられていることに加え，同資料で近年，加工食品の輸出額が伸び悩んでいることが指摘されているが，みその輸出は比較的順調に拡大しているため，現地の食品小売店でも広く取扱いがあると考えたからである[7]。

　また，ひかり社を選定した理由は，神代・石塚（2013）において高価格の

115

第Ⅱ部　実需者ニーズの把握とマーケティング戦略の構築

日本産農林水産物・食品が輸出先国で受け入れられるには，商品の希少性もしくは差別化（高品質・高付加価値）が必要十分条件になると指摘しているなか，同社の商品はそれに合致しているため，輸出されているみその中でも取り扱っている食品小売店が特に多く，比較しやすいと考えたからである。ちなみに，ひかり社は日本のみそ製造業において第3位の大手企業であり，2013年のみそ総輸出量1万1,816tのうち，同社は約3,000tと25.3％を占めている。しかも，差別化の程度が高い有機みその生産量では全国の54％，保存料や調味料等の添加物を一切使用しない無添加みその生産量でも14.6％を占める国内最大手となっている[8]。

2）チャネルの比較

　表6-2は香港の大規模な食品小売店におけるひかり社の商品のアイテム数と販売価格を，日本国内のイオン品川シーサイド店のものも参考にして示している[9]。YATAとCity superは現地系高級SMである。これらの店舗では，商品の種類と規格が異なるため直接比較することができないものの，次の2つの傾向が読み取れる。

　第1に，コーンヒル店の取り扱っている商品のアイテム数が最も多い。この表によると，同店のひかり社の品揃え数はYATA旺角店とCity super時代広場店より多いだけではなく，日本国内のイオン品川シーサイド店よりも多く，9アイテムに上る。その内訳について商品規格をみると，500gが1アイテム，375gが4アイテム，750gが4アイテムとなっている。そして，YATA旺角店の品揃え数は4アイテムで，すべてが375gのものである。City super時代広場店は750gの商品がわずか1アイテム存在するだけとなっている。

　第2に，同じアイテムの場合はコーンヒル店の販売価格が最も低い。例えば，375gの「無添加国産味噌」の場合，コーンヒル店の単価は575円/個で1.5円/gとなっているのに対して，YATA旺角店では689円/個，1.8円/gとコーンヒル店よりもgあたり1.2倍高い。また，同じ375gの「無添加味噌田舎」

116

第6章　香港における農林水産物・食品の輸出拡大の一因に関する一考察

表6-2　香港および日本国内の食品小売店におけるひかり社の商品の販売状況

商品名	規格	イオン（香港）康怡店 価格（円）	円/g	YATA（香港）価格（円）	円/g	Citysuper（香港）価格（円）	円/g	イオン品川シーサイド店 価格（円）	円/g
無添加	500g	764	1.5	–	–	–	–	–	–
こだわっています	750g	–	–	–	–	–	–	513	0.7
無添加	375g	657	1.8	–	–	–	–	–	–
円熟こうじみそ	750g	–	–	–	–	797	1.1	354	0.5
無添加　国産	375g	<u>575</u>	<u>1.5</u>	<u>689</u>	<u>1.8</u>	–	–	–	–
無添加味噌特撰こうじ	375g	412	1.1	–	–	–	–	–	–
無添加味噌　田舎	375g	<u>483</u>	<u>1.3</u>	<u>613</u>	<u>1.6</u>	–	–	–	–
無添加	375g	–	–	764	2	–	–	–	–
だし入り有機味噌	750g	673	0.9	–	–	–	–	–	–
無添加	375g	–	–	764	2	–	–	–	–
有機味噌	750g	673	0.9	–	–	–	–	–	–
ひかり 田舎味噌	750g	636	0.8	–	–	–	–	–	–
ひかり だし入り味噌	750g	611	0.8	–	–	–	–	–	–
アイテム数：		9		4		1		2	

資料：香港及び日本での調査より作成。

注：1）為替レートは，調査時の税関の週間平均値（2016年2月14日〜2月20日）1香港ドル＝15.32円を用いた。

　　2）イオン（香港）康怡店と直接比較できる商品には下線を引いた。

　　3）「−」は取扱いが無いことを示す。

の場合でも，コーンヒル店の単価は483円/個，1.3円/gであるのに対し，YATA旺角店は613円/個，1.6円/gとなっており，これもコーンヒル店の競争力が高いことがわかる。このような背景には，**図6-1**に示した日本の大型SMを介した輸出ルートを利用していることに伴い，流通コストを削減できていることが関係していると考えられる。

　以上のように，他のチャネルよりも取り扱うアイテム数が幅広く，しかも消費者に魅力ある価格で販売している現状に鑑みると，日本の食品製造企業にとっても現地の大型日系食品小売企業は有益なチャネルとなっていることが示唆される[10]。

第Ⅱ部　実需者ニーズの把握とマーケティング戦略の構築

5．小括と日系大型小売企業チャネルの今後の展望

（1）小括

これまでの考察結果を小括すると，次の3点が明らかになった。

第1点は，事例企業において日本食品の売上は2012年から2015年にかけて1.5倍に増加しており，食品の総アイテム数に占める同食品の割合も2010年から2015年にかけて倍増している。

第2点は，日本食品の売上やアイテム数の拡大の一因として，仕入れのキーマンが日本人のため，九州物産展等の日本の地方・県・市町村と定期的にフェアを行う連携が存在しており，しかもそれらの場面で日本人が人的販売を行うことで通常よりも売上が100倍も増加するケースが存在する。そして，こうした成果を踏まえて，定番商品となる商品が出現している。

第3点は，加工食品のなかでも輸出が順調に増加しているみそについて，日本食品を取り扱う各小売店の価格を同一メーカーの複数商品で比較したところ，事例の日系SMの品揃え数が最も多く，価格も競争力が最もあり，日本の食品製造企業にとって現地の大型日系食品小売企業は有益なチャネルとなっている。すなわち，これらの考察結果からは，同販路の存在が香港向けに輸出が増加している一因となっていると判断される。

（2）新たな動向

香港は1人当たりGDPが3万9,871ドルと日本の3万6,230ドルよりも若干高いものの，面積が1,104km^{2}と東京都の約半分，人口も732万人（2015年）と東京都（1,350万人）の54.2％にしか満たないため，香港の市場規模はそれほど大きいわけではない。そうしたなか，イオン香港ではこの2〜3年の近年で，韓国産の牛肉やナシ，イチゴ等の果実が中国産と日本産の間の価格帯で売り込みに入ってきており，しかも販売促進策として陳列する際の電気代を負担する等の対応を講じていることもあって，徐々に取り扱いが増えてい

118

第6章　香港における農林水産物・食品の輸出拡大の一因に関する一考察

る。さらには，イオントップバリュー中国の商品を500アイテム程度扱うようになっており，「Made By Japan」（現地生産・現地販売）の商品とも競合する新たな動向が生じている。

なお，「Made By Japan」の場合，日系企業が現地で展開するため，日本から原材料となる農林水産物やその半製品が輸出される余地があり，競合したとしても国内産地にプラスの効果が働く可能性がある。それゆえ，食料品製造業を対象に[11]，中国の現地法人の輸出入先別の売上高・仕入高の変化を経済産業省「海外事業活動基本調査」より捉えることでそのことを確認する。まず，中国の位置づけを述べる。2014年度の全地域における海外現地法人数のうちアジアが占める割合は，2,029法人中1,203法人と59.3％と最も高い。その中でも中国は1,203法人中640法人と53.2％を占め，アジアで最大となっている。また，売上高もアジアで3.5兆円となっているなか，中国は2.6兆円と実に73.9％を占めており，食料品製造業の海外現地法人の進出先として重要となっている。

食料品製造業の海外現地法人において，企業数及び売上高をみると，日本では2008年度以降に活発化している。このため，本節では同年度と2014年度を対象に輸出入先別の売上高・仕入高の変化を概観すると，中国に進出した現地法人数は156法人から175法人と増加しているにもかかわらず，**表6-3**によると，日本からの輸入額は550億円から170億円へと激減した結果，仕入高に占める現地のシェアは78.9％から98.6％へと一層上昇している。また，売上高に占める現地のシェアも同様に91.9％から97.8％へ上昇しており，中国で活動する食料品製造業の現地法人は，日本からの輸入はほとんど行なわずに現地から仕入を行い，それを加工後，現地で販売する傾向を強めている。つまり，この統計資料からは中国における食料品製造部門において，「Made By Japan」の場合，農林水産物の国内産地にプラスの効果をほぼ与えない。

冒頭で述べたように，日本産農林水産物・食品の香港向け輸出額が急成長しているが，日本のシェアはまだ低く，しかも日系大手食品小売企業においてさえも総取扱品目に占める日本食品の比率が20％に過ぎないことから，今

119

第Ⅱ部　実需者ニーズの把握とマーケティング戦略の構築

表 6-3　中国の食品製造業の現地法人における輸出入先別売上高・仕入高の変化（2008/2014 年度）

(10億円，%)

	売上高	日本向け輸出額	現地販売額	第三国向け輸出額	売上高に占める現地のシェア
2008 年度	640	47	588	6	91.9
2014 年度	2,593	38	2,535	19	97.8
増減率	305.2	-19.1	331.1	216.7	6.4
	仕入高	日本からの輸入額	現地調達額	第三国からの輸入額	仕入高に占める現地のシェア
2008 年度	431.0	55.0	340.0	36.0	78.9
2014 年度	1647.0	17.0	1624.0	6.0	98.6
増減率	282.1	-69.1	377.6	-83.3	25.0

資料：経済産業省「海外事業活動基本調査」より作成。

後も輸出量を増加させることができる余地はある。だが，外国産品との競合や「Made By Japan」との競合はイオン香港だけに限定されないことを踏まえると，全体動向として競争の厳しさが増すことが予測され，そうした下で日本が輸出を増加させ続けていくことは容易ではない。

（3）今後の展望

　製品ライフサイクル論による成熟期では，競争がいっそう激化することから販売促進，低価格戦略，製品差別化戦略等が講じられる。そのようななか，日系大型小売企業であれば，本章で述べたように連携できることから互いの経営資源を利用し合うことでシナジー効果を発揮させ，現地の消費者ニーズに適した有益な戦略を講じることができると考えられるので，一定の成果を得ることが推測できる。実際，現状において日本の各産地の特産品を取り扱っている点で製品差別化が図られているが，それ以外にもイオン香港では，日本の店舗で販売していない日本の大手食品製造企業日清食品グループとのダブルチョップの商品（日清意粉「パスタ」）を現地仕様で販売するといった程度の高い差別化戦略も導入している。

　今後，競争は激化していくと考えられるだけに，引き続き香港に向けて輸

第6章　香港における農林水産物・食品の輸出拡大の一因に関する一考察

出を増やしていくには，このような連携をさらに強化し，現地の消費者ニーズをより満たすための企業行動を講じていくことが不可欠になる。例えば，現地の日系大型小売業企業が有するPOSデータ等の情報を共有し，受け入れられる価格帯やニーズを把握したうえで，日本の食品製造業企業は現地の消費者の味覚に適応した特別仕様で，しかもその原材料となる日本産の農林水産物の安全性やストーリー性が伝わる加工商品を開発するといったことがあげられる[12]。ちなみに，こうした企業行動は，日系大型小売業企業にとっても香港の食品小売市場で競合する他社に対抗する戦略になる可能性があるだけに，同主体にもメリットになると考えられる。

6．おわりに

　本章の目的は，日本の香港向け輸出が成長期にあるなか，香港の大手日系小売企業のチャネルに焦点を当て，日本食品の販売に関する現状分析を行い，同チャネルが実際に輸出の拡大に寄与しているかを明らかにすることを目的とした。詳細は前節で小括しているが，イオン香港の旗艦店であるコーンヒル店でのヒアリング調査および同店と現地の他の食品小売店での価格調査の結果，同チャネルは香港向けに輸出が増加している一因となっていた[13]。

　また，本章では今後日本から香港への輸出を増加させるにあたってもこのチャネルが有益と考えられるかを，製品ライフサイクル論の視点から考察した。外国産品との競合や「Made By Japan」との競合が生じはじめていることから，今後も輸出を増加させていくのは容易ではないが，日系企業間での連携を強化することでいっそう現地の消費者に魅力ある商品を提供できる可能性が存在しており，これが機能すれば農林水産物・食品の輸出拡大基調を維持できる余地がある。したがって，今後も同チャネルを重視しながら展開していくことが望まれる。

　本章では，これまで輸出分野ではほぼ手が付けられていなかった現地の日系食品小売企業に焦点を当て，輸出拡大に寄与していることを解明するとと

121

第Ⅱ部　実需者ニーズの把握とマーケティング戦略の構築

もに，それ以外にも輸出ルートにおいて日本の大型SMを介した輸出ルートが存在する実態や，「Made By Japan」との競合が生じはじめている実態を初めて解明したが，残された課題も少なくない。これらの実態との関連でいえば，図6-1に示した2つの輸出ルートと「Made By Japan」のルートには取引条件や価格にどの程度の差が存在し，日系大型食品小売企業はそれらをどのように考慮して仕入れルートを選定しているのか，また，その結果，これらのルート別のシェアはどのように変化しているのか，さらには，これらのルートに介在している商社や食品卸売業者が日本産あるいは日系企業が現地生産した農林水産物・食品の取扱いにおいて，注目すべき機能や役割が存在しているか否かといったことがあげられる。これらについては，今後の課題としたい。

［付記］

　本章の内容は，郭ら（2017）を加筆修正するとともに，一部を新たに書き下ろした。本研究にあたり，永旺（香港）百貨有限公司と在香港日本国総領事館の方々には大変お世話になった。心より感謝申し上げる。

［注］
1）CEPA協定とは「中国本土と香港の経済貿易緊密化協定」（Mainland and Hong Kong Closer Economic Partnership Arrangement）であり，中国本土と香港の自由貿易協定。この内容はジェトロ（2012）に詳しい。
2）イオン香港の41店舗のうちGMS店は13店舗である。この内容はイオン（2016）を参照。
3）海運と空運については，根師（2016）を参照。
4）国内では加工原料となる野菜の供給力があまり高くないことや価格面での課題もあり，加工食品に外国産の原材料を使用するケースが少なくない。菊地（2016）が指摘するように，国産原料を使用していない加工食品を輸出したとしても国内産地にメリットは生じないので，食品製造業と農林水産業者が一層深く連携し，図6-1に示す国内流通ルートを中心的なものにすることが加工食品輸出における課題の1つとなっている。
5）この2名は日本の本社の指示を受けて香港に赴任しており，イオン香港の役員にもなっている。

122

第6章　香港における農林水産物・食品の輸出拡大の一因に関する一考察

6 ）中国での日本産リンゴの販売価格は68元〜1,800元/個である（2016年2月，1香港ドル＝0.83人民元）。この内容は成田（2013）を参照。

7 ）全国味噌工業協同組合連合会の資料によると，みその輸出は2005年に7,755tであったのが，2015年には過去最高の1万3,044tへ増加している。

8 ）この内容は菊地・林（2016）を参照。

9 ）日本の「大規模小売業立地法」によると，1,000m²を超える店舗は大規模小売店に位置付けられる。これに基づくと，本章を取り上げたYATA旺角店の売場面積は1,333m²，City super時代広場店の売場面積は3,901m²なので，両店とも大規模小売店に位置する。また，イオン品川シーサイド店の売場面積は公表されてないが，GMSとなっている。同形態はハードビル法で建築面積が2,000m²以上となっているので，これも大規模小売業店である。

10）このようなことに加え，香港は地理的にも近いため，日本の食品製造業者の営業担当者が月に1回程度は現地の日系小売店に足を運んでいる傾向にある。

11）本節では農林水産省の政策等で食品という用語を使用しているため，食品製造業という表現を使用しているが，この統計資料では食料品製造業となっているので，ここではこのように明記している。

12）現地化対応した商品を投入することの重要性については，菊地（2016）を参照。

13）この結果を通し，海外市場における日系企業間の連携が食品小売業分野でも大きなメリットを発揮することが裏付けられた。

［引用文献］

イオン（2016）「2016年2月期決算補足資料（第91期）」，http://www.aeon.info/（2016年5月16日参照）。

陳戎杰（2006）「日本农产品出口中国香港动向及其启示」『世界农业』第6期，pp.42-45。

神代英昭・石塚哉史（2013）「あとがき」石塚哉史・神代英昭編『わが国における農産物輸出戦略の現段階と展望』筑波書房，pp.157-159。

ジェトロ（2012）「CEPAに関する制度情報」，https://www.jetro.go.jp/ext_images/jfile/report/07000981/reportcepa.pdf#search=%27cepa%27（2017年5月閲覧）。

ジェトロ（2014）「香港の外食・小売業の状況」，https://www.jetro.go.jp/ext_images/jetro/japan/okinawa/report/outline_hongkong_market_food_retailing_industry.pdf（2016年6月閲覧）。

石塚哉史・数納朗・杉田直樹（2013）「農産物加工品における米国輸出の展望と課題—こんにゃく製品の事例を中心に—」石塚哉史・神代英昭編『わが国における農産物輸出戦略の現段階と展望』筑波書房，pp.145-156。

経済産業省（2009）・（2015）「海外事業基本調査」，http://www.meti.go.jp/statistics/tyo/kaigaizi/（2017年6月閲覧）。

菊地昌弥（2015）「日系農業企業の中国展開の共通点と対象市場の現段階」大島

一二・菊地昌弥・石塚哉史・成田拓未編『日系食品産業における中国内販戦略の転換』筑波書房，pp.17-21。

菊地昌弥・林明良（2016）「わが国の農林水産物・食品の輸出拡大の方向性に関する考察—ケーススタディーと国際マーケティング論の視点から—」『農業市場研究』第25巻第1号，pp.62-68。

菊地昌弥（2016）「農産物・食品輸出の現段階の成果と展望に関するコメント—加工食品の輸出を中心に—」『農業市場研究』第25巻第3号，pp.39-42。

口野直隆・大島一二（2015）「日系外食産業の海外進出戦略サイゼリヤの事例」大島一二・菊地昌弥・石塚哉史・成田拓未編『日系食品産業における中国内販戦略の転換』筑波書房，pp.168-178。

郭万里・菊地昌弥・根師梓・林明良（2017）「香港における農林水産物・食品の輸出拡大の一因と今後の展開に関する一考察—日系食品小売企業の実態をもとに—」『農業市場研究』第26巻第1号，pp.29-35。

根師梓（2016）「日本産農水産物の海外向け産地直送システムの現状—香港を事例として—」『中国経済』7月号，pp.29-39。

成田拓未（2013）「農業法人主導による果実の輸出システム—中国りんご消費市場の実態と片山りんごの輸出マーケティング戦略—」石塚哉史・神代英昭編『わが国における農産物輸出戦略の現段階と展望』筑波書房，pp.37-71。

西野真由（2015）「外食企業のグローバル化と海外進出戦略—株式会社壱番屋の中国展開の事例—」大島一二・菊地昌弥・石塚哉史・成田拓未編『日系食品産業における中国内販戦略の転換』筑波書房，pp.154-167。

農林水産省（2013）「農林水産物・食品の国別・品目別輸出戦略」，http://www.maff.go.jp/j/press/shokusan/kaigai/pdf/130829_1-02.pdf（2016年6月閲覧）。

農林水産省（2014）『食料・農業・農村白書』農林統計協会。

農林水産省（2016）「平成27年農林水産物・食品輸出実績（国別・地域別）」，http://www.maff.go.jp/j/press/shokusan/kaigai/160202.html（2016年6月閲覧）。

牛宝俊・孫良媛（2000）「努力扩大对香港农产品的出口」『国际贸易问题』第1期，pp.56-62。

王海燕（2011）「Research on the Integration of Agricultural Product Market Between Guangdong Province and Hong Kong」『广东商学院硕士学位论文』。

全国味噌工業協同組合連合会（2015）「輸出実績」，http://www.zenmi.jp/（2016年5月閲覧）。

在香港日本国総領事館（2015）「香港の国別食品輸出額の推移」，原資料は「Hong Kong External Merchandise Trade」および「Hong Kong Merchandise Trade Statistics-Imports」各年版（香港政府統計局）。

（郭　万里・菊地昌弥・根師　梓・林　明良）

第7章

牛肉における海外輸出の可能性
─アジアにおける外食での日本産牛肉利用を中心に─

1．はじめに

　昨今の我が国農業をめぐる情勢は，高齢化の進展や耕作放棄地の増大，輸入農畜産物のさらなる増加等厳しい状況が続いている。このような状況の中，政府はいわゆる「攻めの農政」のもと，農畜産物の輸出に大いに注力し，輸出の推進を図っている。その中でも牛肉，特に和牛肉は代表的な輸出農畜産物の1つとして，アジアやアメリカ，EU等への輸出が堅調に推移している。

　本章の目的は我が国牛肉における海外輸出の可能性をアジア諸国における外食での日本産牛肉利用の観点から検討することにある。なぜなら，日本産牛肉の輸出国での主な利用は外食レストラン等での利用が中心であり，これらの実態を正確に把握することが，今後の日本産牛肉の輸出を検討する場合，極めて重要であると考えられるからである[1]。本稿ではまず，はじめに現状での我が国牛肉の輸出の実態を整理する。次に主要な輸出先であるアジア諸国（タイ，シンガポール，フィリピン）の外食レストランにおける日本産牛肉の利用状況を整理する。それらを踏まえアジア諸国における日本産牛肉の輸出モデルを提示するとともに，今後の輸出拡大の可能性について言及する。また，日本産の牛肉の輸出市場で常に比較され競合相手と想定されるオーストラリアのWagyu生産と，今後輸出量の増加が期待されるアメリカ市場の概要にも触れ，今後日本産牛肉を海外により積極的に輸出するための戦略を検討する。

125

第Ⅱ部　実需者ニーズの把握とマーケティング戦略の構築

2．牛肉輸出の実態と可能性

(1) 日本産牛肉輸出の概要

図7-1は日本産牛肉の輸出金額の推移を示したものである。また，表7-1には主要輸出先国の輸出金額も示している。輸出金額は2015年で総額約110億円，国別には香港，カンボジア，アメリカ，シンガポール等が多い。数量ベースでは2014年で約1,200tを輸出している。カンボジアへの輸出はその後タイ等を経由して最終的に主に中国に輸出されていると言われている。堅調に輸出金額は増加を遂げており，今後の増加が大いに期待できる品目の1つ

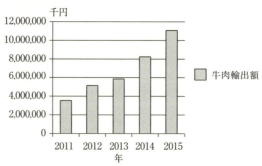

図7-1　日本産牛肉の輸出状況

資料：農林水産省貿易統計。

表7-1　輸出国先別の輸出金額

(単位：千円)

	2014年	2013年	2012年	2011年
香港	2,025,688	1,484,234	1,292,525	973,728
カンボジア	1,871,920	1,244,261	1,532,672	1,334,507
アメリカ合衆国	1,247,013	801,409	211,027	0
シンガポール	744,403	544,515	364,441	255,441
マカオ	420,260	542,065	504,422	823,050
タイ	383,116	203,826	72,677	22,727
フィリピン	14,782	424	316	0

資料：貿易統計。

第7章　牛肉における海外輸出の可能性

のように推察される。ただ，国内の牛肉生産量は約35万t（部分肉）であり，輸出量そのものの絶対量はまだまだ少量といえよう。輸出そのものは後述するように各県のJAまたは輸出業者等が実施しており，生産地でみた場合，輸出による旨みはまだまだ産地の生産者には確認しづらい状況である。しかし，今後のアジア諸国の安定した経済成長，我が国の人口減に伴うマーケットの縮小等を考えると，先行投資としてのマーケット開拓は非常に重要であると思われる。

（2）日本産牛肉を利用している国と店舗の選択基準

このように順調な伸びを見せている日本産牛肉の輸出であるが，主な輸出先国であるアジアの各国では，どのような利用の状況なのであろうか。主に日本産牛肉を利用しているのはどの国でも外食レストランが中心であり，本稿ではアジア各国における日本産牛肉の外食レストランでの利用状況調査を実施した。調査対象国としてはフィリピン，タイ，シンガポールを選択した。**図7-2**はアジア各国における1人当たりGDPの水準と今回調査を実施した国々のアジアの中での位置づけを示している。

調査対象国であるシンガポールは日本より1人当たりGDPも高い，アジアの中でも最も高所得の国である。また，フィリピンは逆に1人当たり2,000ドル以下の低所得国である。しかし，経済成長率は近年年率5％以上を維持している。また，タイもフィリピン同様1人当たりGDPは約3,000ドルと低水準だが，成長率は非常に高い国に属する。フィリピン，タイとも国内の所得格差は大きく，低所得国においても日本産高級牛肉のニーズは富裕層等を中心に存在していると言われている。

また，これらの国々は富裕層および現地駐在員を対象に，少量ではあるが，ながらく日本食レストランにおいて和牛肉を用いたすき焼きやしゃぶしゃぶ料理を提供しており，非合法のハンドキャリーによる和牛肉輸出は続いていたと言われている。フィリピンはアメリカ文化の影響が強く，牛肉を食する下地がある。一方，タイには伝統的に牛肉を食べる文化はない。しかし，現

127

第Ⅱ部　実需者ニーズの把握とマーケティング戦略の構築

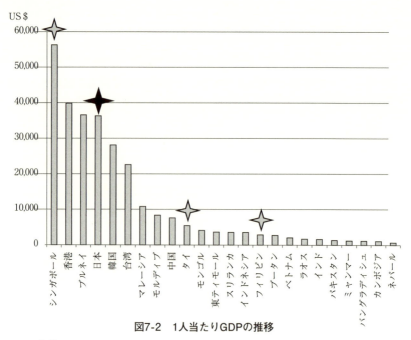

図7-2　1人当たりGDPの推移

資料：FAOSTAT。

　在アジアの諸国はこれまでにない日本ブームのさなかにあり，和食への関心はいずれの国においても非常に高い。このように，1人当たりGDPの高低と食文化の違い，近年日本産牛肉輸出が増加している上記3カ国を選択し調査を実施することにした。

　調査対象国での外食レストランの選択にあたっては各国のJETRO駐在員，現地のフリーペーパー出版社等を通じ，高級日本食レストランではなく，カジュアルな日本産和牛を利用している店舗を紹介頂き調査を実施した。日本産牛肉はどの国でも高級な食材として富裕層向けに提供されているが，輸出の拡大とともにより，そのすそ野を広げるため，中所得層向けに供給がなされることが想定される。よって，日本産牛肉を食する下限ボーダーの店舗を選択することにより，その利用状況の広がりを確認するため，このような店舗選択を実施した。

128

第7章　牛肉における海外輸出の可能性

（3）アジア諸国における外食レストランでの日本産牛肉利用状況

表7-2，表7-3はフィリピン，タイ，シンガポールの外食レストランにおける日本産牛肉の利用状況を示している。フィリピンでは1店舗，タイおよびシンガポールでは3店舗の利用状況を示している。

まず，はじめに最も1人当たりGDPの水準が低いフィリピンの実情から見ていくことにしよう。フィリピンで日本産和牛を食する層は全人口の0.3％にあたる富裕層と言われている。今回調査を実施した「和牛　Japanese Beef」においてもフィリピンの超富裕層向けに和牛の5等級を中心に販売を実施している。この店は小売店であるがイートインコーナーが併設されてお

表7-2　アジア諸国における外食レストランでの日本産牛肉利用状況，フィリピン，タイ

国名	フィリピン	タイ		
店舗名	和牛 Japanese beef	焼肉冷麺ヤマト	wagyu samurai	wagyu asakusa
主な等級	5等級	4～5等級	4～5等級	4～5等級
利用部位	リブ，サーロイン等	リブ，サーロイン，カルビー等	リブ，サーロイン等	リブ，サーロイン，カルビー，モモ等
顧客層	超富裕層（全体の0.3%）	富裕層3割（全体の6.7%バンコク），日系駐在員7割	富裕層，家族連れ	富裕層，家族連れ
販売形態	eat in レストランを兼ねた小売店	焼肉レストラン	和牛を中心とする和食レストラン	和牛を中心とする和食レストラン
宣伝方法	顧客のSNSの利用	フリーペーパー（日系，タイ系）	フリーペーパー（日系，タイ系），SNS	フリーペーパー（日系，タイ系），SNS
主な特徴	小売価格に若干の手数料を追加して販売，外食での利用は値段高くなりすぎ，和牛のよさを直接食べてもらい小売で販売，それを現地の超富裕層がSNS等にのせ，口コミで多く客が来ている，小売店でありながらマニラの外食レストランベスト10に入る。	富裕層，駐在員の多く住む地域にあるカジュアルな焼肉レストラン，1人当たり顧客単価，約1500bt（4,500円），販売の中心は4,5等級だが並カルビー向け（3等級）にはオーストラリア産和牛使用，国産3等級和牛とは価格差1.5倍あり。	タイの富裕層・家族連れをターゲットにした和食レストラン，高齢のタイ人は牛肉を食さないので，お寿司やその他のメニューも用意している，もともと食肉卸が専門であり，牛肉販売コーナーも併設，メニュー開発を含め他店舗に主に和牛の4，5等級の肉を卸している。	空港近辺の高級住宅街にある和牛を中心とする和食レストラン，常陸牛の取扱店，富裕層と中間層の間の所得格差は大きく，価格を下げ3等級をだしても十分コストパフォーマンスを得られないので低級肉はタイ産wagyuを使用。

資料：聞き取り調査より作成。

129

第Ⅱ部　実需者ニーズの把握とマーケティング戦略の構築

表7-3　アジア諸国における外食レストランでの日本産牛肉利用状況，シンガポール

国名	シンガポール		
店舗名	YAKINIQUEST	SMOKEHOUSE	EBISU-TEI
主な等級	日本産和牛4等級，たまにF1，3等級，タンはAZビーフ	日本産8割（A3，A4たまにF1），AZ産1割（ハラミ），US産1割（リブアイ等）	鹿児島産F1（A3）AZ産
利用部位	リブ，サーロイン，カタ，シン等，焼肉用の商材，ブロックで購入	リブアイ，サーロイン，三角バラ，内バラ，外バラ，カタ，モモ等	リブアイ，サーロイン，AZ産テンダーロイン
顧客層	日本人7割，地元中級以上3割	現地30～40代ビジネスマン＋ファミリー層	現地4割，2割日本人，2割欧米人
販売形態	日本とほぼ同じスタイルの焼肉レストラン	モール内のカジュアルな焼肉レストラン	焼肉もある日本食レストラン（寿司等がメイン）
宣伝方法	SNS，フリーペーパー	ショッピングモールカタログ，現地フリーペーパー等	現地フリーペーパー等
主な特徴	日本スタイルの焼肉レストラン，日本の牛肉にこだわる，AZwagyuと日本のF1，ほぼ同じ品質，AZwagyuはばらつきが多い，日本産和牛の内臓はAZ産と大きく異なり，早く日本産使用したい，価格日本比べれば輸送費かかり高いがシンガポールの物価考えるとリーズナブル，5等級はこの店でも使用していない。	現地のミドルクラスを対象にしたカジュアルな焼肉レストラン，人手不足で接客の人材確保難しい，バイキングスタイルの焼肉レストラン，価格帯も現地ミドル層にとってもリーズナブル，現地の人はどの肉を選択していいかわからず，セットメニューの方が好調。	現地および駐在，欧米人を対象にした日本食レストラン，牛肉メニューはステーキ等が多い，AZ産はパサつきあり，あまり利用していない，たまに日本のブランド牛への注文等もあり，そのときは現地卸を通じ，購入。

資料：聞き取り調査より作成。

り，実際に試食して和牛のおいしさを実感していただき購入していただくことを目的にスタートしている。小売価格に若干の手数料で日本産の和牛を食することがSNS等を通じて評判となり，外食レストランとしても有名な店舗となっている。顧客の中心が日本に旅行やビジネスで滞在したこともある超富裕層が中心であり，彼らが求める牛肉は最も高級な和牛の5等級，部位ではリブやサーロインが中心である。

　続いてタイの3店舗であるが，1人当たりGDPで約3,000ドルとフィリピン同様，低所得の国ではあるが，この国においても所得格差は大きく，ジェトロ・タイの話によると，全人口の約6.7％にあたる富裕層が日本産牛肉を食する層になるとのことであった。調査に伺った3店舗とも，焼肉を中心と

130

第7章　牛肉における海外輸出の可能性

するが，それ以外の和食メニューもある日本食レストランが中心であった。富裕層の家族連れを対象にしたこれらの店舗では，タイの高齢者には牛肉を食する文化がないため，お寿司やその他の日本食も用意して，焼肉を提供する店舗となっている。提供しているお肉は4～5等級の和牛肉，代表的な焼肉商材であるカルビーやリブ，サーロインが中心である。店舗によっては低級の肉は一部オーストラリア産Wagyuも利用している。タイにおいても富裕層と中間層の所得格差は大きく，和牛の等級を落とし，様々な部位を提供したとしても，その価格はオーストラリア産和牛等に比べ相変わらず高く，中間層には手の届かないものであり，提供する日本産牛肉は和牛の4～5等級が中心とのことであった。どの店舗も広告宣伝は日本人向けおよびタイ人向けのフリーペーパーが中心である。

　一方，シンガポールでは1人当たりGDPの水準も日本以上に高く，日本産の牛肉は多くの中間層にも普通に食される食材となっている。調査した3店舗ともシンガポールの中間層の家族連れ等をターゲットに和牛の3～4等級，部位でも日本の焼肉レストラン同様，リブ，サーロイン，カルビーだけでなく肩やモモなどを含む様々な部位を利用している。日本産のF1牛やオーストラリア産のWagyu等を併用している店も見受けられた。等級，部位ともにかなりの広がりをもって食されていることがわかる。また，日本同様，健康ブーム等の影響もあり，サシの入りすぎた5等級はむしろ敬遠気味であった。これらの店舗ではオーストラリア産のWagyuは良くても日本産和牛の3等級クラスとの評価をしており，高格付けの牛肉の出荷頻度等を考慮すると，安定供給が可能な日本産和牛に対する外食レストランの評価は非常に高い状況であった。3店舗とも広告宣伝は現地人向けのフリーペーパー等が中心である。

（4）アジア諸国における日本産牛肉輸出のモデル図
―輸出する品目と所得の関係―

　これらの調査結果を踏まえ，アジア諸国における日本産牛肉の輸出モデル

第Ⅱ部　実需者ニーズの把握とマーケティング戦略の構築

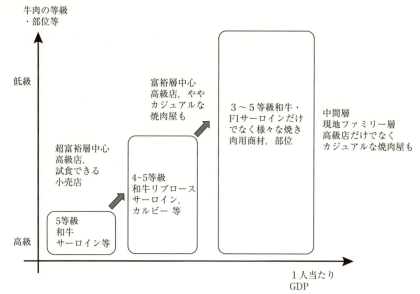

図7-3　アジア諸国における日本産牛肉輸出のイメージ図
（輸出する品目と所得の関係）

を示したのが図7-3である。

　図の横軸は1人当たりGDP，縦軸は輸出される日本産牛肉の等級，部位を示している。縦軸の上に行くほど，等級は下がり，様々な部位が利用されることを示している。フィリピン，タイ，シンガポールと1人当たりGDPが上昇するにつれ，日本産牛肉の消費者層は超富裕層から中間層に広がりを見せることが確認された。そのような日本産牛肉購入者層の広がりと同時に輸出される牛肉は高格付（5等級），リブ，サーロインのみの輸出から中高格付（4～5等級），リブ，サーロインだけでなくカルビー等の焼肉商材も輸出され，中間層まで日本産牛肉を食するようになると等級の幅も広がり（3～5等級），日本の焼肉店で食されるような，様々な部位が輸出されるようになるものと考えらえる。

　このように考えると，今後アジアの諸国が安定した経済成長を遂げて行け

第7章　牛肉における海外輸出の可能性

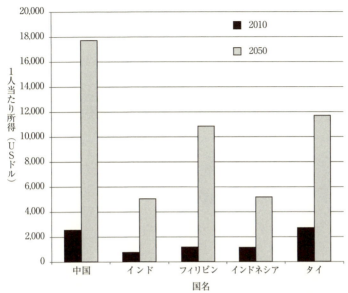

図7-4　アジア諸国における今後の1人当たり所得の変化
資料：HSBC。

ば，やがて日本産牛肉の輸出は現状の高格付で特定部位（リブ，サーロイン等）を中心としたものから，広く3〜5等級の様々な部位の輸出が行われることが大きく期待できる。**図7-4**にはアジアの主要国における2050年における1人当たりGDPの水準を示している。

　フィリピンやタイでも1人当たりGDPは1万ドルを超える水準になることが予想されている。このように，アジア諸国の経済発展が順調に進めば，日本産牛肉の購買層も増え，輸出が増加する可能性は大いにあると考えられる。しかし，2050年までは30年以上の歳月がある。かりに競合相手と思われるオーストラリアやアメリカで日本と同水準の高級Wagyuが日本より低価格で生産されれば，ここで描いた輸出モデルもただの夢に終わってしまうであろう。潜在的に十分な可能性のあるアジア諸国の牛肉マーケットに日本産和牛がマッチできるよう，継続的な努力が必要である。

第Ⅱ部　実需者ニーズの把握とマーケティング戦略の構築

3．オーストラリア産Wagyuの生産とアメリカ市場の概要

　以上のように，今後の安定したアジア諸国の経済成長が継続すれば日本産
和牛の輸出には大きな可能性が感じられる。しかし当面は現状での輸出量を
少しでも拡大するための地道な努力，戦略が必要であるのは言うまでもない。
本節では競合相手であるオーストラリアによって生産されたWagyuの生産
と今後輸出量の増加が期待されるアメリカ市場の概要を見ることにする。

（1）オーストラリア産Wagyuの概要

　アジア諸国やEU，アメリカ等における，いわゆるWagyuに対するマーケ
ットは日本産の和牛肉輸出によって開拓されたわけではなく，オーストラリ
ア等で生産されたいわゆるWagyuが各地に輸出されたことによって形成さ
れたものと解釈することもできる。日本産の牛肉輸出は残念ながら，これら
のマーケットにむしろ後発の産地として参入し，その市場の一部を奪い，ま
た新たなより高級な牛肉市場を開拓しようとしていると捉えることができよ
う。

　それでは，オーストラリア産のWagyuはどの程度生産されているのであ
ろうか。大呂（2012）の研究によれば，2012年段階でオーストラリア産
Wagyuは約13万頭飼養されており，内2割がオーストラリア国内向けに，
8割は輸出向けに生産されている。我が国の和牛飼養頭数が約140万頭（2014
年）であるので，10分の1以下の水準ということになる。主な輸出先は韓国，
米国，香港，台湾等が中心で，日本同様，主にステーキや焼肉用に輸出が行
われている。8割が輸出向けとはいえ，ステーキや焼肉用の部位以外の肉は
オーストラリアで消費されているとのことであった。このような状況である
ため，生産頭数から単純に生産量を割り出し，それらがすべて輸出されてい
るともいえず，正確な輸出量を把握するのは困難である。しかし，仮にオー
ストラリアで生産されているWagyuの肥育期間および年齢構成が日本の和

134

第7章　牛肉における海外輸出の可能性

牛と同等と仮定すると，その供給量は年間約1万3,000t（部分肉ベース：日本産和牛の場合，生産頭数約140万頭で約14万t供給（2014））となるが，実際の輸出量はその半分程度かそれ以下と言えよう。しかし，現在の我が国の牛肉輸出量は前述したようにまだ1,200tであり，まだまだ開拓の余地は大きくあるように思われる。

このオーストラリア産のWagyuであるが，その品質は日本産牛肉の2〜3等級クラスが中心で，日本でいえば乳用肥育牛また交雑種と同程度の品質とのことである。しかも，その後日本からの純粋和牛種の輸出はストップしており，品種改良は進まず，品質は安定していない。現地の肥育経営の視点からすれば，肥育期間が長いにもかかわらず，最終生産物の品質が安定しないリスクの高い生産物という認識から，肥育農家は和牛肥育からアンガス種肥育に転換するなど，Wagyuそのものの生産頭数は拡大するどころかむしろ減少傾向にあるとのことであった。

（2）アメリカ市場への日本産牛肉輸出の可能性

すでにアジアの日本産牛肉市場では，多くの産地が参入を遂げ，価格競争の局面に入っており，販売時に買い叩かれる場面も出てきていると言われている。たとえば後発の産地である宮崎県では，以上の理由からアメリカの市場をターゲットに輸出枠の拡大に大きな期待をよせている。この状況は他の後発輸出産地でも同様である。TPPの交渉段階においてはアメリカへの日本産牛肉の輸出に際し，無関税の枠を200tから2,000tに拡大するという議論も行われた。TPPについてはアメリカの離脱という話も出ており，不透明な状況であるが，仮にTPPが締結に至らなくても，その後はアメリカをはじめ，二国間でのFTAの議論もスタートする可能性は十分にありうるし，予断を許さない状況である。

現状，アメリカ向け輸出を主導している全農の話によれば，無関税の枠が仮に2,000tとなった場合，日本国内の需給状況に伴う商品コストの変動や為替動向，他国向けとの価格差，表示の厳格化等の不確定要素はあるが，米国

135

第Ⅱ部　実需者ニーズの把握とマーケティング戦略の構築

消費のダイナミズムに期待して，約1,000tまで輸出は増加するものと期待している。現状，主要な輸出品目の格付けは4～5等級，部位はサーロイン，リブアイ，ヒレが中心であり，主な消費地はサンフランシスコ，ロサンゼルス，ラスベガス，シカゴ，ニューヨークなど大都市中心の外食向けとのことである。今後，輸出が期待される格付けは4～5等級，部位ではカタやモモ，販売先としてはテキサスおよび大都市にある中国人居住区での外食向け販売が期待されている。価格は同品質のロインでオーストラリア産Wagyuに比べ約2～3倍にある。やはり，販売上の一番のネックは価格差にあるとのことであった。

　このように，大きな期待のもてるアメリカ市場であるが，アメリカ市場での輸出拡大に向けては，明確な輸出量の目標水準を掲げ，産地だけでなく，輸出を担う民間業者にも支援をおこなうなど，大胆で一体的な輸出戦略，支援策が望まれるところである。

4．日本産牛肉の輸出をより増加するための戦略

（1）グローバルスタンダードな生産流通上の整備の必要性

　日本が牛肉輸出国であるためのまず最も基本的な条件はいうまでもなくBSE清浄国であり，口蹄疫等の家畜伝染病を絶対発生させないことにある。今なお，中国では日本がBSEを発生させた国という理由から輸入を禁止している。潜在的には大きなマーケットとなりうる国々との貿易再開にとって，このような生産流通上の衛生面での基本的な問題の克服は重要な要件となる。

　さらに，輸出国によってはその国の安全基準をクリアする輸出認定カット工場を経由しての輸出，および生産過程での毎月1回の残留物質モニタリング等をおこなった輸出向けの生体（生産者）の確保が必要となる。しかし，現状では輸出量も少なく，また特定部位のみの輸出が主流であり，アメリカ等輸出国向けの生産記帳をおこなう生産者を産地内で探索しなければならない状況である。輸出向けと国内向けの価格面での差はなく，輸出向けに記帳

136

第7章 牛肉における海外輸出の可能性

をおこなう農家に現状ではメリットが感じられない状況にある。すでに，EU等への農畜産物輸出にはグローバルGAPの認証取得が必須項目となっており，今後日本産牛肉の輸出を本格化することを考えるならば，すでにオーストラリア等の輸出先進国がそうであるように，国内向け生産，輸出向け生産と言った仕訳をおこない，輸出国向けにのみ認証を取得するのではなく，すべての生産物生産にグローバルGAPの認証を取得させる方向で生産を推進することが重要となろう。2017年度から日本GAP協会においても，やっと畜産物用のJGAPの準備が進められている。これらの問題はカット工場においても同様である。またやがてはイスラム圏への日本産牛肉輸出を考えるのであればハラル対応のカット工場の整備も急務である。意外と知られていない点があるが，輸出先進国であるオーストラリア産の牛肉はすべてハラル対応済みのカット工場でカットがなされており，イスラム圏への輸出に何も支障をきたしていない。このように輸出を行う上で，国内向け生産と海外向け生産を仕分けして行うことはより一層のコスト高を招く恐れもあり，やがては輸出が主要販売先の1つになることを見越しての大胆な生産・流通・輸出システムの構築が必要となろう。

　日本産牛肉の輸出にとってやはり，問題は価格である。日本ブランド＝高級品＝高価格となっており，現状では高級品（高格付け牛肉）のみの輸出が主流である。しかし，高価格の商材を購入する消費者層は当然限定されており販売量に限界が存在する。A5，A4等級の牛肉はオーストラリア産のWagyuに比べ，品質面に強みがあり輸出が積極的になされている。一方，オーストラリア産のWagyuはすでに述べたように良くてもA3クラスの品質が主流と言われている。オーストラリア産のwagyuと日本産のA3クラスの牛肉を比較すると価格面ではなお割高だが，シンガポール等では，その等級の発生割合，安定供給状況を考えると日本産牛肉の方が必要な部位も購入しやすく，割安という評価も聞かれた。重要な点はそれぞれの国のニーズにマッチした等級，部位の輸出，流通方法の見直しにあるという点である。その点へのより一層の改善が進めば割高感のある日本産牛肉にも入り込める余地

137

第Ⅱ部　実需者ニーズの把握とマーケティング戦略の構築

は大いにあるものと推察される。

（2）産地と輸出現場の溝の克服

　輸出を主導している産地内では，将来の国内マーケット縮小による価格停滞の可能性等も見据えた危機意識の高揚が重要となってこよう。また，輸出先進国にあるような国を挙げた輸出促進協議会の確立による現地での和牛等日本産牛肉の理解の促進と産地との連携が重要となる。前述したように，輸出国によって牛肉を食する文化は異なる。輸出先国に卸を展開することを考えている日本企業との連携や，現地フリーペーパーとの連携等，現状では輸出業者や輸出国先のニーズに丁寧に対応し，商品やメニューの開発を一緒におこなうなど，細やかに対応している産地から輸出チャネルは形成されているように思われる。

　しかし，産地レベルで，十分利益（旨み）を得ているところはあまりないのではないだろうか。ただ今後，安定した為替動向とアジア諸国の安定した経済成長により，和牛肉生産量約14万tの内，2〜3万tが輸出されれば，国内の主要マーケットとは別の大きなチャネル開発につながる。産地内での輸出向けの細やかな対応が重要となってこよう。

（3）日本産牛肉の統一ブランド名の必要性

　現在，日本産牛肉の輸出に際しては，和牛肉のみに認証マークを付与し輸出を後押ししている状況である。しかし，前述したように，オーストラリア産のWagyuの品質は2〜3等級クラスであり，日本産牛肉の乳用肥育牛また交雑牛と同程度であり，これらの牛肉に対しても十分輸出の可能性は存在する。しかし，残念ながら現状ではこれらの牛肉に対して和牛の名称を名乗ることは許されず，諸外国のWagyuよりも品質的に低いものとみなされる傾向があるように思われる。

　今後はこれら2〜3等級クラスの牛肉に対してもオーストラリア産のWagyuと変わらないブランド名を付与する必要性があるように思われる。

第7章　牛肉における海外輸出の可能性

かなり大胆な1つの案ではあるが，世界的に有名な和牛といえば神戸ビーフであり，今後は日本産牛肉すべてについて統一的なブランド名として，たとえばJapanese beef Kobe（神戸）等のブランド名を付与し，認証マークを取得できるようにしてはどうだろうか。和牛，交雑牛，乳用肥育牛の品質の違いについては上記ブランド名の後にグレードを示す番号等を付与し，たとえば3等級の交雑牛であればJapanese beef Kobe（神戸）グレード3，2等級の乳用肥育牛であればグレード2，5等級の和牛であればグレード5のような表示をおこない，輸出する日本産牛肉すべてについて統一的なブランド名を確立することが販売戦略上，きわめて有利であると思われる。輸出国毎に求める日本産牛肉の品質，部位等に違いがあっても，共通して日本産牛肉に求められているものは確かな第3者認証による高品質な日本産牛肉の証である。それらを表す統一的なブランド名の確立は輸出戦略を本格化する上で極めて重要な戦略であるように思われる。

5．おわりに

本章の目的は我が国における牛肉の海外輸出の可能性を検討することにあった。本章ではまず，はじめに日本産牛肉の輸出の実態を整理し，アジアの主要な輸出国における日本産牛肉の利用状況を整理した。順調な輸出の増加を遂げている日本産牛肉におけるアジア諸国の外食レストランにおける利用状況を見ると，1人当たりGDPが上昇するにつれ，日本産牛肉の消費者層は超富裕層から中間層に広がりを見せ，また，購入者層の広がりと同時に輸出される牛肉は高格付（5等級），特定部位のみの輸出から中高格付（4〜5等級），特定部位だけでなくカルビー等の焼肉商材も輸出されていることが明らかになった。シンガポールのように中間層まで日本産牛肉を食するようになると等級の幅も広がり（3〜5等級），日本の焼肉店で食されるような，様々な部位が輸出されている。今後，アジアの諸国が安定した経済成長を遂げて行けば，やがて日本産牛肉の輸出は現状の高格付で特定部位（リブ，サ

139

第Ⅱ部　実需者ニーズの把握とマーケティング戦略の構築

ーロイン等）を中心としたものから，広く3〜5等級の様々な部位の輸出が行われることが大きく期待できる。

　次に，日本産の牛肉と競合するオーストラリア産Wagyuの生産状況を見ると，2012年時点で約13万頭，1万3千t，品質は最上級でもA3クラスが中心のWagyuが生産されていた。オーストラリア産Wagyu等によって開拓されたマーケットの大きさはまだまだ大きく，現行1,200tを輸出している我が国の輸出状況から，日本産牛肉が進出する余地はまだ十分にあることが示された。また，今後輸出の増加が期待できるアメリカ市場では，関税の撤廃枠が広がれば輸出量で約1,000t，アメリカの主要都市だけでなく広く中国人移住区の存在する都市にも輸出は拡大されることが期待されていた。

　これらを踏まえ，日本産牛肉のさらなる輸出増加のためには以下の戦略が重要であることが示された。まず，はじめに海外輸出を増進させるためには，BSE清浄国，口蹄疫等の家畜伝染病を絶対発生させない等，生産流通上の衛生面での基本的な問題の持続的克服は基本的要件となる。さらに，輸出国が求める安全基準をクリアする輸出認定カット工場を経由しての輸出，および生産過程での残留物質モニタリング等をおこなった輸出向けの生体（生産者）の確保も重要である。すでに，EU等への農畜産物輸出にはグローバルGAPの認証取得が必須項目となっており，今後，日本産牛肉の輸出を本格化することを考えるならば，すでにオーストラリア等の輸出先進国がそうであるように，国内向け，輸出向けと言った仕訳をおこない，輸出国向けにのみ認証を取得するのではなく，すべての生産物生産にグローバルGAPの認証を取得させる方向で生産を推進することが重要となろう。それは今後，想定されるイスラム圏への輸出でのハラル対応でも同様である。また，日本産牛肉の輸出にとってやはり，問題は価格であるが，たとえばA3クラスの牛肉において，その等級の発生頻度，安定供給状況を考えると日本産牛肉の方が必要な部位も購入しやすく，割安という評価もあり，重要な点はそれぞれの国のニーズにマッチした等級，部位の輸出，流通方法の見直しにあると思われる。そのためにも現行，純粋和牛種にのみ認証マークを付与し輸出をおこなって

140

いる状況から，交雑種や乳用肥育牛においても，十分輸出の可能性はあり，
日本産牛肉の統一ブランド名の確立が急務であると思われる。

[注]
1）これまで農畜産物の輸出に関わる代表的研究としては石塚・神代（2013）や
　福田（2016）等が存在する。また，日本産牛肉の輸出に関わる研究では，豊（2016）
　や山本（2016），中嶋（2017）等が存在する。しかし，これらの研究ではベト
　ナムにおける牛肉流通の実態や香港市場での日本産牛肉に対する評価，購入
　意識等の研究がなされているが，アジア諸国における外食での日本産牛肉の
　利用実態を網羅的に研究したものは見られない。

[引用文献]
福田　晋（2016）『農畜産物輸出拡大の可能性を探る　戦略的マーケティングと物
　流システム』農林統計出版，182p。
石塚哉史・神代英昭（2013）『わが国における農産物輸出戦略の現段階と展望』筑
　波書房，163p。
中嶋晋作（2017）「ビッグデータを用いた国産畜産物の需要拡大方策に関する実証的・
　実験的研究」『畜産の情報』2017年8月号，pp.53-61。
大呂興平（2012）「オーストラリアにおけるwagyu産業の展開」『人文地理』第64
　巻第4号，pp.39-51。
山本直之（2016）「香港における日本産牛肉・豚肉購入に関する消費者意識」福田
　晋編著『農畜産物輸出拡大の可能性を探る　戦略的マーケティングと物流シス
　テム』農林統計出版，pp.129-146。
豊　智行（2016）「日本産農畜産物のアジア輸出先国における流通と取引」福田
　晋編著『農畜産物輸出拡大の可能性を探る　戦略的マーケティングと物流シス
　テム』農林統計出版，pp.91-105。

（堀田和彦）

第8章

農産物・食品輸出における輸出戦略の理論的検討

1．はじめに

　農産物国内市場の成熟と衰退，あるいは国産のシェア低下が予想される場合，海外市場への市場拡大は，国内農業を可能な限り維持するための不可欠な戦略の一つであろう。

　農産物（加工食品も含む，以下同じ）の輸出を見ると，2000年の1,685億円から2010年の2,865億円まで，年率5.5％で増加していたが，2015年の4,431億円までの5年間は年率9.1％で輸出額が増加している。背景には，「攻めの農林水産業」として政策的に打ち出された輸出促進対策の後押し，また，近年の経済連携協定（EPA）の締結を通した農産物輸出額の底上げによるところも大きいと思われる。

　また，攻めの農林水産業の一環として，2014年以降には，品目別輸出団体の発足などが進み，オールジャパンでの輸出体制の整備と，品目によってはジャパン・ブランドの構築を目指す動きがみられる。更に，TPP[1]を契機として，予算措置の面からもこれに一層拍車がかかる状況となっている。ジャパン・ブランドについては，品目・市場の状況に応じてそうしたブランド戦略が用いられるか否かを使い分けていくということのようであるが，いずれにしても，このオールジャパン・ブランドの方針は，大きくブランディング戦略とそれに伴うプロモーション戦略を規定するものであるのは間違いない。ジャパン・ブランドでプロモーションを行うのか，個別の産地ブランド等で進めるのか，あるいは，両者を同時に採用するデュアル・ブランド戦略で進めるのか，全体的視点，および個別産地の視点から選択が迫られること

143

第Ⅱ部　実需者ニーズの把握とマーケティング戦略の構築

になろう。

　ただし，輸出促進協議会がジャパン・ブランドでのプロモーション投資を行ったとしても，産地ブランドでのプロモーション投資行動を協議会側で掣肘することができず，結果として緩やかにデュアル・ブランド戦略が採られている場合が多いのが現状であろう。1企業におけるブランディング戦略と異なり，こうした複数生産者・産地が相乗りする形でブランディングが行われることに農産物の特殊性と難しさが存在する。しかしながら，輸出におけるブランディングの方針について，現状では，学術上も，また実務上も体系的整理がなされていない状況にある。

　本章では，農産物輸出額の成長率の高さを持続できるのか，今後を占う意味で，前述の動向に注目し検討したい。第2節では，最初に農産物の輸出について，EPA等による関税削減や政策的な輸出促進といった流れとその成果，更に，輸出先市場各国への一層の市場浸透を図る場合の方針について確認する。

　第3節では，輸出先市場の需要拡大に伴って，どのように段階的に産地輸出戦略，特に価格戦略が変更されていくべきか検討を行う。その中で，現在の産地戦略が必ずしも最適なものとなっておらず，そのことが，現在の産地ブランド間競争の状態を招いていることに言及する。

　以上の状況を前提として，第4節（1）では，採られるべき競争対応のマーケティング戦略について確認し，特にブランド戦略とそれに伴うプロモーション戦略の側面から，オールジャパンでの輸出促進における，いくつかの阻害要因について検討する。第4節（2）では，ジャパン・ブランドに関わるブランド採用戦略の是非について，理論的な検証を行うため，産業組織論における広告投資のモデルを応用した分析を行う。

2．農産物輸出の経緯と輸出拡大の可能性

　現在，多数の国・地域と日本とのEPAが発効している[2]。EPAでは，貿

144

第8章 農産物・食品輸出における輸出戦略の理論的検討

表8-1 輸出戦略上の重点品目・国に対する TPP 交渉結果

重点品目	内訳品目（例）	重点国のうちTPP参加国	市場アクセス	
			現行［EPA税率］	交渉結果
コメ・コメ加工品	コメ（精米）	米国	1.4¢/kg	5年目撤廃
		豪州	（無税）	－
		シンガポール	（無税）	－
	米菓	米国	無税～4.5%	即時撤廃
		シンガポール	（無税）	－
	日本酒	米国	3¢/l	即時撤廃
牛肉	牛肉	米国	枠内（日本向け）：（4.4¢/kg,200t）枠外：26.4%	WTO枠内（日本向け）：5～10年目撤廃　枠外：日本向け関税割当（無税, 3,000t（1年目）→6,250t（14年目）），15年目撤廃
		カナダ	26.50%	6年目撤廃
		メキシコ	20～25%［枠内（日本向け）：2.0～2.5%, 6,000t］	10年目撤廃
		シンガポール	（無税）	－
		マレーシア	（無税）	－
		ベトナム	15～31%［11.3%］	3年目撤廃
青果物	りんご	マレーシア	5%［無税］	即時撤廃
		ベトナム	15%［7.3%］	3年目撤廃
	なし	米国	無税又は0.3¢/kg	即時撤廃
		シンガポール	（無税）	－
		マレーシア	5%［無税］	即時撤廃
	みかん	米国	1.9¢/kg	10年目撤廃
		カナダ	（無税）	－
		NZ	（無税）	－
		シンガポール	（無税）	－
	かき	米国	2.20%	即時撤廃
		マレーシア	30%［無税］	11年目撤廃
	ながいも	米国	6.40%	5年目撤廃
		シンガポール	（無税）	－
		マレーシア	（無税）	－
花き	切り花	米国	3.2～6.8%	即時撤廃
		カナダ	無税～16%	即時撤廃
		シンガポール	（無税）	－
茶	茶	米国	（無税）	－
		シンガポール	（無税）	－
加工食品	味噌	米国	6.40%	5年目撤廃
		豪州	（無税）	－
		シンガポール	（無税）	－
		マレーシア	5%［無税］	即時撤廃
		ベトナム	20%	5年目撤廃
	醤油	米国	3%	5年目撤廃
		豪州	（無税）	－
		シンガポール	（無税）	－
		マレーシア	10%［無税］	即時撤廃
		ベトナム	30%［16.4%］	6年目撤廃
	チョコレート	米国	2%～(52.8¢/kg+ 8.5%)	即時～20年目撤廃
		シンガポール	（無税）	－
		マレーシア	15%［無税］	即時撤廃
		ベトナム	13～25%	5～7年目撤廃
	清涼飲料水	米国	0.2¢/l	即時撤廃
		シンガポール	（無税）	－
		マレーシア	20%［無税］	即時撤廃
		ベトナム	27～34%［14.6～22.5%］	7年目撤廃
	即席麺	シンガポール	（無税）	－
		マレーシア	8%［無税］	即時撤廃
		ベトナム	34%［14.6%］	6年目撤廃

資料：農林水産省国際部「日本以外の国の関税撤廃状況及び各国の対日関税に関する最終結果（HS2012版）（http://www.maff.go.jp/j/kokusai/tpp/pdf/3_kakukoku_kousyou_kekka_hs2012.pdf, 2016年5月閲覧）を一部抜粋。
注：「現行」はTPP交渉のベースとなった2010年1月1日時点の税率。［ ］内は，2015年4月1日時点のEPA税率。

145

第Ⅱ部　実需者ニーズの把握とマーケティング戦略の構築

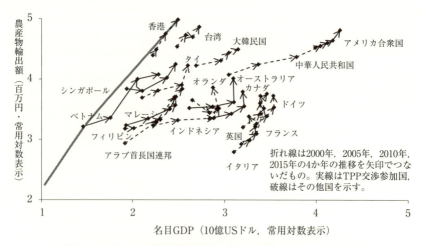

図8-1　日本からの農産物輸出額と輸出先国の名目GDPの推移

資料：農産物輸出額は農林水産省国際部国際経済課「農林水産物輸出入概況」各年版，及び名目GDPはGlobal Note（http://www.globalnote.jp/）（1次資料はIMF）より。

易額全体の概ね9割程度以上が関税撤廃されることが原則とされており，日本にとっては，センシティブな品目についての除外等の措置も維持しながら，一方で，日本の輸出関心品目の低関税・無税を実現してきた経緯がある。**表8-1**に見られるように，各国の現行関税に対して既にEPAを通して日本が無税や低関税を獲得している重点品目が多くみられる。現在も多くの貿易関連の協定について交渉・手続きが進められているものの，一部の品目・地域を除くと，日本産農産物の輸出にとって，追加的な関税削減幅は，それほど大きなものではない[3]。

したがって，今後の輸出拡大の可能性を考える際には，TPP等を通した輸出先市場の開放によるドラスティックな変化ではなく，輸出先国の経済発展による市場規模の拡大，および，これまでのプロモーション等を通した市場浸透の進展程度が，手掛かりとなってくると思われる。**図8-1**は，日本の農産物輸出先国の上位20カ国について，2000年から2015年までの農産物輸出額と名目GDPの推移を両対数グラフ上へ描いたものである。実線の折れ線は，

第8章　農産物・食品輸出における輸出戦略の理論的検討

TPP交渉参加国であり，破線の折れ線はそれ以外の国を示す。横軸上の大きさは，名目GDPの大きさを示し，名目GDP成長率の大きさは横軸の幅に表れる。また，同じ名目GDP水準上で，縦軸の高さが意味するものは，日本産農産物の当該輸出先市場への浸透程度である[4]。したがって，原点とベトナム，香港を結んだ薄色の太線は，現状における市場浸透のフロンティアを示すものと言える。

　図8-1より，EU諸国，カナダおよびオーストラリアは，GDPの成長がとまり，その意味での農産物市場規模の急激な拡大は望めないが，日本産の市場への浸透については大きな余地を残している状況が分かる。

　台湾，香港，米国については，同様の意味で，農産物市場規模の拡大は望みにくいが，現状では，どこよりも日本産が浸透した輸出先国・地域である。すでに多くの品目で安定的な輸出に繋がっているとの評価がなされており[5]，今後，一層の市場浸透を図っていけるかは予測の難しいところであるが，例えば，青果物についていえば，りんご，ながいもを除くと輸出額が小さく，他品目における輸出の伸長が期待されるところである。また，台湾については，コメと日本酒，米国については，コメと青果物が新興市場として位置づけられ，今後の浸透が期待されている。図8-1のフロンティア上にいる香港，それに近い台湾の輸出額増加率を見ても，決して鈍化せずに現在に至っており，上述の品目を中心に今後も浸透の余地が残されていると思われる。また，米国については，輸出額・名目GDP比の相対的な低さから，香港，台湾に比べても十分に市場浸透の余地を残したものであるといえよう。

　シンガポール，マレーシアについても，近年は名目GDPの伸びが鈍化しているが，市場への浸透は継続的に進んでいる。一方，ベトナムは依然として高い名目GDP成長率を示している中で，ここ5年の輸出額は相対的に伸び率が小さい。生活水準の向上に合わせた新たな奢侈品として，日本産農産物のより積極的な提案を行っていく必要があろう。

　以上で概観したように，海外市場への浸透についてフロンティアにある国・地域においても，品目単位でみればこれから導入を図っていく品目も多く残

147

第Ⅱ部　実需者ニーズの把握とマーケティング戦略の構築

表8-2　輸出先国別に今後輸出が期待される品目

国・地域	品目
香港	青果物（りんご，ながいも以外）
台湾	青果物（りんご，ながいも以外），コメ，日本酒
米国	青果物（りんご，ながいも以外），コメ
シンガポール	青果物，鉢もの，切り花
オーストラリア	コメ
カナダ	青果物，切り花
マレーシア	青果物
ベトナム	青果物

資料：農林水産省（2015）より作成。

されており，フロンティアに至っていない輸出先国に至っては，今後導入を図っていくべきより多くの品目が残されている（**表8-2**）。

3．価格戦略の課題

（1）海外市場の需要拡大に伴う輸出の位置づけの変化

　海外市場における日本産農産物への需要増大に伴って，適切な輸出戦略，特に価格戦略が変わっていく。まず，海外市場の需要が小さい時は，国内市場よりかなり低価格でないと輸出そのものが成立しない。そのため，輸出には国内需給調整の意味が大きくなる。この段階では，国内市場の需給緩和時に，輸出を通して国内市場から余剰農産物を隔離することで，国内価格を維持・向上することが目的となる。そのため，輸出価格が国内価格を下回るとしても，輸出量を増やす方が望ましい。

　ただし，輸出と国内市場で産地庭先価格が異なれば，どの産地が敢えて輸出するかという点で産地間のジレンマが発生する。この時，国内市場価格の維持・向上の便益を最も享受するのは，市場シェアが最大の産地であり，必然的に，最大産地が輸出を行うインセンティブをもつことになる。そして，産地庭先価格に輸出と国内仕向けで差がある間は，商業者が卸売市場で調達して輸出する裁定取引は成立しないであろう。この段階を「Ⅰ．需給調整弁の段階」と位置付けることができる。

148

第8章　農産物・食品輸出における輸出戦略の理論的検討

　次いで，より海外市場の規模が大きくなってくると，国内シェアの大きな産地を中心として，豊作時に需給調整弁として低価格で輸出を行いながらも，凶作時にも輸出が発生するようになる。そのため，輸出産地は安定的な供給体制やチャネル構築を図っていくこととなる。また，豊凶による輸出量のばらつきは小さくなっていく。これを「II. 安定出荷の段階」と位置付けることができる。

　最後に，海外市場の需要が国内市場と同等まで拡大してくると，需給調整弁として敢えて低価格で輸出を行う意味がなくなるため，輸出と国内市場仕向けで産地庭先価格の差がなくなる。海外市場も重点市場の一つとして，多くの産地が輸出を実施することができるようになると共に，卸売市場などを通して調達することで商業者による裁定取引も活発となる。海外市場において国内産地間競争が激しくなるので，製品差別化が重要な輸出戦略となってくる。これを「III. 重点市場の段階」と位置付けることができる。

（2）豊作時に単品の特売を行う垂直的マーケティングシステムの必要性

　現在，多くの海外市場および品目はほぼ「I. 需給調整弁の段階」および「II. 安定出荷の段階」にあると考えられる。しかし，現実には，多くの産地において，国内市場と同等以上の価格でなければ輸出しないという意識（以下では，これを価格基準と呼ぶ）が強く，その結果として，小規模産地の輸出や，卸売市場調達による裁定取引も活発に行われている。同じ品目でも多くのブランドが輸出される結果，輸出先市場においてブランド間競争へとつながり，ブランディングの課題を生起させているのである。繰り返しになるが，こうした価格戦略が合理的になるのは，海外市場の需要が国内と同等以上の規模になる「III. 重点市場の段階」である。そこに至っていない現段階では，輸出における価格戦略が硬直的と言わざるを得ず，これは国内産地全体としては，チャンスロスの発生を意味している。

　もし，市場シェア上位の産地が低価格での輸出を行うならば，小規模産地はそうした価格設定ができず（逆に言えば，上昇した国内市場価格で国内市

149

第Ⅱ部　実需者ニーズの把握とマーケティング戦略の構築

場へ仕向けることを選択するほうが良いということになり），結果的に，輸出先市場における産地間の過剰な競争を抑制するという側面も持つ。

そのためには，豊作時の過剰量をスポットで捌けるような売り方の工夫が必要となる。国内市場であれば，産地の出荷予測に基づいて2週間ほど前から特売準備が行われることになる。海外市場においては，特に海上輸送の場合は輸送日数がかかることから，特売のための準備時間は，国内のそれより余裕ができることになる。その分，より精度の高い出荷予測が出るまで待ってから特売の商談に入ることも可能であろう。

ただし，海外市場においては，特売であっても多くの場合は高級品となること，また，多くの海外消費者にはなじみの薄い商品であるため，単に安くして，その注意喚起だけを広告するという方法では十分に量を捌くことが難しいと思われる。海外消費者に単品のフェアを通してスポットで購入にまで至らせるには，新規性やメリット，食べ方等の提案を伴ったプロモーションが必要であろう。豊作時にこうした仕掛けを遅滞なく行うには，産地側の事前準備が肝要である。また，特売の実施方法が産地・輸出商社・輸入商社・小売店で検討され，垂直的マーケティングシステムとして構築されている必要がある。

4．農産物輸出におけるブランディングとプロモーションの課題

（1）市場浸透を図るマーケティング上の競争対応

図8-1に示されているように，多くの輸出先国において経済成長が進み，その成長率が鈍化している。当然そうした市場はある程度成熟したものになっており，既に他国産農産物が存在していることが少なくない。日本産農産物は後発で参入した商品ということになり，差別的優位性の強調による他国産からのブランド・スイッチが必要である。しかし，海外市場への導入期の現在，どのようなブランディング戦略のもとで，ブランド・スイッチのためのプロモーションを行っていくかという方向付けについて，説得的な指針が

150

第8章　農産物・食品輸出における輸出戦略の理論的検討

得られていないというのが実情のように思われる。

　ここで，本章で議論するブランディング戦略について整理しておきたい。一般のマーケティング論では，ブランド付与主体である企業が明確に存在し，その企業の製品に対してブランディングが行われる。これに対して農産物の場合，ブランド付与主体が明確でなかったり，地域ブランド農産物に典型的に見られるように生産者が複数に及ぶケースも存在する。そのため，一般のブランディングの用語をそのまま適用し難い面があるため，本章では，ブランディングの可能性について，以下のように定義して用いることとする[6]。傘ブランドは，複数の産地や製品にまたがって一つの統一したブランド名が用いられるケースである。個別ブランドは一つの産地や製品に対して一つのブランド名が付与されるケースである。デュアル・ブランドは2つ以上のブランド名に同等の突出性が与えられるケースであり，本章においては，傘ブランドと個別ブランドが比較的同等の突出性をもって用いられるケースを想定する。国内の各産地ブランドを個別ブランドと位置づけると，ジャパン・ブランドは傘ブランドの採用ということになり，ブランド名にジャパン・ブランドと各産地ブランドを同等に併記する場合はデュアル・ブランドと位置づけられる。

　農林水産物・食品輸出戦略検討会（2011）では，「品目の特性や生産状況に応じて，ジャパン・ブランド，産地ブランド等を戦略的に使い分けて，最も効果的なマーケティングを行う観点から，品目ごとの販売体制を含め既存手法の検証や見直しを行い，品目別・国別のベスト・プラクティス・プランを策定・実行」することが提言されている。

　例えば，農林水産省生産局園芸課流通加工対策室（2008，p35）では，日本産野菜及び果実についての広報戦略の方向として，初期段階では日本産ブランド構築を目指し，日本産ブランドが一定普及した段階で，これまでも各産地が進めてきた個別の県産品の紹介や県産ブランドによる個性ある品目の紹介を進めるという提言がなされている。また，同報告書では，果実の統一マークと，既存の輸出ブランドマークは可能な限り併せて活用することを推

151

第Ⅱ部　実需者ニーズの把握とマーケティング戦略の構築

奨している。

　また，農林水産省（2013）では，具体的に，コメ・コメ加工品におけるオールジャパンのブランド育成，花きのジャパン・ブランドの確立，ジャパン・ブランドでの牛肉輸出の推進，和牛統一マークの管理，ジャパン・ブランドでの日本茶のPR，マーケティング，また，青果物のジャパン・ブランド確立のためのマーケティングと品揃え，周年供給の確保が謳われた。その後，2014年後半以降，コメ・コメ加工品，牛肉，日本茶，林産物，花き，水産物，青果物の7品目で品目別輸出団体（以下，輸出促進協議会と総称する）が発足し，そうした取り組みに当たっている（農林水産省 2015）。

　さて，日本産の各個別ブランドの海外輸出先市場への導入はようやく始まったところであり，これまで国内市場で培われた産地ブランド間のイメージや競争地位について，海外市場では大きな差が見出しにくい状況に置かれやすい（**図8-2**）。その点からは，ジャパン・ブランドの採用に一定の優位性があるケースもあると考えられる[7]。しかし，このことで，海外市場への輸出の導入期にある国内各産地がジャパン・ブランドという傘ブランド戦略に絞り込むかというと，必ずしもそうではない。ブランディングとプロモーションの実態を見ると，各国内産地がそれぞれの産地ブランドを維持しつつ，各産地独自のプロモーション活動が行われてきており，輸出先市場ではジャパン・ブランドでのプロモーションと同時に産地単位の個別ブランドのプロモーションが併存するという，緩やかなデュアル・ブランド戦略が採用されている状況が生まれている。この背景には，輸出主体となる国内産地が，これまで国内市場における寡占的な産地間競争の中で，個別産地のブランド化を図ってきた主体であることが指摘できよう。

　農産物輸出におけるブランディングにみられるこのような構造的問題は，ブランド構築のためのマーケティング戦略の効果的な実施に対して阻害要因となる。元来，農産物産地がブランドとしての高い品質水準を維持することと，数量の確保や安定性とはトレードオフの関係にある。そのため，国内流通においては，従来，産地ブランドは小売段階ではなく，流通段階において

152

第8章　農産物・食品輸出における輸出戦略の理論的検討

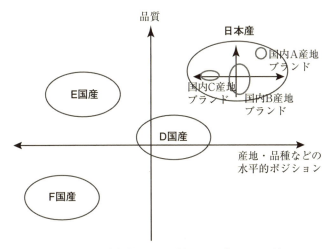

図8-2　海外市場における製品マップのイメージ

機能するものであった（桂1981，荒幡1998）。こうした中で，国内でも消費者を対象とした地域ブランド化が進められるようになってきたが（李2013，斎藤2009），最高級ブランドとしての輸出は，そのもっとも極端な取り組みと言えよう。波積（2002）は，一次産品のブランド化には，ブランド付与主体を確立し，管理レベルを高めることが必要であると指摘しており，輸出を考える際にもこの点は重要である。日本産農産物の多くは，海外市場に最高級の価格帯で参入を行わなければならない。波積の類型化に従えば，セレブリティ・ブランドを形成しなければならないということであり，そのためには，消費者の高いブランド認知と関与，およびブランド付与主体における高い管理水準が求められることになる。しかし，上述した結果としての「緩やかなデュアル・ブランド」においては，品質や製品特性の管理，ブランド拡張や製品ラインの改廃といったブランド管理が難しくなる。また，消費者のブランド認知を高める上でも重要なプロモーション戦略が，ジャパン・ブランドと産地ブランドそれぞれにおいて統合されることなく実施されることになる。

海外市場での産地間のプロモーション競争の状況については，すでに2011

第Ⅱ部　実需者ニーズの把握とマーケティング戦略の構築

年の農林水産省（2011）において，日本の海外でのプロモーションは「主要産地県等が中心となり組織している輸出促進協議会等（約50団体）が国の補助金を活用した販促PRを出張で実施するケースが大多数」であること，更に，「輸出先での産地間競争による日本産品のシェアの争奪戦も散見」されることが指摘されている。

　例えば，シンガポールにおいて，地方自治体等による輸出促進の取り組みとしての物産フェアの開催は，JETROによって確認できたものだけで，年27回に及び，内訳として，九州（九州フェアの他，各県のフェアを含む）8回，北海道6回，北陸2回，四国2回，沖縄2回，信州1回，近畿1回となっており，日本全体としてのフェアはわずかに5回である（ジェトロ・シンガポール事務所 2015）。また，産地ブランドでの輸出取組については多くの文献で報告されているが，例えば，石塚（2013）には，豚肉輸出における直接的な個別ブランド間の競合事例が報告されている。

　このような中，輸出促進のソフト事業に関する予算概算は，2015年度39億4,300万円から，2016年度45億7,800万円へと拡大が続いている。その中でも，大きな予算が割かれているのが，輸出戦略の実行に向けた輸出促進体制の強化（2016度は11億3,400万円に増加）と輸出総合サポートプロジェクト（同14億8,100万円に増加）であり，それぞれ，品目別輸出団体が中心となって実行するジャパン・ブランドを掲げた輸出促進の取組，およびそれら団体の活動支援が重要な構成要素となっている。更に，2015年度補正予算において，「総合的なTPP関連政策大綱」に即して，「農畜産物輸出促進緊急対策事業」29億円が計上された。この中でも特に，コメ・コメ加工品および畜産物においては海外でのプロモーション活動の強化が謳われており，ジャパン・ブランドの促進も大きなウェイトをもって一層取り組まれることになる。以上のように，TPPを契機として，予算措置の面からもジャパン・ブランドの推進はより一層拍車がかかる状況となっている。

　ここまでの考察をまとめると，日本産農産物が海外市場への輸出を一層伸ばすためには，より多くの品目での参入と，他国産に対する差別的優位性の

154

第8章　農産物・食品輸出における輸出戦略の理論的検討

強調によるブランド・スイッチの促進を図らねばならない。今後，ブランド付与主体を明確化し，上述した緩やかなデュアル・ブランドの現状と，ジャパン・ブランドの政策的な推進との整合性を図っていくことが課題となる。当然，農林水産物・食品輸出戦略検討会（2011）の提言にある通り，品目の特性や生産状況，プロモーションの効果を見極めて，傘ブランドとしてのジャパン・ブランドか，または個別ブランドか，あるいは両者の融合したデュアル・ブランドか，といったブランディング戦略を決めるべきであろう。

　しかしながら，各ブランド付与主体が実施するプロモーションが，消費者のブランド評価に与える効果には，自産地のブランドに対する直接的な効果と共に，他のブランドに対して発生するスピルオーバーが知られている（Li and Lopez 2015, Kinnucan and Myrland 2008, Balachander and Ghose 2003）。これらの複合的な効果を導入期の早い段階で見極めることは困難である。そうした例として，Thu他（2016）の消費者アンケートについて紹介しよう。Thu他では，レストランで提供される牛ヒレステーキを念頭に，ホーチミン市の480名の消費者に豪州産Wagyu，日本産和牛，神戸牛の3つについて選好を1：全く好ましくない〜5：とても好ましい，の5件法で評価してもらった。その後，**表8-3**に示された①〜③の3つの情報の内の一つだけをランダムに提示し，その上で，再度，ステーキについて評価をしてもらい，情報提供前後でどのように変化したかを測定している。

　その結果，情報①は，日本産和牛の評価平均値を高めたが，情報②は，期待に反し，日本産和牛の評価平均値の上昇幅よりも，豪州産Wagyuの評価平均値をより上昇させた。また，情報③も，期待に反し，神戸牛の支持層（5件法で「4：好ましい」以上を回答した割合）の増加と日本産和牛の支持層喪失を促した。

　このように，輸出先市場では，必ずしも国内市場と同様のブランド認識を持ってもらえるとは限らず，また，プロモーションや広告による情報伝達も内容次第で，想定外の反応を引き出す場合もあり得るのである[8]。そこで，次節では，ブランドのプロモーション効果が多様な結果を引き出し得ること

155

第Ⅱ部　実需者ニーズの把握とマーケティング戦略の構築

表8-3　海外市場における訴求内容が消費者選好に与える影響
─ベトナムにおける和牛のケース─

提供した情報内容	情報の認知率	日本産和牛，神戸牛，オーストラリアWagyuの選好に与える影響
情報①：和牛の語源情報 Wagyu Beef はオリジナルは日本産和牛肉であり，Wa（和）は日本を，Gyu（牛）は牛を意味します。	16%	日本産和牛の評価平均値上昇[2]。 神戸牛には影響なし。
情報②：日本産和牛と豪州産Wagyuの血統情報 1990年代に初めて豪州が日本の和牛種の雄と米国のブラック・アンガス種の雌を輸入し，交配プログラムを開始しました。そのため，日本産和牛のみが純血統の和牛肉を供給しています。	13%	日本産和牛と豪州産Wagyuの評価平均値上昇。ただし，上昇幅は豪州産Wagyuの方が大きい。
情報③：神戸牛の情報 神戸ビーフは兵庫県で育てられた牛から生産される，日本産和牛肉の一つです。	16%	神戸牛の支持層[3]の増加 日本産和牛の支持層喪失

資料：Thu・森高・福田（2016）を筆者再編。

注：1）調査は2015年8月20日～9月25日にかけて，ホーチミン市の1区，2区，3区，7区のメインストリートでサンプリングし，ホーチミン市住民で，かつレストランでステーキか焼肉の食経験のある消費者のみにインタビューを行ったものである。有効回答は480件である。

　　2）各牛肉に対する選好は，1：全く好ましくない～5：とても好ましい，の5件法で評価してもらったものである。

　　3）上述の5件法で「4：好ましい」以上を回答した割合を支持層とした

を前提に，輸出におけるブランディング戦略の考え方について理論的に整理したい。

（2）ブランディング戦略とプロモーションの方向性

1）分析方針

　前節で日本産農産物の産地輸出行動の現状と課題について概観した。纏めると，次の3点が指摘できる。第1に，ジャパン・ブランドのブランド付与主体（輸出促進協議会など）と各産地ブランドのブランド付与主体が異なり，統一的な意思決定の下でブランディング戦略を採れないこと，第2に，同様の理由で，プロモーションが統合的に行われにくいこと，第3に，消費者行動や文化的背景が異なる輸出先市場においてスピルオーバーを含めてプロモーション効果が予想しにくいことである。これらを踏まえて，日本産農産物輸出戦略におけるブランディングにとって，今後，継続的に調査・実証すべ

第8章 農産物・食品輸出における輸出戦略の理論的検討

きプロモーション効果の性質と，それによって大きく規定されるであろうブランディング戦略の方向性について明らかにすることが本節の課題である。

　この問題を分析するために，産業組織論における広告投資に関するモデルを応用する。ただし，本章では広告のみに限定せず，ブランドに関連付けて実際に行われ得る主体的なプロモーションすべてを念頭に置いている。その意味で，パブリシティや日本食文化の普及などは考察対象から除外される。日本産農産物の輸出においては，最も一般に行われているのは，輸出先店舗での物産フェアであり，その他に，国際見本市への出展，産地商談会の開催，在外公館等の場でのイベント，トップセールスなど，全て本章の考察対象である。

　また，産業組織論における広告投資のモデルにおいては，個別ブランド戦略を採用している寡占メーカーによる広告であることが前提であり，広告量の増加に対して需要が増加するという比較的単純なモデリングがなされる[9]。また，ブランド間での広告効果のスピルオーバーについて理論的に分析した数少ない研究においても正の効果のみが仮定されて分析される（Nakata 2011やCellini and Lambertini 2003など）。これに対して，本章の課題は，個々に状況の異なる輸出先市場・品目において，ブランディング戦略の方向性に示唆を得ることであり，前述の３点を踏まえて，傘ブランド戦略やデュアル・ブランド戦略との優劣比較が出来る枠組みが必要である。そこで，本章のモデルでは，個別ブランドと傘ブランドについてのそれぞれのプロモーション投資を区分すること，また，両プロモーション間の相互作用について明示的に示した上で，その符号条件に強い仮定を置かないことで，この課題を取り扱えるモデルを提示する。

2）個別ブランドのプロモーションにおける過剰投資のジレンマ

　図8-3は，各産地が自産地のプロモーションを行った場合に影響が波及する過程を表した模式図である[10]。この図を用いて，まず，傘ブランドのプロモーションがなく，各産地ブランドのみプロモーションを行っている状況を

157

第Ⅱ部　実需者ニーズの把握とマーケティング戦略の構築

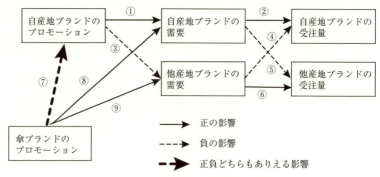

図8-3　プロモーション効果の波及過程

考えよう。プロモーションによって自産地ブランドの受注量を増加させる過程は次のように説明できる。自産地ブランドのプロモーション投資が自ブランドの需要を増加させ（図中の矢線①），自産地の需要増加はバイヤーからの受注量を増加させる（矢線②）（プロモーションの直接効果）。これとは別に，自産地ブランドのプロモーションを行うことで，消費者の注意を国内他産地ブランドから自産地ブランドへ奪う，国内他産地よりも良いイメージを消費者に与える，国内他産地のプロモーション機会や販売チャネルを奪うなど，何らかの形で他産地ブランドの需要を減らす場合がある（矢線③）。他産地の需要が減少することで，バイヤーが自ブランドに発注する可能性を高めることが期待される（矢線④）（プロモーションの戦略効果）。

　一方で，自産地ブランドの需要増加と他産地ブランドの需要減少は，他産地ブランドの受注量減少という副作用を生む（図中の矢線①→⑤，③→⑥）。受注量増加の内，他産地の受注量減少で相殺される分は，輸出国全体としては成果とはならない。全体的見地からすれば，パイの奪い合いとなるようなプロモーション投資は控えるべきであるが，各産地ブランドが自ブランドの受注量上昇だけを考えるならば，自産地だけプロモーションを控えて，パイを奪われるに任せるという選択は困難である。特に，輸出先市場で各産地ブランドが同質的と捉えられている場合，プロモーション投資を通したパイの奪い合いが激化しやすいだろう。

海外市場に需給調整の意義がある間は，前述のように，できるだけ国内市場シェアの高い産地が積極的に国内市場価格の安定化を実現するための輸出を行うことが望ましい。このとき，輸出される産地ブランドやプロモーションを行う主体もそうした主産地のみとなるため，ジャパン・ブランドにおけるブランド内競争も自ずと制限されることになる。

（3）緩やかなデュアル・ブランドにおけるジャパン・ブランドの役割

傘ブランドのプロモーションは，当然，その傘の下にある各産地ブランドの需要を増加させるものである（図8-3の矢線⑧，⑨に示される直接効果）。しかし，先述の通り構造的に緩やかなデュアル・ブランドが形成され，各産地ブランド間のプロモーション競争を直接的に抑止できないのであれば，傘ブランドには，その直接効果もさることながら，各産地ブランド間の過剰プロモーションを間接的に抑制する役割が期待される。

もし，傘ブランドのプロモーションによって，高品質や安全性，日本食の文化的背景などの共通項のみ強調した結果，各産地ブランドのプロモーションにおける戦略効果を強めたり，産地ブランド間の同質性に対する消費者認識を高めたりする場合，前節のメカニズムの通り，産地ブランド間の過剰なプロモーションが激化することになろう（図8-3の矢線⑦が正）。これが，個別ブランドのプロモーション活動を掣肘できない環境において，傘ブランドによるプロモーションを決して安易に行ってはいけない理由である。

ここで，傘ブランドのプロモーションが，各産地ブランドの多様性やそれぞれの個性について強調する場合を考えてみよう。もし，その結果，各産地ブランドのプロモーションにおける戦略効果を弱めたり，産地ブランド間の異質性に対する消費者認識を高めたりする場合は，各産地ブランド間の過剰なプロモーション投資は抑制されることになろう。現在のジャパン・ブランドにおける訴求は高品質や安全性といった共通項の強調に偏っていると思われる。直接効果を得るために共通の強みの訴求は重要であるが，多様性・個性の強調が併せて行われることが必要であろう。

159

第Ⅱ部　実需者ニーズの把握とマーケティング戦略の構築

　プロモーションにおいては，訴求内容や方法を適切に選択し，ある程度効果の方向性を操作することが可能である。ただし，必ずしも，完全に想定通りの効果を出せるとは限らない。どのような訴求内容・方法をとっても，過剰プロモーションを悪化させる方向にしか働かないのであれば，輸出促進協議会あるいは産地間連携を通して，各産地ブランドに関するプロモーションの協調的な抑制を進めるべき状態といえる。しかし，各産地ブランドのプロモーション投資をコントロールできない環境にあれば，敢えて，各産地ブランドのプロモーションのみに委ねるという判断もありえる。

　各産地ブランドのプロモーションにおける副作用が改善する場合には，傘ブランドを用いる意義が出てくる。その中でも，傘ブランドのプロモーションによって，各産地ブランドのプロモーションにおける直接効果が一層向上するのであれば，各産地のプロモーションは健全な意味で一層活発となる（図中の矢線⑦が正）。異質性が高く認識されている，あるいは，されるようになれば，各産地にとって戦略効果より直接効果が相対的に重視されるので，こうした状況が発生しやすくなる。以上の場合，ブランディングの基本方針はデュアル・ブランドとなる。

　一方，各産地ブランド間の同質性が高い場合は，戦略効果が相対的に重視されてプロモーションが行われていたことになる。その場合，傘ブランドのプロモーションが副作用を改善させると，各産地のプロモーションも同時に減少していくことになろう（図中の矢線⑦が負）。以上の場合，ブランディングの基本方針は傘ブランドとなる。

　いずれにしても，輸出先市場でのプロモーション効果の現れ方は，容易に予想できない面があるのは，先に紹介した通りである。期待した効果が出るかは，品目ごと，市場ごとに異なることも予想される。導入期での対応を誤ると，日本産全体の輸出先市場への浸透にとって，長期的な影響を及ぼすことが危惧される。導入期の段階で，可能な限り訴求内容とプロモーション効果の現れ方について情報収集を行うこと，そうした情報をブランド採用戦略とプロモーションへ反映させることが重要であろう。

160

第8章 農産物・食品輸出における輸出戦略の理論的検討

5. おわりに

　国内の将来的な需要減少を見越して，海外市場を開拓することは戦略的に必要であるが，現時点では，海外市場は国内産地にとって重点市場といえるほど成長していない。そのため，海外市場については，国内市場の需給調整弁の役目が依然として残されている。国内主要産地が豊作時にスポットでセールを行えるような垂直的マーケティングシステムの構築を期待したい。そのことは，小規模産地の輸出や，卸売市場で調達して輸出する裁定取引を抑制することにも繋がる。海外市場が十分に深耕されていない段階で，国内産地ブランド間の競争が発生している現状は，理想的な状況とは言えない。国内主要産地が輸出における価格基準から脱却を図ることが必要であろう。

　また，輸出におけるブランディングでは，緩やかなデュアル・ブランドとなっていることに注意しておく必要がある。各産地ブランド間の過剰プロモーション投資を抑制するためには，各産地ブランドの個性，差異をスポイルすることなく，傘ブランドとしての強みを訴求することが重要である。個別ブランドの多様性を，日本ブランドの価値として取り込んでいくという対応が一つの出口となる。

　ただし，輸出先市場でのプロモーション効果の現れ方は，品目ごと，市場ごとに容易に予想できない面がある。導入期の段階で，可能な限り訴求内容とプロモーション効果の現れ方について情報収集を行うこと，そうした情報をブランディング戦略とプロモーションへ反映させることが重要であろう。

　最後に，理論分析の限界について触れておく。海外市場への導入期においては，商談会等を通したマッチングによって，よりクローズドな取引関係から始まることが多い。本章のモデルは，こうした状況を想定して排他的なチャネル政策が採られる中で，現地小売業が数量競争を行う状況を想定した。今後，輸出の市場規模が拡大して，市場に厚みが増してくれば，開放的チャネルの形成や他国産との小売段階での価格競争が発生する状況も考えられる。

161

第Ⅱ部　実需者ニーズの把握とマーケティング戦略の構築

開放的チャネルを形成していくべきか否か，また，その時に，プロモーション効果やブランド採用戦略との関係がどのようなものになるかといった検討は今後の分析課題である。

　　［付記］
　　本章は，森高（2014，2016，2018）を元に再編したものである。

［注］
1 ）こうした中で，2016年 2 月 4 日に署名された環太平洋パートナーシップ（TPP）協定は，これまでの 2 国間EPAや日・ASEAN包括的経済連携（AJCEP）協定とは異なり，交渉参加国の多さと経済規模の大きさに特徴がある。加えて，EPAの枠を超えた広範な協議事項を含んでいる。2017年 5 月現在，離脱を表明した米国を除く11か国でTPP協定の批准が模索されている段階である。
2 ）日・シンガポールEPA（2002年11月発効，2007年 9 月改正議定書発効），日・メキシコEPA（2005年 4 月発効，2007年 4 月追加議定書発効，2012年 4 月改正議定書発効），日・マレーシアEPA（2006年 7 月発効），日・チリEPA（2007年 9 月発効），日・タイEPA（2007年11月発効），日・ブルネイEPA（2008年 7 月発効），日ASEAN・EPA（2008年12月から順次発効），日・フィリピンEPA（2008年12月発効），日・スイスEPA（2009年 9 月発効），日・ベトナムEPA（2009年10月発効），日・ペルー EPA（2012年 3 月発効），日豪EPA（2015年 1 月発効），日・モンゴルEPA（2016年 6 月発効）である。
3 ）なお，TPP協定では衛生植物検疫（SPS）措置，貿易の技術的障害（TBT）措置についても各章用意されているものの，具体的な措置が盛り込まれたものではない。TPP体制下で，輸入可能な品目の拡大，および輸入手続き・物流の迅速化などの効果が発揮されるかもしれないが，現在のところ未知数である。
4 ）なお，折れ線の傾きは，経済学的には所得弾力性を示し，奢侈品，必需品，下級財といった財の位置付けを判断するものであるが，海外市場において導入期にある日本産農産物では，多くのマーケティング的投資が行われて，需要拡大を図っている最中であること，また，図の変化が時系列での変化であることを考慮して，所得弾力性としての解釈は行わないこととする。
5 ）農林水産省（2013）における輸出先としての安定国，振興国の分類に従った。以下，同様。
6 ）ブランディング戦略の類型については，Laforet and Saunders（1999）を参照した。

162

第8章　農産物・食品輸出における輸出戦略の理論的検討

7）例えば福田（2013）では中国のコメ消費者のセグメンテーションを行い，日本食マーケットが未成熟な段階では，日本産米のターゲット層に対してオールジャパン・ブランドでのプロモーションが適合的であることを述べている。

8）そうした理由として，例えば神代（2015）は「日本食＝健康」というイメージは，経験知が共通認識化していることによるもので，共通項目の海外では通用しないこと，また，「日本ならではのストーリー」も，全く接点がない中で共感を呼べないことを指摘している。更に，輸出環境の変化も影響を及ぼし得る。石塚他（2014）では原発事故以降，日本産農産物・食品から韓国およびEU圏内のものへ代替が起こったことが指摘されている。また，成田（2014）では，中国産りんごの著しい品質向上を明らかにし，将来的に海外市場において日本産と競合する可能性を指摘している。こうした突発的な事故や競合の登場なども，プロモーション効果の表れ方に影響を及ぼす大きな要因であろう。林（2014）も外国の消費者が実際に求めているものの把握と，安全性等の根拠の提示が重要であることを指摘している。プロモーション効果は環境変化によって流動的なものと考えて観察を続けるべきものと言える。

9）広告投資のモデルについては，Tirole（1988）2.4節，7.3節，Bagwell（2007），丸山・成生（1997）第10章などを参照されたい。

10）詳細は森高（2016）を参照されたい。また，森高（2014）では，北海道と青森のながいも輸出行動について，売上最大化基準（各産地が個別に売上最大化を行う），協力的行動（両産地が総売上額を最大化する），価格基準（国内市場と同等以上であれば輸出する）の３基準について検証し，本来は望ましい戦略ではない価格基準が採られているという結果を得た。これを踏まえて本章では，国内産地の輸出仕向においては，国内市場価格に輸出費用を上乗せした価格で販売し，これを与件として可能なだけの数量を輸出するというヒューリスティックな行動を仮定する。また，現段階で輸出量は産地の出荷量のごく一部であり，輸出量の増減が国内市場価格に影響することもないと仮定する。以上は，輸出先市場において，産地がプライステイカーとして行動していると仮定したに等しく，実態に沿ったモデルの簡略化といえる。

［引用文献］

荒幡克己（1998）「農産物市場における製品差別化に関する一考察」『フードシステム研究』第５巻第１号，pp.2-18。

Bagwell, Kyle. (2007) *"The Economic Analysis of Adertising"*, Handbook of Industrial Organization (Book 3), North Holland, pp.1701-1844.

Balachander, Subramanian., Sanjoy Ghose (2003) "Reciprocal Spillover Effects: A Strategic Benefit of Brand Extensions", *Journal of Marketing*, Vol. 67, Issue 1, pp.4-13.

Cellini, Roberto., Luca Lambertini（2003）"Advertising with Spillover Effects in a Differential Oligopoly Game with Differentiated Goods", *Central European Journal of Operations Research*, Vol. 11, Issue 4, pp.409-423.

福田　晋（2013）「日本産農産物輸出拡大に向けた展開条件」『農業および園芸』第88巻第8号, pp.807-821。

波積真理（2002）『一次産品におけるブランド理論の本質：成立条件の理論的検討と実証的考察』白桃書房, p.208。

林　正徳（2014）「国際市場における品質・安全性規律と貿易戦略」『農業経済研究』第86巻第2号, pp.127-136。

石塚哉史（2013）「農業法人における豚肉輸出の現状と課題に関する一考察―伊豆沼農産の事例を中心に―」『農林業問題研究』第49巻第4号, pp.542-547。

石塚哉史・四カ所信之・根師梓（2014）「東日本大震災・原発事故以降のわが国における中国向け農林水産物・食品輸出の今日的展開―上海市の事例を中心に―」2014年度食農資源経済学会研究報告会配布資料。

ジェトロ・シンガポール事務所（2015）「シンガポールにおける日本食品市場の可能性」ジェトロ資料, p.26。

神代英昭（2015）「日本産加工食品の輸出の現状と課題―国際的知名度と取組主体の規模に注目して―」『開発学研究』第25巻第3号, pp.12-19。

桂　瑛一（1981）「農産物の商品特性と販売促進」『農林業問題研究』第17巻第1号, pp.8-14。

Kinnucan, Henry W., Oystein Myrland（2008）"On Generic vs. Brand Promotion of Farm Products in Foreign Markets", *Applied Economics*, Vol.40, Issue 4-6, pp.673-684.

Laforet, Sylvie. and John Saunders（1999）"Managing Brand Portfolios: Why Leaders Do What They Do", *Journal of Advertising Research*, Vol.39, Issue 1, pp.51-66.

李　哉泫（2013）「農産物の地域ブランドの役割とマネジメント」『フードシステム研究』第20巻第2号, pp.131-139。

Li, Xun., Rigoberto A. Lopez（2015）"Do Brand Advertising Spillovers Matter?", *Agribusiness*, Vol.31, Issue 2, pp.229-242.

丸山雅祥・成生達彦（1997）『現代のミクロ経済学　情報とゲームの応用ミクロ』創文社。

森高正博（2014）「日本の青果物産地における輸出行動―理論的整理とナガイモを事例とした検証―」『食農資源経済論集』第65巻第1号, pp69-80。

森高正博（2016）「農産物輸出におけるマーケティング戦略の課題―ブランディング戦略の観点から―」『フードシステム研究』第23巻第2号, pp.98-112。

森高正博（2018）「農産物輸出におけるマーケティング戦略の課題」『農業と経済』

2018年5月号，pp.29-39。

Nakata, Hiroyuki.（2011）"Informative advertising with spillover effects", *International Journal of Economic Theory*, Vol.7, Issue 4, pp.373-386.

成田拓未（2014）「アジアにおける果実貿易の動向—日中両国産りんごの競合の展望—」『開発学研究』第25巻第1号，pp.11-18。

農林水産省（2011）「農林水産物・食品の輸出をめぐる現状等について」http://www.maff.go.jp/j/shokusan/export/e_senryaku/pdf/4_genjyo.pdf（2016年5月閲覧）。

農林水産省（2013）「農林水産物・食品の国別・品目別輸出戦略」http://www.maff.go.jp/j/press/shokusan/kaigai/130829_1.html（2016年5月閲覧）。

農林水産省（2015）「農林市産物・食品輸出環境課題レポート（2014/2015）」http://www.maff.go.jp/j/press/shokusan/kaigai/pdf/150424-02.pdf（2016年 5月閲覧）。

農林水産省生産局園芸課流通加工対策室（2008）『平成19年度みなぎる輸出活力誘発委託事業（野菜及び果実）検討委員会報告書』http://www.maff.go.jp/j/shokusan/export/e_zikkou_plan/veg_fru/pdf/report_00.pdf（2016年5月閲覧）。

農林水産物・食品輸出戦略検討会（2011）「農林水産物・食品輸出の拡大に向けて」，http://www.maff.go.jp/j/shokusan/export/e_senryaku/pdf/teigen_honbun.pdf（2016年5月閲覧）。

斎藤　修（2009）「地域ブランドをめぐる戦略的課題と管理体系」『農林業問題研究』第49巻第4号，pp.324-335。

Thu・Thanh Tran・福田　晋（2016）「「食料輸出の拡大に向けた課題と展開戦略の解明」に関するシンポジウム」資料，pp.3-15。

Tirole, Jean.（1988）"*The Theory of Industrial Organization*", The MIT Press.

（森高正博）

第9章

酒造業者による輸出マーケティング戦略の展開と課題
―北東北地方の事例を中心に―

1．はじめに

（1）問題意識

　2000年代以降，我が国の政府が主導し，農林水産物・食品輸出拡大の目標を掲げたことに伴い，官民問わず輸出促進の動きは活発なものとなっている。このことは東日本大震災および福島第一原子力発電所事故（以下，「震災・原発事故」と省略）等の影響により，幾度かの目標の再設定が行われているものの，継続して拡大路線を推進したままである。こうしたなかで，2014年6月に閣議決定した「日本再興戦略改訂2014」によると，2020年までに農林水産物・食品の輸出金額1兆円，2030年輸出金額5兆円を目標として取り組むことが公表された。輸出目標金額の達成を目指す上での象徴的な取り組みとして，前年（2013年）に政府が策定した「農林水産物・食品の国別・品目別輸出戦略」において掲げた輸出を促進する体制の構築が挙げられる。具体的には，輸出戦略実行委員会（2014年）を設置し，輸出戦略の司令塔の役割を担わせ，その下に牛肉，コメ・コメ加工品，茶部会，花き部会，水産部会，林産部会を設立したことが挙げられる。

　これらの品目部会の構成をみていくと，コメ・コメ加工品部会，青果物部会のみ，部会を更に細分化した分科会（「日本酒分科会」，「柿，リンゴ等品目別分科会」）を設置する方針が打ち出されている。前述の2つの分科会の対象品目である日本酒および柿，リンゴについては，比較的，多品目も早い時期から輸出実績が確認できるだけでなく，一定程度の規模を維持できてい

167

第Ⅱ部　実需者ニーズの把握とマーケティング戦略の構築

ることを鑑みると，海外にもニーズを有しているものと認知されている。したがって，今後における輸出拡大の実現を検討する上で重要視された品目であることが読み取れよう。

　こうしたことを踏まえて，コメ・コメ加工品の輸出についてみていくと，日本酒が主力品目となっている（コメ・コメ加工品には，主に米，米菓，日本酒が該当している）[1]。政府をはじめとする関係団体等は，コメ・コメ加工品の輸出拡大が実現できるならば，国内需要が停滞している中で国産米の需要拡大や生産者の所得向上にも繋がるものと想定しており，期待度が高い品目に位置づけられている。このことは，従前の関係統計等資料であれば，米菓は加工食品，日本酒はアルコール飲料に分類されるところであるが，農林水産物・食品輸出促進を取りまとめる政府資料では，別途コメ・コメ加工品という項目を設けて分類していることからも，我が国がコメ・コメ加工品の輸出を重要視している姿勢が明らかに現れているといえよう。したがって，コメ・コメ加工品の輸出金額の約70％と過半数以上を占めている日本酒は，その牽引役としての役割が求められている。それに加えて，2013年12月4日に「和食；日本人の伝統的な食文化」がユネスコ無形文化遺産に登録されたことを受け，海外における和食の発信・発展が期待されていることとも相まって，我が国の農林水産物・食品輸出において日本酒の果たす役割は大きなものとなりつつある。

　以上の状況を鑑みて，日本酒輸出に関する先行研究を整理すると，後述の通り，酒税・関税等制度，輸出相手国・地域の市場（消費）動向という日本酒製造業者を取り巻く制度や環境という輸出の外的要素に係る研究成果は蓄積されているものの，事業者（日本酒製造業者）による取組実態や，マーケティング戦略という点の実践事例に対するアプローチに関しては，アメリカ向け輸出への取り組みに言及したものが存在している。しかしながら，後述の通り，現在の多くの国・地域へ渡っている現状に対応できるとは言いがたく不明瞭な点が多いままであるといえよう。前述のように農林水産物・食品輸出の拡大傾向を示す上で期待されており，一定程度の輸出実績を有する日

本酒ではあるからこそ，先行事例の実態調査に基づいた具体的な検証を行うことが必要な段階にあるものと考えられる。

そこで，本章の目的は，日本酒の輸出マーケティングの現段階と課題について明らかにすることにおかれる。具体的には，北東北地方（青森県，岩手県，秋田県）に立地する日本酒製造業者の役員および事業担当者を対象に実施した訪問面接調査[2]の結果に基づき，輸出（海外販売）マーケティング戦略の実態について，製品，価格，チャネル，プロモーションの4Pを中心に着目し，各戦略を現段階と問題点を分析することによって，前出の目的に接近してきたい。

なお，本章において調査対象業者の設定理由は，桃川株式会社（以下，「桃川」と省略）は青森県内において生産量，輸出量が最も多い点，株式会社南部美人（以下，「南部美人」と省略）は岩手県内において輸出量が最も多い点に加えて，日本酒の酒造業者が全国から集まり結成された「日本酒輸出協会」の中核的な役割を担っていた点，秋田清酒株式会社（以下，「秋田清酒」と省略）は秋田県酒造協同組合に所属する酒造業者の中で，輸出事業に積極的な5社から立ち上げられたASPEC（秋田県清酒輸出促進協議会：（Akita Sake Promotion and Export Council））の1社であり，その中でも精力的な輸出を行っている点に注目したためである。

（2）日本酒輸出に関する既存研究の整理

我が国の日本酒輸出に関する主な研究成果として，石田（2009），喜多（2009a，2009b），下渡（2011），日本政策投資銀行（2011），みずほ情報総研（2014）が挙げられる。

石田（2009）は，海外における日本酒の進展度合いを，3段階（第1段階：日本人が経営するレストランで現地在住の日本人が飲んでいる段階，第2段階：日本人が経営するレストランに現地の客が集客できる段階，第3段階：現地の人が経営するレストランに現地の客が集客できる段階）と設定していた）に区分するとともに萌芽的な段階に位置していることを示し，今後の展

第Ⅱ部　実需者ニーズの把握とマーケティング戦略の構築

望を検討した。

　喜多（2009a，2009b）は，海外で消費されている日本酒は現地生産され
たものが主流であり，日本産の輸出品のシェアは20％と限定された範囲であ
る点を明らかにした。その後，日本産が海外産と競争する上で，「高品質・
プレミアム・ブランド力」が必要であると述べた。

　喜多（2012）は，日本酒および焼酎の輸出実態および，海外生産の現状を
分析し，灘・伏見という近畿地方に立地する酒造業者のシェアが半数近く占
めているものの，近年地方ブランドの日本酒輸出が増加傾向を示している点
を明らかにした。

　下渡（2011）は，福島県に立地する大和川酒造を事例に設定し，地方の小
規模な酒造業者が輸出を成功させた要因として，①複数の酒造業者で多品種
を輸出することを提案した点，②代理店を経由して取引している点，③日本
食品に対する現地消費者の評価が高い点，④日本食の普及拡大による相乗効
果が発生する点，の４点を挙げている。この前述の４点を効果的に行うため
の取り組みとして，①事業主体と経営者のネットワークが強いこと，②差別
化された商品をもっていること，③現地市場に直接積極的にコミットしてい
ること，④多品種の品ぞろえを可能にすることにより，消費者の選択肢を広
げたこと，⑤輸入代理店の役割を重視し，輸入業者と良好な信頼関係を築き
上げたこと，の５つが必要であると述べている。

　日本政策投資銀行（2013）は，國酒の定義や歴史，日本酒業界の現状を整
理している他に，海外での主要な日本酒の品評会の紹介や，輸出する際の一
般的な流通事情やコストについて，酒造業者の経営や戦略の分析・整理を行
い，輸出に限らず，酒造業者が取り組むべき４つの戦略を整理している。第
１は，國酒の法的整備，国内統一の原産地呼称管理制度の導入，統一ラベル
の導入，のブランディング戦略を述べている。第２に，中小規模の酒造業者
の共同研究・共同開発の体制整備，産学連携等の外部研究機関の活用という
商品戦略である。第３は，国内の需要喚起イベントの推進と，大手小売・卸
売業者と連携した地域別戦略という国内市場開拓戦略である。最後が，有効

170

なプロモーション戦略の立案，地域単位での海外輸出体制の整備，SOPEXA
との業務提携によるネットワークの構築といった海外市場開拓戦略と指摘し
ている。

みずほ情報総研（2014）は，①輸出先の市場調査として，酒類の市場動向
（フランス，イギリス，中国，台湾，韓国，ブラジル，ロシア），②輸出戦略
上の重要国・地域の輸出促進団体の活動状況，の2点を整理して，我が国全
体が行う日本酒の効果的なマーケティングのあり方を述べている。そして，
日本酒の国家的マーケティングの実施に「司令塔機能」，「大規模PR機能」，「連
絡・調整機能」の3つの機能が必要であると指摘した。

以上の点を整理すると，日本酒輸出に関して，既存研究では国の政策や海
外市場，海外の輸出事業，流通や関税等の現状や課題を明らかにしたものは
存在しているものの，酒造業者が輸出事業に対して，どのようなマーケティ
ングを行っているのか明らかにした研究成果はあまり見受けることができず，
酒造業者による輸出事業の取り組み実態や意義，輸出マーケティングの現状
や課題は不明瞭になっている。

そこで本節以降では，前節で示したように酒造業者による輸出マーケティ
ングについて言及していくこととする。

2．最近のわが国における日本酒輸出の動向

図9-1は，日本酒の輸出数量の推移を示したものである。現在，日本酒の
輸出実績は1988年の数値から確認することができ，当時と比較すると現在で
は2倍以上に拡大している。その後，2000年代に入り，前述の官民一体によ
る農林水産物・食品輸出促進の動きが見られ，アメリカ，韓国への輸出が活
発となり，輸出数量は増加傾向を示している。2011年に震災・原発事故が発
生したものの，大幅な減少を示すことなく増加傾向を継続させ，2013年には，
1万6,202kℓと過去最高の輸出数量を計上するに至った。次に単価をみると，
1988年に約600円（1升（1.8ℓ）当たり販売価格）から，現在（2013年）で

171

第Ⅱ部　実需者ニーズの把握とマーケティング戦略の構築

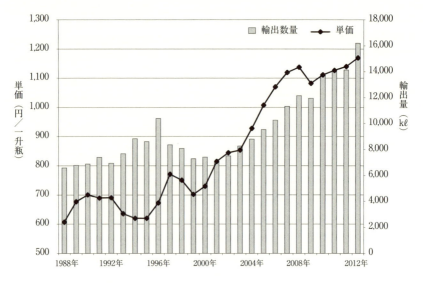

図9-1　日本酒における輸出量及び単価の推移
資料：財務省『貿易統計』各年版から作成。

は1,100円台と倍近くに迄価格が上昇している。これは吟醸酒に代表される特定名称酒等高価格帯の米国向け輸出が増加したことが原因といわれている。

図9-2は，最近の日本酒輸出金額の推移と上位国・地域の構成を示したものである。この図から，2013年の日本酒輸出金額は，108億3,400万円であり，統計を取り纏めて以降初めて100億円台に達することになった。主要な輸出相手国・地域は，アメリカ，香港，韓国，台湾，中国である点が読み取れる。とりわけ，アメリカが輸出金額の最上位を維持しており，近年は30～40％程度の比率を占めている。アメリカへの輸出金額が多い理由は，他国・他地域よりも早い段階から日本食レストランが普及[3]していることが要因として挙げられる。ここで注目すべき点は，近年における香港及び韓国の伸びである。次いで第2位の，香港の増加は2008年にアルコール度数30％以下の酒類物品税が撤廃された点が影響している。

172

第9章　酒造業者による輸出マーケティング戦略の展開と課題

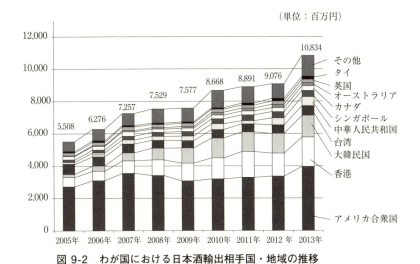

図 9-2　わが国における日本酒輸出相手国・地域の推移

資料：図9-1と同じ。

3．日本酒製造企業における輸出事業の特徴

(1) 調査対象企業の概要

1) 桃川

桃川は，1889年に創業した青森県上北郡おいらせ町に立地する日本酒製造企業である。資本金5,000万円，従業員数80名，2013年の販売量1,900kℓ，同販売額13億4,100万円であった。輸出開始時期は1985年であり，商社からの斡旋を受け試験的な販売を行ったことが契機となっている。調査時点では，17カ国・地域への輸出実績（韓国52％，アメリカ42％）を有しており，販売量に占める輸出量の比率は4％であった。

2) 秋田清酒

秋田清酒は，1865年に創業された秋田県大仙市に立地する日本酒製造企業である。資本金4,500万円，従業員数40名，2013年の販売量753kℓ，同販売額

173

第Ⅱ部　実需者ニーズの把握とマーケティング戦略の構築

8億1,000万円であった。輸出開始時期は1987年であり，輸出の契機は，1986年にアメリカで日本食材の流通やプロモーション活動の支援を行っている商社が主催する視察に参加したことである。2006年に秋田清酒は，秋田県酒造組合内に設置されたASPEC[4]に参画し，中心的なメンバーとして事業運営に取り組んでいる。調査時点では，21カ国・地域への輸出実績（アメリカ50％，フランス10％，スウェーデン10％）を有しており，販売量に占める輸出比率は7％であった。

3）南部美人

　南部美人は，1902年に創業された岩手県二戸市に立地する日本酒製造企業である。資本金2,000万円，従業員数30名，2013年の販売実績540kℓ，同販売額7億円であった。

　輸出開始時期は1997年であり，同年に設置された日本酒輸出協会[5]の中核的な役割を果たす企業である。JALのファーストクラスの機内酒やFIFAワールドカップでの公式認定酒（スタジアム，プレスルームで提供）に選定される等，近年における海外でのプロモーション活動に精力的な点が特徴的な企業である。調査時点では，27カ国・地域へ輸出実績（アメリカ40％，イギリス13％，香港10％，韓国8％）を有しており，販売量に占める輸出量の比率は10％であった。

（2）桃川による輸出事業の今日的展開

1）製品・チャネル戦略

　海外での販路確保を実現するために，輸出相手国・地域に応じて製品を変化させることを重視していた。具体的には，最大輸出相手国・地域である韓国では紙パック容器（900mℓ）の「純米酒」が主流（韓国向け輸出量の70％）であった。事業担当者によると，主要な販路が居酒屋等であり，消費者も中間層が多いことから前述の比較的価格の抑えた商品群を流通させていた。その他にもアメリカでは，視覚と味覚に印象づけやすい「にごり酒」の比率を

174

第9章　酒造業者による輸出マーケティング戦略の展開と課題

表9-1　調査対象企業の概要

会社名	桃川株式会社 （青森）	秋田清酒株式会社 （秋田）	株式会社南部美人 （岩手）
創業	1889 年	1865 年	1902 年
代表者	島田　勝	伊藤　洋平	久慈　浩介
販売数量	1,900 kℓ（10,556 石）	753 kℓ（4,185 石）	－
販売金額	13 億 4,100 万円	8 億 1,000 万円	約 7 億円
従業員数	約 80 名	約 40 名	約 30 名
製造商品	低価格帯から，高価格帯まで幅広く	高価格帯を中心に，低価格帯も	特定名称酒のみを製造
輸出開始年次	1985 年	1987 年	1997 年
輸出の契機	アメリカの関連会社（酒造業者）への販売	アメリカでの視察	アメリカへの留学
輸出量	7 万 361 ℓ	5 万 2,637 ℓ	5 万 5,420 ℓ
輸出量の占める割合	3.7%	7.0%	8〜9%
主要販路 1 位	韓国（50.7%）	アメリカ（50%以上）	アメリカ（約 30〜40%）
主要販路 2 位	アメリカ（41.6%）	スウェーデン（約 10%）	イギリス（約 12〜13%）
主要販路 3 位	その他（7.7%）	フランス（約 10%）	香港（約 10%）
主要販売先	アメリカの関連会社および現地卸売業者	商社	商社
輸出相手国・地域数	17	21	27

資料：調査結果を基に筆者作成。
注：1）桃川株式会社は2012FY，秋田清酒株式会社は2013FY，株式会社南部美人は2013FY（主要販路と輸出相手国数に関しては2014FY）の情報を記載している。
　　2）輸出相手国数は，現在までに輸出の経験がある国数を示している。

高めている点（アメリカ向け輸出量の40%）も指摘できる。アメリカでの販売先は現地商社を経由して外食産業へ販売されている。

2）価格戦略

　内外価格差や輸送量等の存在から，現地での販売価格が他の製品よりも高額になることを抑制するために，韓国向け輸出では，自社が立地する県内港湾（八戸港）の利用（青森県による補助事業も存在）を推進し，東京・横浜港を利用するよりも1コンテナ当たりの輸送コストを20フィートコンテナで10万円（通常は12〜13万円程度）に抑えることが可能となった。それに対

175

第Ⅱ部 実需者ニーズの把握とマーケティング戦略の構築

して，少量の取引の多い輸出相手国・地域では同業他社との共同輸出により，コストの軽減を図り，販売価格の上昇を抑えている。混載する桃川以外の日本酒製造企業は吉乃川（新潟県長岡市）である。共同輸出を行う際には，吉乃川は低価格な大衆消費仕向の純米酒，桃川は大吟醸酒やにごり酒を中心とした高価格帯というような品目による棲み分けを推進していた。

3）プロモーション戦略

桃川は，輸出相手国・地域の販売先企業との情報交換を目的として，国内外の品評会・商談会を積極的に利用して自社製品のPRを進めていた。韓国では見本市をはじめ，青森県酒造組合及び自治体主体によるイベントを中心に参加することで継続的にプロモーションを行っている。また，プロモーション活動の一環としてIWC（世界最大規模のワイン品評会におけるSAKE（日本酒）部門のみの品評会）へ出品している。IWCにおいて受賞対象となった日本酒は，外務省のHPに商品が掲載されることが可能になるだけでなく，在外公館等における試飲会や外交関係の催事等に用いられる機会が多く，海外の消費者へ広く認知させるための効果が一定程度存在しているため，桃川はSAKE部門が設置された2007年以降，毎年出品を行っている。

（3）秋田清酒による輸出事業の今日的展開

1）製品戦略

輸出に対応する製品を特定名称酒（純米大吟醸，大吟醸，純米吟醸，吟醸，特別純米，純米，特別本醸造，本醸造）を中心に設定している。調査時点では30品目が対象となっており，輸出仕向製品の種類が多い点が理解できる。それに加えて，現地の嗜好や要望に対して新製品開発に取り組んでいる。具体的には，アメリカで市場調査や展示会に参加した際に甘口より辛口の需要が存在する点を考慮した輸出向け製品として刈穂「極辛口なまはげ」を開発した取り組みがあげられる。

第9章　酒造業者による輸出マーケティング戦略の展開と課題

2）価格戦略

　主要な輸出品目は，一升瓶（1.8ℓ）当たり平均価格が3,894円と高額な価格設定となっていた。平均輸出価格（単価）で比較すると，最も高い単価の国・地域である香港（1,800円）は，輸出上位10カ国・地域の平均額（1,200円）よりもかなり高価格に設定していることが理解できる。こうした価格設定を行う背景は，富裕層向けのニーズを鑑みた高付加価値化戦略に基づいたものであり，秋田清酒のブランドイメージを保持することを目的に行われていた。

3）チャネル戦略

　輸出相手国・地域においてインポーター間で競争が発生することを未然に防ぐために，原則として輸出相手1カ国・地域に対して，1社のインポーターの利用を徹底していた。最大輸出相手国・地域であるアメリカでは，2008年から富裕層向けのワイン専門商社「ワインボー社」との契約を締結している。なお，調査時点の販路は，飲食店60％，小売店（ワイン専門店）40％であった。

4）プロモーション戦略

　秋田清酒によるプロモーションは，①自社による出張営業，②業務委託，③各展示会や品評会への参加，④ASPEC関係の，4点のプロモーションが挙げられる。基本的に地方自治体やJETROが主催する主要な鑑評会等（全米日本酒歓評会，IWC等）へ参加している。秋田清酒のプロモーション戦略には，ASPECのパフォーマンスが大きい。自社単独ではなく，5社共同で取り組むことが可能なためにプロモーションに要する費用負担を軽減できるメリットが存在している。

（4）南部美人による輸出事業の今日的展開

1）製品戦略

　南部美人は，輸出相手国・地域によって品目や販路を変更しない方針を採

177

第Ⅱ部　実需者ニーズの把握とマーケティング戦略の構築

用しており，2品目で輸出総量の過半数を維持するよう固定化している。製品を集中させる代わりに英文標記のラベルを用いた輸出専用製品を開発している（南部美人（nanbubizin）から，「SOUTHERN BEAUTY）と記載）している。残りの主力品目は「南部美人特別純米酒」（岩手県内で栽培される酒米「ぎんおとめ」を使用した純米酒）であり，輸出相手国・地域の27カ国・地域全てで販売（総輸出量の約40％を占有）している。

　2013年にはコーシャ認定（ユダヤ教の戒律に沿った，ユダヤ教徒が食べてよいものを指す）を受け，更なる販路拡大に取り組んでいる。認定を取得した目的は，①アメリカではユダヤ人が一定程度居住している点（JETRO推計：約672万人（総人口の2.1％，ニューヨーク州の9.0％）），②コーシャ食品はアメリカの食品売上額の約1/3に相当している点，③アメリカ在住ユダヤ人に富裕層が多い点，の3点があげられる。それに加えて，コーシャ認定を受けた日本酒製造企業は4社しか存在しておらず，アメリカで他の日本酒製造業者との差別化が有効に行えると判断していた[5]。

2）価格戦略

　前項の秋田清酒の事例とほぼ同様で高価格帯を中心に，富裕層向けに限定した輸出を行っていた。現地では基本的にどの製品も末端価格（日本食レストラン等）で国内の3〜4倍で販売されており，日本酒の中でも現地で高い商品と位置づけられている。

3）チャネル戦略

　輸出相手国・地域への販売に関しては，問屋を経由した間接輸出を行っている。桃川や秋田清酒と同様に南部美人も日本酒製造企業（福島県「人気酒造）との混載による輸出を行っている。具体的な内容は，南部美人がその首都圏の港湾に近い提携先企業（人気酒造）へ製品を送り，その地点から混載で輸出を行っている。日本酒を良い品質状態で輸送するためにリーファーコンテナの利用が有効であるが費用が嵩むため，輸送費用を最小限にすること

178

を目的として，混載による共同輸出を志向している。

4）プロモーション戦略

　輸出開始当初から，社長が直接海外へ赴いて品評会や展示会をはじめ，直接日本酒の説明等トップセールスを積極的に行っている。具体例を挙げると，アメリカ国内で著名なソムリエ等を中心に，日本酒への理解を促すセミナーを開催している（年3～4回実施）。それに加えて，飲食店向けセミナーも開催しており，日本酒の歴史，製造方法，歴史等を説明後，味を確認するプログラムを各地で繰り返し実施していた。現在では現地企業との契約によりプロモーション活動を委託している事例も存在している。とりわけ，最大輸出相手国・地域であるアメリカでは，サケディスカバリーズ（ニューヨークに立地する日本酒を専門としてプロデュースする企業）との契約を締結し，南部美人の従業員が，直接現地に訪問した場合と比較して安い費用かつプロモーションを行うことが可能としていた。

4．おわりに

　本章では，日本酒製造業者による輸出マーケティングの現状と課題について，北東北地方に立地する企業を対象とした調査結果を中心に検討してきた。最後にまとめとして，前節までに明らかとなった点を整理し，残された課題を示すと以下の通りである。

　日本酒製造業者による輸出マーケティングの主要な特徴は，①製品の現地適応化が重要である点，②同業者間の共同輸出による混載を実現し，水平的チャネルシステムの構築するケースが多い点，③海外の展示会や商談会，品評会等を積極的に利活用したプロモーションが活発な点の3点が明らかとなった。

　まず①は，現地適応化の方法として「現地に合わせた既存製品の選択」，「既存製品の調整」，「新製品の開発」，の3つの方法によって現地での流通に対

179

第Ⅱ部　実需者ニーズの把握とマーケティング戦略の構築

応していた。

　次に②は，同業他社との連携による共同輸出がポピュラーな点が確認でき
た。このことは中小・零細規模の企業が多い日本酒製造企業が継続して輸出
事業へ取り組む上で克服すべき課題（輸送コスト，ロットの確保等）の解決
に有効であった。現段階でこの同業他社との連携には，コンテナに製品を混
載し，輸送のみ連携するケース，複数の酒造業者で団体を結成し，輸出事業
に取り組むケース，の2つが見受けられた。

　最後に③であるが，各酒造業者は輸出相手国・地域で販路確保や新規販路
の開拓を目的として現地の各大会へ継続的に参加していることが明らかにな
った。こうした取り組みに対して，地方自治体および業界団体が支援してい
るケースは多いものの，先進的な取組を示している企業では自主財源で取り
組みはじめつつあることが確認できた。

　以上の様に，各事例では様々な課題の解決に取り組み，販路確保を実現し
ていた。しかしながら，現段階では幾つかの課題が存在している。第1は，
事例企業に代表される先進的な輸出事業に取り組んでいる企業であっても，
現時点では輸出事業の規模は10％以下の限定的なものという点である。第2
は，本章の各事例に共通している点として，最大輸出相手国・地域がアメリ
カであった。今後もこのような動向が継続するならば，市場の飽和や他社と
の競合の激化を引き起こすことに繋がっていくものと想定される。従って，
標的市場の選択というターゲット・マーケティングの高度化・成熟化が必要
な段階になりつつある。つまり，新規参入企業は他社との差別化や棲み分け
が重要なポイントであることが示唆されていよう。

［注］
1）「米」は精米や包装米飯であり，「米菓」はあられ，せんべいを指している。
2）調査の実施にあたっては，JSPS科研費26252037，16K07887の助成を受けたも
　　のである。
3）農林水産省によると，世界に日本食レストランと呼称されるものは2万4,000
　　店存在しており，その地域分布をみると，北米が最も多く，1万7,000店が存

在している（2013年時点）。

4）秋田県内の日本酒製造企業5社で構成された「秋田県清酒輸出促進協議会（Akita Sake Promotion and Export Council）」の略称。主要業務は秋田県やJETROの支援を受け，海外での試飲会やプロモーションを行うことである。

5）①高品質な日本酒の輸出促進，②海外市場でのマーケティングに係る情報提供，③海外での日本酒の普及・啓蒙活動の実施，を目的に日本酒製造企業20社で構成された組織。

6）残りの3社は旭酒造（山口県），菊水酒造（新潟県），加藤吉平商店（福井県）である。

[引用文献]

石田信夫（2009）「世界に離陸したSAKE」『日本醸造協会誌』第104巻第8号，pp.570-578。

石塚哉史（2015）「農産物・食品輸出戦略の現段階と課題に関する一考察」『フードシステム研究』第22巻第1号，pp.38-43。

喜多常夫（2009a）「お酒の輸出と海外産清酒に関する調査（1）」『日本醸造協会誌』第104巻第7号，pp.531-545。

喜多常夫（2009b）「お酒の輸出と海外産清酒に関する調査（2）」『日本醸造協会誌』第104巻第8号，pp.592-606。

喜多常夫（2012）「「成長期」にあるSAKEとSHOUCHU」『日本醸造協会誌』第107巻第7号，pp.458-476。

下渡敏治（2011）「日本産の農産物・食品輸出とアジア市場への挑戦」財団法人常陽地域研究センター『JOYO ARC』第43巻第497号，pp.6-13。

日本政策投資銀行地域企画部（2013）『清酒業界の現状と成長戦略〜「國酒」の未来〜』。

みずほ情報総研社会政策コンサルティング部（2014）『平成25年輸出拡大推進委託事業のうち国別マーケティング調査報告書（日本酒の輸出に関する国全体の効率的なマーケティングに関する調査）』。

（石塚哉史・安川大河）

第10章

ドイツへの緑茶輸出にみるチャネル戦略の重要性

1．はじめに

（1）背景

　緑茶とりわけリーフ茶は，国内の需要減退に伴う市場縮小（辻 2015）とは裏腹に，海外への輸出機会の拡大が見込まれている品目として注目されている。緑茶は過去10年間（2006～2015）において1,576tから4,127tへと大幅な輸出量の拡大を成し遂げ，輸出額（2015：101億円）100億円を突破した数少ない農産物加工品である[1]。

　本章は，こうした緑茶輸出への期待を念頭に入れ，欧州向け茶製品の販売チャネル選択及びその管理のあり方にアプローチした。欧州諸国への緑茶輸出においては，荷姿を3kg未満とする製品の輸出量シェアが比較的に高いアジア諸国やアメリカ向けの緑茶と違って，3kg以上のバルク状態の輸出シェアが圧倒的に高い（杉田 2006, p.112）という事実に接したことが本研究の重要なモチーフである。

　バルク状態で輸出する緑茶は，輸出先国の販売企業によって，小分け・包装作業を加えたコンシューマーパックとして製品化されることが考えられる。しかしながら，欧州地域に日本茶製品を展開するサプライヤーがどのような製品を製造し幾らで販売しているか，また日本の製茶企業が訴求する製品知識・価値が輸出先市場の製品にも担保されているのかなど，輸出先国の製品情報は余り知られていない。そこで，本研究では，ドイツの小売店舗に陳列する日本茶製品の製品ラインから読み取れる日本茶販売の実態を捉えることにした。

183

第Ⅱ部　実需者ニーズの把握とマーケティング戦略の構築

（2）研究の目的と視点

　本章では，日本茶をドイツ始めヨーロッパへ輸出するにあたっては，輸出先国の消費者に届けるまでのチャネル選択やチャネル管理が重要であるという認識を促すことを目的としている。

　マーケティングにおいてチャネルとは，「製造業者が製品を消費者まで届けるルート」（尾上・恩蔵ほか 2010, p.193）である。なお，製造業者が如何にチャネルを設計し，それを管理するかを定めることを「チャネル戦略」というが，「製品（products）戦略」，「価格（price）戦略」，「プロモーション（promotion）」と並んで「プレイス（place）戦略」とも言われ，マーケティング戦略すなわち4Pミックスの一つの重要なパーツをなしている（尾上・恩蔵ほか 2010, p.16）。

　チャネル戦略は，自社製品の特徴，ターゲット顧客の購買行動，製品の供給力に合致するチャネル構造の設計[2]やチャネル選択からスタートする。製造業者が選択するチャネルは，通常，卸売業者，小売業者であるが，卸小売の流通機能を自社内の販売事業部門に内部化しているケースもあれば，自社製品のみを取扱う販売代理店などを展開するケースもある。

　一方，チャネル戦略の実行においては，「流通業者の活動を統制し，チャネルを通じて製品差別化を達成」（鷲尾 2010, p.102）する手段としてチャネルの管理が欠かせない。

　ところが，ドイツの小売店で観察した多くの日本茶販売コーナーにおいては中国産や韓国産の緑茶製品が日本茶と一緒くたに陳列されているケースも散見される。また，価格に反映されるべき茶種や品質，さらには製品ごとの差別性を消費者が自覚できる手段は提供されていない。国内の製茶企業は，自ら打ち出したチャネル戦略に基づき，果たしてチャネルの選択及びチェンネル管理を行なっているのかという疑問を拭い去れない。

　このように，ドイツの日本茶の製品販売に，日本の製茶企業のチャネル管理が及ばない理由の一つに，日本茶の輸出におけるチャネル間の取引関係が，

184

第10章　ドイツへの緑茶輸出にみるチャネル戦略の重要性

輸出先国のサプライヤーの必要に応じてスポット取引を繰り返す市場的取引
（結衣 2011, p.2）であることが関係しているのではないかと推測した。

　そこで，国内の製茶企業が輸出先国に現地法人を設立し製品販売に積極的
に関与する事例のケーススタディを実施し，「協調関係」に基づく中間組織
的な取引関係（結衣 2012, p.180）と市場的取引の違いを確認した。

　このような，ドイツにおける日本茶のマーケットサーベイやケーススタデ
ィの結果は，日本茶のチャネル構造とチャネルアクター間取引関係の特徴と
して整理した後に，そこから読み取れる，欧州向け緑茶のチャネルの選択や
管理をめぐる争点と今後の展望を述べて本章を結びたい。

（3）研究方法

　日本茶製品の観察にあたっては，あらかじめ茶専門小売店，オーガニック
専門店，大手スーパーチェーン[3]という三つのカテゴリに区分した上で，各々
のカテゴリに合わせて「Ronnenfeldt」「Super BioMarkt」「ROSSMANN」
「HANARO MART」という四つの店舗を選択・訪問し，当該店舗に陳列さ
れている茶製品別の製品形態，製品価格を記録した[4]。

　一方，ケーススタディに関しては，鹿児島県の大手製茶企業＝株式会社下
堂園（以下に，下堂園とする）がドイツのM氏と共同出資によりディーポル
ツ（Diepholz）に設立したShimodozono International GmbH（以下にSIと
する）を，国内の製茶企業のチャネル戦略が実行力を有する事例として取り
上げている。なお，ケーススタディでは，株式会社下堂園への訪問が先行さ
れ，そのインタビュー結果を持ってドイツのSIへの調査を実施した。

　一方，第1節のドイツにおける茶製品市場の構造と特徴の整理に当たって
は，ハンブルグ（Hamburg）に所在する「ドイツ茶協会（Teeverband）」
への訪問インタビューの際に提供された情報が多く活用されている。

185

第Ⅱ部　実需者ニーズの把握とマーケティング戦略の構築

２．ドイツにおける茶製品市場の構造と特徴

（１）ドイツの緑茶輸入動向にみる日本産緑茶

　2014年度に，日本からの緑茶輸出量は3,516t，輸出額は78億円であったが，このうち，ドイツに仕向けられた輸出量（246.3t）及び輸出額（10.4億円）のシェアは，各々7.0％と13.4％である（**表10-1**）。輸出量では，アメリカ，台湾，シンガポールに次ぐ４番目に大きい輸出先国であり，輸出金額は，アメリカの次に２番目に大きい。なお，ヨーロッパ諸国へ仕向けられる緑茶の大半（輸出量の58.2％，輸出額の65.4％）はドイツへ送られているが，ドイツは，（イギリスを除く）ヨーロッパ諸国が輸入する茶の集散地機能を果たしているからである。

　ドイツにおける茶[5]の輸入量は，2014年において58,291tと集計されているが，そのうち，46.4％（27,045t）はドイツ以外のヨーロッパ諸国へ移出した数量である。一方，ドイツが輸入する茶の29.2％（17,020t）は緑茶であり，うち8,105t（30％）はドイツ国外へ移出されている（**表10-2**）。ドイツ国内に留まる輸入茶数量の約30％（8,915t）が緑茶であることから，紅茶のそれ（70％）に比べて狭隘な緑茶市場のイメージを描くことができよう。

表 10-1　緑茶の輸出先国・地域（2014）

輸出先国・地域		輸出量　Q（ t ）	金額　P（億円）		Q％	P％	千円/kg
	世界	3,516.1	78.0	順位	100.0	100.0	2.22
1	アメリカ	1,549.5	34.2	1	44.1	43.8	2.20
2	台湾	570.1	5.8	4	16.2	7.5	1.02
3	シンガポール	255.7	7.9	3	7.3	10.2	3.11
4	ドイツ	246.3	10.4	2	7.0	13.4	4.24
5	カナダ	199.8	3.5	5	5.7	4.5	1.75
圏域	EU（スイス含む）	432.4	15.9		12.3	20.4	3.67
	アジア	1,222.3	22.3		34.8	28.5	1.82
	北米	1,749.3	37.7		49.8	48.3	2.15

資料：財務省「貿易統計」当該年度。

第10章 ドイツへの緑茶輸出にみるチャネル戦略の重要性

表10-2 ドイツの輸入茶数量の推移（2003～2014）

年度	輸入量（t）			移出量（t）			国内仕向け（t）		
	(A)	緑茶(B)	B/A %	(C)	緑茶(D)	D/C %	Total(E)	緑茶(F)	F/E %
2003	45,783	7,662	16.7	18,752	2,989	15.9	27,031	4,673	17.3
2004	43,403			21,637			21,766		
2005	41,691			22,127			19,564		
2006	46,786	11,648	24.9	25,302	4,689	18.5	21,483	6,959	32.4
2007	48,406			24,033			21,483		
2008	50,769			26,980			23,780		
2009	44,267			25,972			18,895		
2010	50,839	13,182	25.9	25,941	6,216	24.0	24,898	6,966	28.0
2011	53,768			27,296			26,572		
2012	56,431	15,015	26.6	26,556	6,740	25.4	29,875	8,275	27.7
2013	55,202			26,143			29,059		
2014	58,291	17,020	29.2	27,045	8,105	30.0	31,246	8,915	28.5

資料：Teeverband の提供資料より。
注：緑茶の輸入数量は，インタビューの際に提供された資料から確認できた年度のみを示している。

　とはいえ，2000年以降のドイツの緑茶輸入量は，2003年の7,662tから2014年の17,020tへと拡大している中で，ドイツ国内に仕向けられる緑茶輸入量は2003年の4,673tから2014年の8,915tに到るまで徐々に拡大している（**表10-2**）。

　一方，ドイツが輸入する茶の輸入元国・地域をみると，中国（24.6％），インド（18.1％），スリランカ（14.3％）からの輸入量シェアが比較的に大きく，インドネシア（7.4％），ベトナム（4.4％），その他アジア諸国（6.3％）を含むアジアからの輸入量シェアが75.1％と圧倒的に高い（**表10-3**）。なお，アジア以外の輸入元国としては，アフリカ諸国（9.7％）や南アメリカ諸国（6.3％）が一部含まれている。ちなみに，日本からの輸入量は，その他アジア諸国の一部としてカウントされている。

　ドイツ（2014年）は，日本より284tの茶を輸入しているが，そのうち99％は緑茶（281.2t）である（**表10-4**）。過去5年間（2010～2014）の日本茶の輸入量推移を見れば，2011年の福島原発事故の風評被害により一時的に減少したものの，拡大趨勢にあることがみて取れる。なお，日本からの緑茶輸入

187

第Ⅱ部　実需者ニーズの把握とマーケティング戦略の構築

表10-3　ドイツの茶輸入元国・地域別の輸入シェア（2015）

輸入元国・地域	%
中国	24.6
インド	18.1
スリランカ	14.3
アフリカ	9.7
インドネシア	7.4
南アメリカ	6.3
その他アジア諸国	6.3
EU諸国	6.3
ベトナム	4.4
その他	1.9
ロシア，グルジア	0.8
合計	100.0

資料：Teeverband（2015）Tee als Wirtschaftsfaktor より。

表10-4　ドイツが輸入する日本茶の概要（2010〜2014）

FY	緑茶Ⅰ 3kg未満 A	3kg以上	合計1 B	A/B %	紅茶Ⅱ 3kg未満 C	3kg以上	合計1 D	C/D %	I+Ⅱ E	B/E %
2010	50.3	128.3	178.6	28.2	0.5	17.8	18.3	2.7	196.9	90.7
2011	50.4	121.9	172.3	29.3	3.0	0.1	3.1	96.8	175.4	98.2
2012	33.3	91.5	124.8	26.7	2.2	2.3	4.5	48.9	129.3	96.5
2013	62.6	161	223.6	28.0	0.3	1.6	1.9	15.8	225.5	99.2
2014	62.2	219	281.2	22.1	0.2	2.6	2.8	7.1	284.0	99.0

資料：表10-2に同じ。

量が，**表10-2**により確認したドイツの緑茶輸入量に占める割合は約1.6％と少ない。また，日本から輸入する緑茶の荷姿を見れば，約78％が３kg以上のバルク状態の輸入であり，３kg未満のコンシューマーパックの輸入量シェアは約22％と少ない。ちなみに，３kg未満の輸入量シェアは徐々に低下している（**表10-4**）。

　ところで，1990年代前半まででドイツが輸入する緑茶の20〜25％は日本の緑茶であった（**図10-1**）。しかし，1996年以降は，日本産緑茶の輸入シェアは大幅に低下しており，輸入量そのものも2000年以降において激減している。これには，1999年に発生した高いレベルの残留農薬の検出による輸入停止が

第10章　ドイツへの緑茶輸出にみるチャネル戦略の重要性

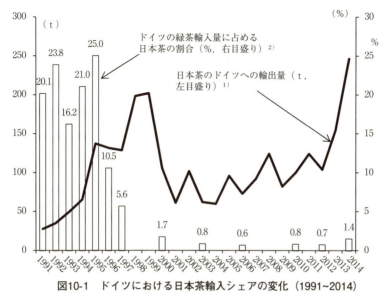

図10-1　ドイツにおける日本茶輸入シェアの変化（1991~2014）

資料：財務省「貿易統計」及びTeebverbandの提供資料より。
注：1）日本緑茶のシェアが示されていない年次については，データが得られなかった。
　　2）Teeverbandが把握している輸入量と一致しないことに注意が必要である。

影響している。そのほかにも，ドイツ国内の緑茶需要の拡大に伴い，相対的に価格の高い日本緑茶が中国産などに代替されてきたことも関係している。

こうした中，2000年以降において100t前後にまで減少した日本の緑茶輸出量は，年を追って徐々に拡大しつつ，2013年以降には急激な輸出増加が見られ，2014年には過去最高の輸出量（246.3t）を記録した。その背景には，ドイツ国内の緑茶需要の拡大，空前の抹茶ブームのほか，有機茶輸出への努力等々の複合的な要因が働いている。

（2）ドイツの茶製品市場の構造と特徴

1）輸入・仕上げ・販売企業の存在

ドイツにおいては，創業から古い歴史を持つ32社の老舗ともいうべき企業が，原料茶の輸入から製品仕上げ・販売を担っている。ドイツ茶協会によれ

第Ⅱ部　実需者ニーズの把握とマーケティング戦略の構築

ば，これら32社の製品販売額が有するドイツ国内市場シェアは90％以上であるという。

　同協会の説明によれば，これら企業の大部分は中小規模の家族経営であり，各々が独自のブレンド技術，仕上げ製法を用いた製品づくりを行なっている。製品の販売については，多くの企業が専門小売店に自社ブランドを展開しているが，その専門小売店の一部は製茶企業の直営店舗もしくはフランチャイズ店である。また，製品の多くは大手スーパーチェーンや食品卸売企業にも納品されている。ただし，納品先の小売企業のプライベートブランドとして提供されるケースは希であるという。なお，原料茶の仕入れは，自社バイヤーと輸入元国のブロッカーとの個別相対取引を中心とする仕入れルートが古くから確保されている。

2）製品形態と飲用度合い

　まず茶製品の販売に占める紅茶のシェアは75.5％に対して，日本茶が主力製品とする緑茶の同シェアは24.5％である（Teeverband 2015）。ドイツの消費者が購入する茶製品の60％はリーフ茶であり，残り40％はティバックもしくはスティック製品である。ドイツの消費者1人当たりの年間茶飲用数量は27.5ℓと集計しているが，これを緑茶販売シェアで按分すれば，緑茶の1人当たりの年間消費量は約6.7ℓ程度と推測できよう。

3）茶製品の販売チャネル

　図10-2は，上述のドイツ茶協会のメンバー（32社）の茶製品の販売先別の販売額シェアの推移を示した。2014年には「スーパーマーケットや量販店」への販売額シェアが50.9％として最も高く，「茶専門小売店（17.4％）」のシェアが2番目に高い。その他の販売先としては，「食品卸売企業」，通販などによる消費者への「直接販売」，食品メーカーへの「加工向け」販売，「その他」がある中で，「その他」への販売額シェアが17.8％として比較的に高い。なお，この「その他」という販売先の多くは，「Turkyshi Store」[6]と「オ

190

第10章　ドイツへの緑茶輸出にみるチャネル戦略の重要性

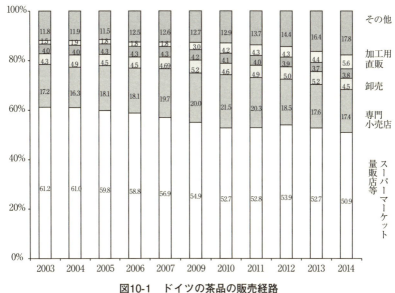

図10-1　ドイツの茶品の販売経路

資料：表10-3に同じ。

ーガニック専門店」である。

　スーパーマーケットの購入額シェアは，2003年以降，約10％が低下したことに対して，専門小売店のそれは相対的に緩やかな低下を示している。これを「その他」の販売額シェアの拡大傾向と合わせ見れば，低価格を求めたストアスウィッチングやオーガニックユーザーの増加が徐々に進展していることが推測できる。

3．ドイツの小売店舗における緑茶製品

（1）茶専門小売店

　専門小売店としては，前節に述べたドイツ茶協会に属す32社の輸入・仕上げ販売企業のうち，デュッセルドルフの繁華街の高級デパートの地下にある，Ronnenfeldtの店舗を取り上げる。

191

第Ⅱ部　実需者ニーズの把握とマーケティング戦略の構築

　店舗の壁一面には，数十種類に及ぶ10kg缶入りの自社ブランドの茶製品を展示しており，対面販売を通じて，100gパッケージを中心に小分け販売を行なっている。なお，顧客の嗜好に応じた店頭ブレンドや購入前の試飲ができる。また，店舗では，リーフ茶のみが販売されていることも大きな特徴である。一方，店内の片隅には，Japan Collectionと表示した小さいテーブルの上に，日本茶の販売棚を設けていた。

　Ronnenfeldtの製品は，紅茶（black），緑茶（green），ウーロン茶（Oolong），フレーバー茶（flavoured）にカテゴライズできる（**表10-5**）。自社ブランド製品の中では，紅茶の種類が最も多く，それには煎茶に比べて相対的に高い

表 10-5　茶専門小売店の茶製品ライン

製品ライン		製品形態	有機	価格（€）	重量	€/100g
緑茶	Fancy Sencha	leaf	○	7.5	100	7.50
	Green Watawala special	leaf	○	7.4	100	7.40
	Green Khongou	leaf		5.9	100	5.90
	Bancha	leaf	○	5.6	100	5.60
緑茶ギャバンロン茶		leaf		14.5	100	14.50
紅茶	Darjeeling Summer Gold	leaf	○	11.9	100	11.90
	Darjeeling Flowery Tea	leaf		10.9	100	10.90
	Spring Darjeeling Bio	leaf	○	11.9	100	11.90
	Assam Mangalam	leaf		9.1	100	9.10
	Natural Assam Bio	leaf	○	9.1	100	9.10
	Japanese Black Tea（Kakegawa Benifuki）	leaf		22.5	100	22.50
烏龍茶	Special Fancy Oolong	leaf		13.7	100	13.70
	Oolong	leaf		5.2	100	5.20
フレーバー茶		leaf	○	4～6	100	4~6
Japan Collection	Shincha Atsuhime	leaf	○	27.5	50	55.0
	Sencha Chiran	leaf	○	5.4	50	10.8
	Genmaicha	leaf	○	6.4	50	12.8
	Gyokuro Tokiwa	leaf	○	13.9	50	27.8
	Shincha Wakana	leaf	○	18.9	50	37.8
	Bancha	leaf	○	5.7	50	11.4
	Matcha Horai	powder	○	34.9	100	34.9
	Matcha Hikari	powder	○	27.9	100	27.9

資料：店頭（Ronnenfeldt）の緑茶販売棚に陳列されている製品情報である。

価格を付していた。

これに対して，緑茶には合計4種類の製品が確認できたが，いずれも中国産の原料茶を用いているほか，煎茶や番茶といった製品名を中国産茶にそのまま表記している。また，インドやスリランカから原料を仕入れる紅茶に比べて，緑茶の価格は2〜3€/100g程度に安い価格づけを行なっている。

一方，店主によれば，Japan Collectionに集めている日本茶は，自社バイヤーが日本のブローカーを通じて，有機茶のみを厳選して，自社ロゴ入りのコンシューマーパックを直接輸入しているという。煎茶については，新茶や玉露をプレミアム製品と位置づけ，相対的に高い価格で販売している。とりわけ，Shincha Atsuhime（55.0€/100g）やShincha Wakana（37.8€/100g）は，自社ブランド製品の4倍ないしは5倍ほど高い価格となっている。なお，抹茶より新茶に高値が付いているのが印象的である。

（2）オーガニック専門店

次に，Super Biomarktというオーガニック専門店の有する茶製品ラインを確認した。売り場は，デュッセルドルフの繁華街に高級ファッションブランド店が入居している商用ビルにある。なお，この店舗においては，茶製品は独立した販売棚を形成している中で，日本茶の一部は，日本の有機食品のみを一括して集めた販売棚にも陳列されていた。

緑茶のサプライヤーは，ArcheとLebensbaumという二社に絞られている。ちなみに，ArcheとLebensbaumは，ドイツに本社を置く，有機食品の輸入・製造卸企業であるが，前者は，日本の有機食品の全てのカテゴリを日本から一括して輸入し販売していることに対して，後者は，茶製品に特化している中で，その輸入元はアジア諸国に広がっているという違いがある。

Archeの製品価格は，製品形態がティバックとリーフの2種類がある中で，煎茶と茎茶は，ティバック製品がリーフ製品より価格（€/100g）が高いことが目につく。また，製品種類別の価格が抹茶＞煎茶＞番茶＞茎茶のように序列化されているが，日本国内の茶種別の小売価格と比較しても違和感はな

第Ⅱ部　実需者ニーズの把握とマーケティング戦略の構築

表 10-6　オーガニック専門店の茶製品ライン

製品ライン		製品形態	有機	価格（€）	重量	€/100g
Arche	Bancha	ティバック	○	1.79	15	11.93
	Sencha	ティバック	○	1.99	15	13.27
	Kukicha	ティバック	○	1.79	22.5	7.96
	Kyoto Matcha	パウダー	○	21.49	30	71.63
	Matcha	パウダー	○	15.99	30	53.30
	Bancha	リーフ	○	3.29	75	4.39
	Kukicha	リーフ	○	2.99	30	9.97
	Sencha	リーフ	○	6.99	75	9.32
Lebens baum	Kukicha	リーフ	○	3.99	75	5.32
	Sencha	リーフ	○	3.29	75	4.39
	Darjeeling Green Tea	リーフ	○	4.49	50	8.98
	Darjeeling Himalaya（Black Tea）	リーフ	○	4.79	75	6.39
	Darjeeling Gold（Black Tea）	リーフ	○	4.29	75	5.72
	Koera Jeju Matcha	パウダー	○	12.99	30	43.30

資料：店頭（Super Biomarkt）の緑茶販売棚に陳列されている製品情報である。

いと言ってよい（**表10-6**）。

　これに対して，Lebensbaumの製品価格は，Darjeering紅茶の有機茶であるにも関わらず，上で確認したRonnenfeldtの店舗に比べて若干安い価格が付されているほか，総じて日本茶の価格が紅茶に比べて安く，かつArcheの日本茶製品より安値で販売している（**表10-6**）。また，抹茶製品は韓国産となっていることや番茶の価格が煎茶より高いこともArcheと異なる特徴である。

（3）大手ドラックストアーチェーン

　表10-7には，デュッセルドルフ市内の中心街にあるROSSMANNという大手ドラックストアーチェーン店に陳列されている緑茶製品のみの製品情報を示した。

　ここでは，横３m×縦1.5m×５段の比較的に大きい茶専用の販売棚を設け，数十種類の茶製品を陳列している。茶製品の多くは，健康機能性食品としてDetox Tea，Diet Teaという語を表示した，茶以外の多様な原料を用いた製品やブレンド茶であり，紅茶や緑茶製品は相対的に少なかった。このような茶製品ラインにはドラックストアーという店舗特徴が反映されている。

　緑茶の製品ラインは，三つのサプライヤー（Kings Crown，Mecur，

第10章　ドイツへの緑茶輸出にみるチャネル戦略の重要性

表10-7　大手ドラックストアーの茶製品ライン

製品ライン		製品形態	有機	価格 (€)	重量	€/100g	備考
Kings Crown	Sencha	リーフ		2.49	250	1.00	
	Darjeeling（Black Tea）	リーフ		3.69	250	1.48	
	Assam（Black Tea）	リーフ		2.49	250	1.00	
	Matcha	ティバック	○	2.99	36	8.31	原産地 不明
	Matcha	パウダー	○	9.99	30	33.30	
MECUR	Matcha	スティック （パウダー）		4.99	10	49.90	
MeBmer	Green Tea	ティバック		1.55	43.7	3.55	
	Green Tea Match	ティバック		1.55	30	5.17	

資料：店頭（ROSSMANN）の緑茶販売棚に陳列されている製品情報である。

MeBmer）が供給する６つの製品のみであった。これら製品のうち，食品卸企業としてKings Crownが納品する製品は，煎茶にしろ，紅茶にしろ販売価格が１～1.5€/100gと極めて安い価格となっている。また，抹茶の製品価格では，ティバック製品と粉末製品の価格の開きが20～30€/100gと大きいことが見受けられる。ちなみに，製品表示には原料茶の原産地表示を欠けているために，緑茶製品の原産地の確認はできなかった。このように，この店舗では，専門小売店やオーガニック専門店に比べて，原産地を表示しない低価製品が販売されている。

（4）アジア系食品スーパー

一方，**表10-8**は，デュッセルドルフ市内の中心街にあるアジア系食品総合スーパーマーケット（HANARO MART）の売り場に陳列されている緑茶製品を確認したものである。店内には，中国，韓国，日本の食品，食材の販売棚が錯綜した形で立ち並んでいる中で，日本食品コーナーの一角にある緑茶販売棚に４種類の緑茶製品が販売されていた。

これら緑茶製品は，コンシューマーパック製品を店頭まで直接輸入している。日本からの輸入製品は，宇治の露という煎茶製品のみであり，残りは，山本山がアメリカで生産・製造したティバック煎茶と中国のAha Teaという

第Ⅱ部　実需者ニーズの把握とマーケティング戦略の構築

表 10-8　アジア系スーパーマーケットの茶製品ライン

製品ライン		製品形態	有機	価格 (€)	重量	P/100g (€)	備考
山本山（USA）	煎茶	Tea bag		4.2	32	13.13	製造元アメリカ
Aha Tea（China）	Matcha	Powder	○	6.1	50	12.20	中国産
	Matcha	Powder（Can）	○	8.5	40	21.25	
宇治の露製茶	煎茶	leaf		6.95	100	6.95	製品輸入

資料：店頭（HANARO MART）の緑茶販売棚に陳列されている製品情報である。

メーカーが供給する抹茶製品であった。製品価格については，山本山（USA）のティバック煎茶（13.13€/100g）が日本からの輸入したリーフ煎茶（6.95€/100g）より高い。また，中国産抹茶は，これまで観察した抹茶製品の中では最も安い低価製品である。

4．ドイツ向け輸出茶のチャネルにみる中間組織的取引関係

（1）株式会社下堂園の緑茶輸出事業

　下堂園は，鹿児島県において，1954年の創業以来50年以上にわたり，荒茶を仕入れ，仕上げ加工企業に販売するビジネスを行ってきた，古い歴史を持つ荒茶の産地問屋というべき企業であるが，集荷した荒茶の一部（約30%）については仕上げ・販売も行っていることから緑茶の仕上げ加工企業でもある。ちなみに，下堂園は，60人以上の従業員，3,000t以上の荒茶取り扱い数量，40億円強の売上を有する，鹿児島県内屈指の大規模製茶企業である。

　下堂園の茶輸出事業への取り組みは，1991年のパリ国際食品見本市への出品からスタートした。当初（1992）は，マッチングの結果，（後に共同出資者となる）M氏が社員として働くAllosという自然食品販売企業への納品を開始したが，ドイツに送られた下堂園の製品からは残留農薬が検出され廃棄せざるを得ない事態に遭遇した。そこで，残留農薬問題を解決すべく，輸出茶専用の圃場を設け，EUの有機認証を取得した上で，1995年より輸出を再開した。

196

第10章　ドイツへの緑茶輸出にみるチャネル戦略の重要性

そうした中，M氏から共同出資による日本茶の輸入・販売会社の設立提案を受け，1998年にM氏との共同出資会社SIを立ち上げた。と同時に，ドイツへの輸出事業を本格的に進めるべく，1998年に，鹿児島県川辺町に約10haの有機茶園を設けた上で，「ビオファーム（Bio Farm）」という直営農場を設立した。このような一連の経過を経て，有機茶生産基盤及びSIを輸出先国の販売企業とする有機茶の輸出体制の構築が完了することとなった。

（2）Shimodozono International GmbH―輸出先国の共同出資会社

SIは，下堂園とM氏の共同出資法人として，ドイツのディーポルツに営業所を持ち，ドイツをはじめヨーロッパ全域に下堂園の茶製品を販売する会社である。出資に関しては，約30万マルクの資本金に対して，下堂園とM社が各々49％と51％の持分を有している。

SIは，代表のM氏の夫婦が経営者となる家族経営であるが，営業や小分け・包装作業のために十数人の従業員を雇っている。営業所＝社屋は，日本庭園を有する伝統的な日本式の家屋となっており，屋内には，製品の展示室，茶室，貯蔵庫，抹茶製造室，小分け・包装室，会議・商談室，イベントホールなどが配置されている。ちなみに畳部屋や日本式の家具・茶道具などを施した社屋の空間は，顧客に日本の飲茶文化・飲茶習慣を体験させる重要な営業手段として活用されている。

（3）下堂園における輸出実績と輸出の仕組み

SIに供給する輸出量は，毎年10t～14tに推移している中で，2011年の14tをピークにそれまでの拡大から漸減へと転じている（**図10-3**）。下堂園によれば，SIへの輸出額はFOB価格による決済を基準に約4,000万円前後を維持しているという。

ドイツへの輸出製品は，SIからの受注量に応じ，2t容積の冷蔵コンテナーを用いて，船便で年間6回ほどドイツへ送られる。なお，通関の手続きに際しては，「産地証明書」「有機認証証明書」「特定原産地証明」を持って

197

第Ⅱ部 実需者ニーズの把握とマーケティング戦略の構築

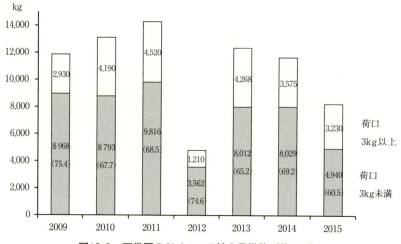

図10-3 下堂園のドイツへの輸出量推移（荷口別）

資料：下堂園の提供資料より。
注：（ ）は，3kg未満の割合である。

表10-9 下堂園のドイツへの輸出量推移（茶種別）

茶種	年度	2009 kg	%	2010 kg	%	2011 kg	%	2012 kg	%	2013 kg	%	2014 kg	%	2015 kg	%
煎茶	一番茶	3,105	26.1	3,743	28.8	3,134	21.9	1,616	33.9	2,605	21.2	2,703	23.3	1,918	23.5
	二三番茶	4,024	33.8	3,236	24.9	4,005	27.9	1,029	21.6	3,510	28.6	3,315	28.6	1,778	21.8
	番茶	3,168	26.6	4,220	32.5	5,105	35.6	1,470	30.8	4,010	32.7	3,360	29.0	2,695	33.0
茎茶		347	2.9	200	1.5	421	2.9	42	0.9	260	2.1	270	2.3	180	2.2
ほうじ茶		266	2.2	300	2.3	501	3.5	122	2.6	260	2.1	170	1.5	370	4.5
粉茶		326	2.7	245	1.9	212	1.5	30	0.6	178	1.4	185	1.6	138	1.7
抹茶		23	0.2	45	0.3	20	0.1	0	0.0	0	0.0	14	0.1	400	4.9
碾茶		0	0.0	0	0.0	160	1.1	306	6.4	393	3.2	763	6.6	180	2.2
べにふうき		53	0.4	19	0.1	122	0.9	64	1.3	120	1.0	220	1.9	120	1.5
紅茶		0	0.0	494	3.8	0	0.0	0	0.0	0	0.0	63	0.5	0	0.0
玄米茶		426	3.6	312	2.4	473	3.3	53	1.1	434	3.5	332	2.9	262	3.2
その他		160	1.3	170	1.3	185	1.3	39	0.8	510	4.2	210	1.8	130	1.6

資料：図10-3に同じ。

輸送会社が代行している。

　表10-9によれば，3kg未満製品の供給量が61％を占めているが，これらは仕上げ茶を50gまたは200gの無地袋に詰めた製品である。仕上げ茶製品は，現地（ドイツ）においてSIのブランドロゴや製品名などを表示したシールを

198

第 10 章　ドイツへの緑茶輸出にみるチャネル戦略の重要性

付して販売している。これに対して，3 kg以上のバルク製品は，SIの小分け・包装作業によりコンシューマーパックへと製品化されるものであり，一部の製品はSIが独自にブレンドしている。

　2015年の供給量を茶種別に見ると，輸出製品の大部分は，1 番茶（23.5％），2 番茶（21.8％），番茶（33.0％）からなる普通煎茶（78.3％）であることが分かる（**表10-9**）。煎茶以外には，抹茶（4.9％），ほうじ茶（4.5％）が相対的に供給量の多い製品である。

　過去 6 年間（2009～2015）の茶種別の供給量からは，一番茶と秋番茶を中心とした普通煎茶が主力製品であることに変わりはないものの，2015年の抹茶（400kg）の発注量が著しく拡大していることが注目に値する。

（4）SIにおける製品販売の実態

　SIは，「Keiko」という製品ブランドを展開しているが，ドイツでは比較的に高い認知度を確保するに至った[7]。その結果，近年の売上は，年間100万€前後で推移しており，日本茶に特化した販売事業にしては相対的に大きい販売実績である。とりわけSIからの緑茶輸入量が最も多かった2011年の14.3t（**図10-3**）は，ドイツの日本茶輸入量（121.9t）（前傾**表10-4**）の約12％を占めるほどであった。近年は，抹茶販売の好調に伴い，2015年の抹茶販売額が持つ売上シェアは25％と大きく拡大している。

　表10-10からみるSIの製品ラインには，日本国内の茶の専門小売店と比べても遜色のないほど，製品カテゴリ及び製品ラインが充実していることが目につく。また，茶種別及び品質に応じた価格の序列化にも，日本のそれに比べて違和感はないといってよい。SIは，日本国内の製茶企業としての下堂園が供給する製品ラインをそのまま受け入れているほか，下堂園の輸出価格をベースに自らのマージンを上乗せているからである。

　一方，一部の製品に関しては，SIが独自に開発しているものも含まれているが，煎茶に「しそ」をブレンドした「Tea & Spices」とともに，煎茶や抹茶に「柚子」をブレンドした「Fruit Wafers」がそれに該当する。いずれ

199

表 10-10　SI の製品カテゴリおよび製品ライン

製品カテゴリ	製品ライン	重量 (g)	価格 (€)
Shincha	Classic (A)	50	19.90
		100	5.00
		200	74.80
	Yume (B)	50	28.00
		10	6.00
	Yume Aracha	50	20.00
		10	5.00
	Yakushima (C)	50	17.80
		10	4.00
	Set 2015 (A+B+C)	3×50 g	62.50
Kabusecha early first pocking	Diamond Leaf	100	45.00
	Tenbu Fuka	50	29.00
		200	107.00
	Soshun	50	23.95
		200	86.90
		16×3g	25.00
	Tenko	50	17.95
		200	63.00
	Dan	50	20.80
Sencha		50	12.45
	Kabuse No.1	200	39.95
		16×3g	15.95
	Kabuse No.2	50	7.95
		200	23.50
	Sencha	50	5.65
		200	15.90
Tencha	Tencha Niji	30	18.00
		200	96.00

製品カテゴリ	製品ライン	重量 (g)	価格 (€)
	Bancha	50	5.65
		200	16.00
	Aracha Type	100	9.30
	Aki Bancha	200	9.95
	Ginger Lemon Bancha	10	4.50
		200	14.00
	Genmai+Matcha	50	6.95
		200	18.00
		16×3g	11.60
Special	Genmaicha	50	4.95
		200	14.40
	Kukicha (Kabuse)	50	7.95
		200	24.00
	Kukicha (Tencha)	50	7.95
	Houjicha	200	22.00
	Benifuki No.1	50	13.95
		200	43.00
	Benifuki No.2	50	9.60
		200	29.95
	Aki-Benifuki	50	8.50
		200	25.00
Tea Bags	Soshun	16×3g	25.00
	Kabuse No.1	16×3g	15.95
	Genmai+Matcha	16×3g	11.60
	ICE Tea	16×3g	9.95
	Konacha	10×2 g	6.50
		50×2g	26.95

製品カテゴリ	製品ライン	重量 (g)	価格 (€)
Matcha	Premium	30	24.80
		50	33.00
	Tekiro	30	27.80
		50	38.00
	Mantoku	30	33.00
		50	45.00
	Supreme	30	40.00
		50	54.00
	Soshun	30	19.80
		50	26.50
Green Tea Powder	Kabuse No.1	30	14.80
	Kabuse No.2	50	15.70
	Benifuki	50	9.95
		50	15.95
Matcha&Green Tea Powder	Matcha&Green Tea Powder	9×3g	29.80
Black Tea	Yakushima	50	8.95
	Kawanabe	50	8.95
Tea & Spices	Shiso Finest Selection	10	10.95
Sweets	Shiso Natural	10	8.75
	Chewy Candies	55	3.95
Fruit	Apripan	30	1.95
Wafers	Matcha Apripan	30	2.10
Chocolate	Chocolate bits	200×5g	69.00
	Gift packaging	200	9.95
	Chocolate bars	1×30g	1.99
		15×30g	26.85
Pralines	Matcha Mountains	3×25g	3.48
		1.5×33g	21.00

資料：SI の製品カタログより。

も，日本の伝統的な食材としての「しそ」や「柚子」を活用していることが注目される。その他にも，抹茶入りのチョコレートもSIが独自に開発・販売している製品である。

M氏によれば，SIは400余りの配送先を販売チャネルとして抱えているが，その配送先の多くは，オーガニック・自然食品に特化した小規模の個人店舗である中，一部個人顧客への郵送販売が含まれているという。なお，売上をドイツ国内と国外に区分してみると，前者がやや高いものの，売上シェアはほぼ同程度であるという。SIのKeikoブランドはドイツのみならずヨーロッパ全域へ供給されている実態を垣間見ることができる。

一方，SIの製品販売においては，前節にみた小売店舗に展開する日本茶製品と違って，日本茶独自の製品知識・価値とりわけ茶産地及び品種別の特徴，仕上げ製法，お茶の淹れ方，日本伝来の飲茶文化などを消費者に充実に伝達していることが大きな特徴である。これらの製品知識・価値の伝達には，自社のウェブサイトのほか，製品パッケージの裏側に記載する説明文が活用されている。加えて，社屋の茶室で行われる日本茶の茶道教室，新茶販売がスタートする時期に取引先のオーナーを集めて開かれるイベントなどでの実演を伴う説明も主要な伝達手段となっている。

5．考察と展望

（1）チャネル管理の困難さ

これまで述べきた，ドイツ緑茶市場の構造，小売店舗別の緑茶製品情報，SIの緑茶販売実態を横断的に分析した結果を整理すれば，以下の5点が考察できる。

一つ目は，ドイツの茶製品市場は32社の輸入・仕上げ販売企業が掌握していることから，これらの企業を介さずには，日本茶製品を消費者に届けることが難しいということである。二つ目は，日本茶の店舗別製品価格には，SI＞オーガニック専門店＞専門小売店＞アジア系スーパー＞大手ドラックスト

201

第Ⅱ部　実需者ニーズの把握とマーケティング戦略の構築

アーチェーン店の順に比較的明確な序列が存在しているということである。三つ目は，複数の小売店舗を納品先とするサプライヤーの存在は見当たらないことから，小売企業による後方チャネルの選択と管理が行われているということである，四つ目に，低価の煎茶製品の多くはSencha，Matchaと表示する中国産茶や韓国産茶であるということである。五つ目は，SIの製品を除けば，日本茶に対する正しい製品知識や差別性を消費者にまで届けるための努力を怠っているということである。

　以上のように，ドイツの茶製品市場においては，小売店舗を経由するチャネルは，いずれも当該チャネルの有する顧客特性に応じた製品ライン，製品形態，製品価格を所与の条件として，小売企業がサプライヤーを選択し管理している。国内の製茶企業自らが打ち出す製品戦略や価格戦略が輸出先国のマーケットで実行できるか否かは，前方チャネルの選択と管理がカギを握っているものの，チャネルの選択肢が少ない上に，SIを除けば，いずれのチャネルに対してメーカーとしての製茶企業の戦略を効果的に実行することは困難であることを物語っている。

（2）ドイツ向け輸出緑茶のチャネル構造及び取引関係

　ドイツ国内における日本茶のチャネル構造は，バルク状態の輸入茶が輸出国のサプライヤーによる小分け・包装作業を経て小売店に供給されていることから相対的に流通距離が長く，かつサプライヤーと小売店舗の対応関係が固定されているために，閉鎖的チャネルであるという特徴を持つ。

　また，チャネルアクター間の取引関係は，各々のチャネルによって異なるとはいえ，概ね，対立的ではないにせよ，輸出企業＝製茶企業がパワーをもってチャネルを支配しているとも，製品知識の表示，適正な価格を付した日本茶を優先的に取扱ってくれる協力関係にあるとも言い難い。

　一方，日本の有機食品のサプライヤーであるArche[8]と，下堂園の共同出資会社SIは，流通機能を中間組織的チャネルの構築により調達しているケースに該当する。いずれも中間組織的な取引関係の特徴（結衣 2012，

202

第 10 章　ドイツへの緑茶輸出にみるチャネル戦略の重要性

p.180）すなわちチャネルアクター相互の役割分担や情報共有を前提とする協調関係を維持しているからである。

SIは，直営圃場を有する国内製茶企業から輸出先国の共同出資会社がダイレクトに結ばれていることから流通距離が最も短いチャネル構造を有しているほか，下堂園の製品戦略と価格戦略を受け入れ，排他的・（半ば）独占的に取扱ってくれることから協力的な取引関係に基づく輸出チャネルとして位置付けられる。

（3）争点と展望

一般に，製造業者が自らの期待通りにチャネルをコントロールするためには，販売部門を内部組織にするか，もしくは中間組織的な取引関係を築きうるチャネルを選択した方が有効であることは容易に考えられる。こうしてみれば，SIのような自社製品の販売に特化した共同出資会社を設立し，自社製品を積極的に取扱うほか，製造業者が訴求する製品知識や製品価値を充実に伝えることが理想的なチャネル選択のようにも思える。

しかしながら，SIのように輸出製品の販売のために共同出資会社を設立・運営するにあたっては，伴われるコストやリスクもさることながら，卸・小売企業のようなマスマーケットに展開するチャネルを排除した場合は，ニッチマーケットからマスマーケットへの参入が困難であるために，輸出拡大をスピーディに進めることが望めないことも考えられる。チャネルの広さと取引関係のレベルにはトレードオフの関係すなわち取引関係に支配もしくは協調的関係を求めれば，チャネルを広げることが難しくなるということである（結衣 2012，p.190）。

いずれにせよ，本章では，輸出先国の製品マーケティングにおいて製造企業としての製茶企業のチャネル管理が及ばないドイツの緑茶マーケットでは，そのマーケットの拡大が見込まれている中，日本茶としての煎茶，抹茶が本来の製品価値や差別性が十分に消費者に伝わらないまま，価格競争に有利な低価の他国産製品に代替されつつある実態を確認した。今後においては，こ

203

第Ⅱ部　実需者ニーズの把握とマーケティング戦略の構築

うした事態を改善すべく，国内の製茶企業自らが打ち出す製品戦略や価格戦略の実行を可能とするチャネル選択やチャネル管理への取り組みの強化に向けた何らかの努力が求められている。

　緑茶の輸出に際しては，十分な資金力，製品力，販売力を持たない比較的に規模の小さい製茶企業が，食品見本市などのマッチング機会において，買い手からの引き合いに依存した市場的取引を強いられている実態がある。こうした状況を鑑みれば，複数の製茶企業の提携による荷口やブランドの統合，輸出先国でのチャネル管理能力を有する販売企業の設立・育成とともに，輸出支援組織・団体による日本茶独自の製品知識や製品の差別性を広く知らせるプロモーションの強化を視野にいれた新たな輸出への取組に期待が寄せられているといえよう。

　最後に，日本茶の輸出チャネルの選択においてオーガニック専門店が持つ特質を指摘しておきたい。1999年の残留農薬の検出を契機に，その後にヨーロッパ諸国に仕向けられる日本茶のほとんどは有機茶であると言って差し支えない。それにもかかわらずオーガニック専門店を，日本が輸出する茶製品の販売チャネルとして積極的に位置付けた上で，その販売実態を精査した過去の研究はないに等しい。そこで，緑茶を始め有機食品の欧州地域への輸出プロセスにみる独特なサプライチェーンの仕組みと特徴についての理解を深めるべく，本書の第11章に別稿として整理している。

［注］
1）農林水産省「平成27年農林水産物・食品の輸出実態（品目別）」より。
2）チャネル構造は，自社製品の販路が販路限定（狭い）か販路拡張（広い）か，また流通距離（流通段階）が長いか短いかによって特徴づけられる（尾上・恩蔵ほか 2010，p.195）。
3）これらの一連の調査は，2016年2月から3月にかけて実施された。
4）当初は食品を販売している大規模スーパーマーケットを予定していたが，店舗の許可を得ることができず，代わりに，大手スーパーチェーンとしてのドラックストアーを観察対象として選んだ経緯がある。そういう意味では，本章には総合食品スーパーの製品情報が欠けている。

第10章　ドイツへの緑茶輸出にみるチャネル戦略の重要性

5）Camelliaという学名を持つ，紅茶と緑茶に大別される茶Teaのことである。
6）トルコからの移民者が営む，食料品始め生活雑貨を販売している小規模の個
　人店舗のことである。
7）Teebervandのインタビューでは，Keiko Teaは日本茶ブランドとして消費者
　に広く認知されているために，Teeverbandのメンバーになることを勧めてい
　ると言われた。
8）国内の有機食品の輸出商社とArcheとの取引関係については，本書第11章にお
　いて別途取り扱っている。

［引用文献］
尾上伊知郎・恩蔵直人ほか（2010）『ベーシックマーケティング：理論から実践まで』
　同文館。
杉田直樹（2006）「日本茶輸出と国際マーケティング」『農業経営研究』第44巻第
　1号，pp.111-116。
辻　一成（2015）「緑茶経営の動向と特徴」『新たな食農連携と持続的資源利用（第
　6章2節）』筑波書房，pp.188-199。
結衣　祥（2011）「マーケティング・チャネルにおける関係性と機動性の管理」『政
　策科学』第18巻第2号，pp.1-10。
結衣　祥（2012）「マーケティング・チャネル研究における協調関係論の再検討」『政
　策科学』第19巻第3号，pp.179-195。
鷲尾紀吉（2010）「マーケティング・チャネルにおける対立と管理の構図」『中央
　学院大学商経論叢』第24巻第2号，pp.95-104。
Teeverband（2015）Tee als Wirtschaftsfaktor.

（李　哉法）

第Ⅲ部

輸出先国の表示・認証制度に対応した輸出戦略

第11章

欧州向け有機食品のサプライチェーンの特徴と意義

1. はじめに

（1）研究の背景

欧州諸国においてオーガニック関連製品のみを専門的に取り扱う販売店（以下には，オーガニック専門店とする）[1]には，軒並み，日本食（和食）のカテゴリに属す有機食品を一箇所に集めた販売棚を設けているが，ほかの小売店舗では稀にみる売場構成である[2]。

そこで，本章では，日本の有機食品の欧州地域への輸出プロセスにアプローチし，それが有する特徴と課題を整理した後に，今後の日本の加工食品の輸出戦略づくりに貢献できる示唆を探った。その背景には，これまで有機食品を戦略的な輸出製品，欧州諸国のオーガニックマーケットをターゲットとした輸出戦略への関心が希薄であったという実態がある[3]。

（2）研究の視点と課題

欧州向けの有機食品は，醤油，味噌，緑茶，うどん・そばなど，和食を象徴する日本の伝統食品と称すべき製品カテゴリをなしている。以下には，これらの日本の有機伝統食品の欧州地域への輸出に注目した理由を整理したが，これが本研究の基本的視点でもある。

第一に，近年の欧州地域の有機農産物及び食品市場の成長（後掲**表11-3**）を考慮すれば，欧州向けの日本の有機食品は，今後において輸出拡大が見込まれる製品及び市場であるということである。

第二に，欧州のオーガニック専門店に展開している日本の有機食品は，国

209

によって程度の差はあれ,「マクロビオティック（macrobiotic）」[4]という語を介して,訴求すべき価値が古くから消費者に認知されているほか,クロスマーチャンダイジング陳列[5]により日本食品のコーナーが設置されているために,輸出製品の海外市場への普及に要される広告費用やプロモーション費用の節約が期待できるということである。

　第三に,展覧会,商談会などマッチング機会を生かした輸出先市場へのアクセスに止まる単なるモノの輸出に比べて,欧州向け有機食品の輸出は,長期安定的な取引をベースとしたサプライチェーン（supply chain）の構築により原料の確保から製品販売までがつながっているために,市場を介して取引相手を見つけ,取引相手にして取引条件を履行させるために必要な取引費用の節約が可能であるほか,安全性や需給調整におけるリスク管理が相対的に容易であるということである[6]。

　第四に,本章が取り上げる欧州向けの有機加工食品は,（海外）現地生産を辞さない大手企業[7]が輸出を担っている慣行（conventional）食品[8]と違って,その生産を地域性や伝統的な製法を継承している地方の零細規模の食品加工事業体が担っているために,輸出がもたらす付加価値が,存続が危ぶまれている零細食品加工事業者に帰され,当該企業及びそれが有する伝統的製法の維持に貢献できるということである。

　本章は,これら研究の視点を以下に述べる研究方法により検証することを課題としている。

（3）研究方法

　この研究課題にアプローチするために,欧州地域に展開する日本の有機食品のサプライチェーンの実態とそのチェーンを結ぶ各々のアクター（actor）[9]の経営実態とアクター間の取引関係を,上に述べた研究の視点と照らし合わせた。その過程で,国内で欧州向け有機食品の集荷・輸出機能を担っている,二つの輸出商社（株式会社ミトク：以下に「ミトク」とする,株式会社むそう商事：以下に「むそう」とする),輸出先国・地域で日本の有機食品を輸

第 11 章　欧州向け有機食品のサプライチェーンの特徴と意義

入し小分け・包装後に卸・小売企業へ販売している二つの企業[10]（クリアス
プリング：Clearspring，アルシェ：Arche）の対面インタビューに基づい
たケーススタディが行われた。

２．欧州向け有機食品の輸出実態

（１）味噌・醤油の輸出現況

2015年度の日本の加工食品輸出額（2,221億円）において，欧州向有機加
工食品が主力品目とする味噌（27.6億円，1.2％），醤油（61.9億円，2.8％）
の輸出額シェアは約４％に過ぎない[11]。米菓（38.7億円），緑茶（101億円）
を加えれば，加工食品輸出額に占めるシェアは約10.3％（229億円）へ拡大
するにせよ，これら日本の伝統食品が輸出に供されるメジャーな製品とは言

表 11-1　味噌及び醤油の輸出先国・地域（2015）

	輸出先地域		カ国	輸出量 t	輸出額 億円	輸出価格 円/kg	量シェア T%	金額シェア V%
醤油	ヨーロッパ	EU-15＋S, N[1]	14	8673.1	19.3	245.4	29.4	31.2
		合計	19	9511.5	20.8	442.0	32.2	33.7
	北米		2	6544.8	13.8	209.9	22.2	22.3
	アジア	中韓台	6	6371.5	12.9	216.7	21.6	20.8
		アジア	9	3662.8	5.6	180.2	12.4	9.0
		中東	7	815.4	1.6	226.0	2.8	2.6
	オセアニア		6	2379.1	6.8	264.6	8.1	11.0
	アフリカ		5	124.5	0.2	251.8	0.4	0.3
	中南米		2	98.3	0.2	219.6	0.3	0.3
	合計		66	29507.8	61.9	209.7	100.0	100.0
味噌	ヨーロッパ	EU-15＋S, N	12	2231.7	5.6	250.5	17.1	20.3
		合計	17	2329.2	5.9	252.1	17.9	21.3
	北米		2	4768.9	8.7	182.3	36.6	31.5
	アジア	中韓台	5	3155.7	6.7	213.6	24.2	24.5
		アジア	10	1878.5	4.1	218.3	14.4	14.9
		中東	6	110.8	0.2	265.1	0.8	1.1
	オセアニア		2	771.3	1.8	232.6	5.9	6.5
	アフリカ		0	0.0	0.0	-	0.0	0.0
	中南米		3	29.1	0.1	225.6	0.2	0.2
	合計		45	13043.7	27.6	211.3	100.0	100.0

資料：財務省「貿易統計」より。
注：フランス，ドイツ，イタリア，ベルギー，オランダ，ルクセンブルク，イギリス，アイルラン
ド，デンマーク，ギリシャ，フィンランド（EU-15）にスイス，ノルウェーを加えている。東
欧諸国を含むヨーロッパの中では先進国に分類される国々である。

211

第Ⅲ部　輸出先国の表示・認証制度に対応した輸出戦略

い難い。

　こうした中，醤油に関しては，欧州諸国への輸出が輸出量・輸出額ともに32.2％，33.7％と最も高く，次に北米（22.2％，22.3％），東アジア諸国（21.6％，20.8％）への輸出シェアが目立って高い（**表11-1**）。

　これに対して味噌の輸出は，輸出先国・地域が醤油に比べて相対的に少ない中，輸出量，輸出額ともに北米（36.6％，31.5％）に集中しており，同シェアから見た欧州地域（17.9％，21.3％）は，東アジア（24.2％，24.5％）に次いで３番目に大きい輸出先国・地域となっている（**表11-1**）。

（2）有機食品の輸出実態

　表11-2は，農林水産省が有機JAS認証との同等性等を利用した有機食品の輸出量を製品カテゴリ別・輸出先国・地域別に確認したものである[12]。

　輸出量の最も多い有機食品は緑茶であり，2015年の輸出量は458tと集計されている。この緑茶の78.7％はEU諸国へと仕向けられた[13]。その次に，輸出量の多い味噌及び味噌加工品は各々約70t，約22tを欧州地域や北米に輸出

表11-2　有機食品の輸出実態（2015）

輸出先国＼品目	輸出量（kg）					輸出シェア（％）				
	アメリカ	EU	カナダ	スイス	合計	アメリカ	EU	カナダ	スイス	合計
茶	81,711	360,389	11,443	4,431	457,974	17.8	78.7	2.5	1.0	100.0
味噌	51,402	18,377			69,779	73.7	26.3	0.0	0.0	100.0
味噌加工品	21,594				21,594	100.0	0.0	0.0	0.0	100.0
青汁	54,724				54,724	100.0	0.0	0.0	0.0	100.0
葛	4,720	41,645	234	216	46,815	10.1	89.0	0.5	0.5	100.0
こんにゃく	9,814	18,186			28,000	35.1	65.0	0.0	0.0	100.0
梅加工品	80	24,260	250	158	24,748	0.3	98.0	1.0	0.6	100.0
その他調味料	2,073	3,644			5,717	36.3	63.7	0.0	0.0	100.0
もち	552	3,969			4,521	12.2	87.8	0.0	0.0	100.0
醤油	2,884	1,246		54	4,184	68.9	29.8	0.0	1.3	100.0
醤油加工品		1,130			1,130	0.0	100.0	0.0	0.0	100.0
野菜加工品	66	2,904			2,970	2.2	97.8	0.0	0.0	100.0
農産物	2,220	67		239	2,526	87.9	2.7	0.0	9.5	100.0
漬物		1,488			1,488	0.0	100.0	0.0	0.0	100.0
納豆	1,288				1,288	100.0	0.0	0.0	0.0	100.0
その他	98	901			999	9.8	90.2	0.0	0.0	100.0
食酢	460	191			651	70.7	29.3	0.0	0.0	100.0

資料：農林水産省「米国，カナダ，EU加盟国及びスイス向け有機食品輸出数量」より。

212

第11章　欧州向け有機食品のサプライチェーンの特徴と意義

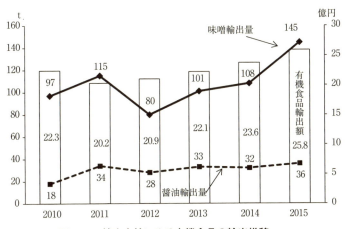

図11-1　輸出商社にみる有機食品の輸出推移

資料：「ミトク」および「むそう」の提供資料により。
注：1）輸出額は、「ミトク」と「むそう」の合計額である。
　　2）味噌および醤油の輸出量は、「むそう」のみの実績である。

したが，大部分（味噌の73.7％，味噌加工品の100％）はアメリカが輸出先国であり，欧州への輸出量は味噌輸出量の約26％である。このほかに，輸出量が20tを上回る，相対的に輸出量の多い食品として，青汁，葛，こんにゃく，梅加工品がある。これらのうち，青汁を除けば，輸出の多くはEU諸国へ仕向けられていることが分かる。

一方，2015年度の「むそう」の有機味噌及び有機醤油の輸出量（**図11-1**）は，各々145t，36tであり，**表11-1**より確認した同数量（69.8t，4.2t）を大きく上回っている。むそう商事が輸出している味噌及び醤油には，有機JAS認証以外の輸出先国が有する認証を取得しているものが多く含まれているからである。なお，「むそう」の過去5年間の味噌及び醤油の輸出量の推移を見れば，2011年の福島原発事故がもたらした風評被害により輸出量の減少を経験したものの，その後は拡大の趨勢を保っている。

一方，「ミトク」と「むそう」の二社が有する有機食品輸出額は，過去5年間において，約20億円から約26億円へと拡大していることが分かる。

213

第Ⅲ部　輸出先国の表示・認証制度に対応した輸出戦略

（3）欧州の有機食品マーケット

　国際有機農業運動連盟（IFOAM）は，欧州連合（以下にEUとする）のオーガニック食品の小売市場規模（2014）を240億€と推計した。2005年の111億€と比べれば，市場規模は2倍以上に拡大している（**表11-3**）。また，2014年の消費者1人当たりの購入額は47.4€であり，過去10年間に2倍以上増加している。なお，オーガニック食品の販売額の前年対比増減率は，近年，増加率が鈍化しつつあるものの，いずれの年においても増加の一途を辿っていることが分かる。これを，EUの食品市場の前年対比増減率と比較すれば，2011年を除けば，オーガニック食品マーケットの成長率が食料マーケット全体のそれを上回っているほか，食料マーケット全体の売上が減少に転じた年次にも持続的に販売額を拡大していることが見て取れる。

　このようなオーガニック食品市場の成長は，食品の新製品開発のトレンドにも反映されている。**表11-4**には，ドイツにおいて2006～2012年に新製品として開発されたソース，ドレッシング，調味料製品の差別化要素を分析した結果である。合計4,585製品のうち，添加物や防腐剤を使用しない製品が

表 11-3　EU における有機食品マーケットの成長推移

	小売り販売額 （10 億€）	%	EU-28 食料マーケット 前年対比売上成長率[1]	1 人当たり購入額 （€）	%
2005	11.1		− 2.8	22.4	
2006	12.6	10.2	5.4	25.5	5.1
2007	14.1	8.9	6.8	28.3	4.4
2008	15.5	7.8	6.2	31.0	3.9
2009	16.9	7.0	− 10.7	33.7	3.5
2010	18.1	6.3	5.4	36.0	3.2
2011	19.8	6.0	11.5	39.1	3.0
2012	20.8	5.3	0.1	41.3	2.7
2013	22.3	5.2	0.5	44.0	2.6
2014	24.0	4.8	4.4	47.4	2.4
05～14	−	116.2	−	−	111.6

資料：Meredith, S. and Willer, H.（2015）及び Eurostat より。
注：小売業界における食品・飲料・タバコ（FBT）の販売額。

第11章 欧州向け有機食品のサプライチェーンの特徴と意義

表11-4 ドイツにおけるソース, ドレッシング, 調味料の新製品が有する差別化要素 (上位10位まで, 2006～2012)

No.	カテゴリ	製品数	%
1	無添加, 防腐剤なし	1,095	23.9
2	有機	979	21.4
3	アレルギー源無し/低	281	6.1
4	プレミアム	257	5.6
5	グルテンフリー	237	5.2
6	簡便性の追求	216	4.7
7	ビーガン	172	3.8
8	パッケージへの工夫	169	3.7
9	無・低脂肪	147	3.2
10	無・低乳糖	135	2.9
	合計	4,585	100.0

資料：IMB（Canada）, 2013, p.8.

23.9％として最も多く, 二番目に多い製品は有機であることをアピールした食品（21.4％）である。なお,（後に見る）日本の有機食品の輸入製造卸企業が消費者に訴求する製品価値すなわち有機, グルテンフリー, ビーガン[14]を合わせれば, 同シェアは30.4％である。

（4）欧州向け有機食品の販売実態

表11-5に, ドイツ（ミュンヘン）, イギリス（ロンドン）, イタリア（ローマ）のオーガニック専門店の販売棚を構成している日本の有機食品を示した。製品ラインが共通していることが最も注目に値する。

販売棚におけるスペースの占有率は, 味噌, 醤油, 緑茶関連の製品が比較的に高いが, 同じ味噌や醤油でも種類や製品形態, サプライヤーが異なる製品ラインの拡張がなされているからである[15]。味噌と醤油を除けば, 各々のカテゴリに一つないしは二つの製品が陳列されている。

このように, オーガニック専門店にみる日本の有機食品は和食の根幹を成している味噌, 醤油, うどん, そばなどの麺類, 緑茶など日本固有の伝統食品に絞られている。そのために, 日本の有機食品の販売棚には, 日本を意味するJapaneseもしくはMacrobioticが棚名として記されていた[16]。

三つのオーガニック専門店で見かけた日本の有機食品を供給するサプライ

215

第Ⅲ部　輸出先国の表示・認証制度に対応した輸出戦略

表11-5　欧州のオーガニック専門店における日本有機食品の製品ライン

製品ライン		NrturaSi (Rome)	BioMarkt (Muuchen)	Whole Food (Lodon)
緑茶（抹茶，煎茶，茎茶，ほうじ茶など）		○	○	○
醤油及び醤油調製品		○	○	○
味噌及び味噌調製品		○	○	○
調味料ソーススパイスなど	梅干し・梅加工品	○	○	○
	わさび・わさび加工品	○	○	○
	柚子加工品	○	○	○
	食酢	○	○	○
	ソース類	○	○	○
米加工品	もち	○	○	○
	米菓		○	
麺類	うどん	○		○
	そば		○	○
	ラーメン		○	○
	しらたき	○	○	○
海藻類	のり	○	○	○
	わかめ	○	○	○
	ひじき	○	○	○
	昆布	○	○	○
	あらめ	○	○	○
甘酒			○	
清酒			○	
その他	紅生姜（かり）	○	○	○
	葛澱粉（粉末）及び葛加工品	○	○	○
	椎茸	○	○	○

資料：2016年2月に店頭調査により確認した。

ヤーは10社ほどであったが，店舗別に見れば2社ないし3社にサプライヤーが限定されている。ローマではアルシェ，ロンドンではクリアスプリングの製品が棚を支配していたと言って差し支えない。ミュンヘンの店舗には，アルシェとルシーン（RUSCHIN）[17]が販売棚のスペースをほぼ折半していた。

3．欧州向け有機食品のサプライチェーン

（1）欧州向け有機食品のサプライチェーン

欧州向けの日本の有機食品の供給プロセスをサプライチェーン[18]視点で捉えている背景には，有機認証の取得や製品価値の保証をめぐり，原料生産者から小売店舗へ進む前方の販売チャネルがつながっている実態がある。**図11-2**には，欧州向けの有機加工食品が輸出先国・地域の最終需要者に届く

216

第11章 欧州向け有機食品のサプライチェーンの特徴と意義

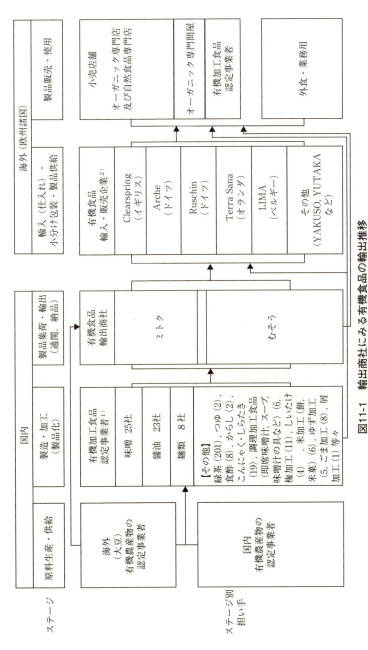

図11-1 輸出商社にみる有機食品の輸出推移

注：1）（ ）の数値は、農林水産省「有機加工食品の認定事業者（2016）」より検索した。関連づけられる事業者数を示したものである。
2）オーガニック専門店で確認した有機食品の販売元を網羅している。

第Ⅲ部　輸出先国の表示・認証制度に対応した輸出戦略

までのプロセスの概略を示した。

1）原料農産物の生産・供給

　有機加工食品の原料農産物の多くは，海外からの輸入によって確保している。とりわけ，有機食品の主力製品である味噌及び醤油，麺類は大豆，小麦粉などが欠かせない原料であるものの，いずれも国内の供給基盤が極めて脆弱である。例えば，2015年の場合に，大豆の海外格付け数量（30,921t）は国内格付け数量（1,201t）の25倍であり，海外で格付けされた大豆のうち，日本へ出荷された大豆（17,978t）は国内産の有機大豆の15倍と圧倒的に多い[19]。

2）製品の加工・製造

　有機食品の加工・製造は，有機JAS認証を取得した有機加工食品認定事業者によって担われている。農林水産省が提供する「有機加工食品の認定事業者（2016）」リストより，欧州向け有機食品を提供可能な事業体数を製品カテゴリ別に検索した。その結果，緑茶に201社，味噌や醤油に20数社，こんにゃく・しらたき，梅加工製品に10社以上，その他製品に10社未満の事業体がヒットした（**図11-2**）。輸出向け有機加工食品の供給基盤が如何に弱いかを推測できよう。

　一方，製品としての味噌，醤油の輸入数量（味噌：173t，醤油：10t）は，国内の加工数量（味噌：1,606t，醤油：3,690t）のごく一部であることから，有機食品の加工原料は輸入に依存しているものの，加工プロセスは国内の加工事業者に完結していると言ってよかろう[20]。

3）輸出製品の集荷・輸出

　欧州向け有機加工食品のうち，オーガニック専門店に陳列されている輸出製品の大部分は，輸出商社（「ミトク」，「むそう」）へ集荷され輸出に仕向けられる[21]。これらの輸出商社は，輸出向け製品の開発・確保，通関手続き，

218

第11章　欧州向け有機食品のサプライチェーンの特徴と意義

輸出先国・地域の取引先の確保といった商社本来の機能は基より，有機大豆をはじめ，味噌・醤油の原料確保のために海外の契約農場から大豆を仕入れ，関連製品の加工事業者に供給しているほか，国内加工事業体の認証取得や伝統的製法維持のための支援活動，取引条件の履行を保証するモニタリングなどを業務とする。

4）輸入・製造卸企業

　こうして輸出商社が一括して集荷した欧州向けの有機食品の多くは，輸出先国の有機食品の輸入・製造卸企業へ届けられるが，その数は数十社に及んでいる[22]。これらの輸入・製造卸企業は，製品の生産・加工プロセスに関する情報を輸出商社とともに共有しているほか，必要に応じて，加工事業体への視察を通して，取引条件の履行を確認するモニタリングをも行なっている。

5）製品の販売

　輸入・製造卸は，多くの製品をバルク状態で輸入した上，自らが開発したコンシューマーパックへの小分け・包装作業を済ませた後に，販売チャネルごとに届けている。日本の有機食品の輸入・製造卸の販売チャネルには，オーガニック専門店を始め，有機専門の問屋，ネット販売を介した個別消費者，有機食品メーカーや外食企業がある。

（2）チェーンアクターのビジネスモデル

1）輸入・製造卸し企業

　クリアスプリングとアルシェは，日本をはじめアジア諸国や欧州地域より有機食品のほかビーガン食，グルテンフリー食など，慣行食品と異なる特別な食品の仕入れ・販売をビジネスとする企業であるが，同様なビジネスモデルを採用する企業の中では，日本の有機食品の販売額シェアが比較的に大きい企業である。

　クリアスプリングはイギリスのロンドンに本社を置いているが，バルク状

219

第Ⅲ部　輸出先国の表示・認証制度に対応した輸出戦略

表 11-6　欧州向け有機食品の輸入・製造卸企業

	クリアスプリング	アルシェ
所在地	イギリス・ロンドン	ドイツ・ヒルデン
設立年次	自然食品店の開業（1977） クリアスプリング買収（1993）	約 30 年前
事業の構成	日本及びアジア諸国からの有機食品の 輸入・製造・販売 欧州地域からの有機食品の仕入れ販売	日本及びアジア諸国からの有機食品の 輸入・製造・販売 欧州地域からの有機食品の仕入れ販売
売上 内，日本食品	約 1 千万£ 約 60%	約 7 百万€ 約 40%
製品コンセプト 認証・保証	ビーガン（VEGAN）/有機（ORGANIC） /無糖（Sugar Free）/Non GMO（GMO Free）/Wheat Free/Gluten Free/Nut Free	有機（Organic）/ビーガン（VEGAN） /持続可能性（Sustainable）/安全性 （Safe）・透明性（Transpare）/無香 料・無糖・無添加
製品カテゴリ （製品数）	味噌類（15），海藻類（19），茶類（18）， スペシャリティ（21）※梅，餅，豆腐， わさび，葛など調味料類（22）麺類（10） 米菓・菓子類（8），寿司関連製品（15）	醤油類（4），食酢・香辛料・オイル（4）， ソース（1），味噌類（5），味噌汁（3）， 麺類（5），寿司関連製品（4），海藻 類（8），きのこ・豆類：椎茸，小豆（2）， 緑茶類（5），葛（1），餅（1）
販売チャネル	欧州諸国を中心に世界 45 カ国への販売 販売チャネル ①イギリス国内のスーパーマーケッ ト：20.5% ②イギリス国内の有機・自然食品店： 42.5% ③イギリス以外の EU 諸国：28.0% ④EU 域外：9.0%	欧州全域への販売 販売チャネル ①有機・自然食品店：N.A ②有機専門の卸売企業：N.A ③スーパーマーケット：N.A ④食品加工企業：N.A

資料：聞き取り調査より作成。

態で輸入した日本の有機食品をオランダの物流倉庫に搬入し，自社名やロゴを付した多様なコンシューマーパックに小分け包装した後に，イギリスを始め欧州全域に広がる販売チャネルへ配送している。これに対して，アルシェは，ドイツのヒルデンに関連施設（営業本部，物流倉庫，小分け包装センター）を揃え，クリアスプリングと同様に自社名やロゴを付した多様なコンシューマーパックを欧州全域のオーガニック専門店へ卸している（**表11-6**）。なお，二社ともネット販売による個人消費者への直接販売のほか，他社へのOEM製品の提供も行なっている。

　クリアスプリングとアルシェの経営理念，取扱っている日本食品の製品カテゴリ及びラインは類似している（**表11-6**）。二社とも，食の安全性の保証，ビーガン食やマクロビオティックの普及による健康的な食生活の提案，有機

220

第11章 欧州向け有機食品のサプライチェーンの特徴と意義

食品の積極的な購買がもたらす環境保全の実現といった経営理念の下で，有機，ビーガン，グルテンフリーといった特別な認証を有する製品のみを取り扱っている。

一方，販売額や製品が展開するエリア，日本の有機食品の仕入れのルートにおいては若干の違いが見られる。

クリアスプリングの販売額（2015）[23]は1千万£（約15億円）であり，そのうち，日本の有機食品の販売額シェアは60％である。同様な数値をアルシェについて確認すると，各々700万€（約9億円），40％である。また，クリアスプリングのロゴを付したコンシューマーパックの多くはイギリスの小売店舗を中心に展開していることに対して，アルシェのそれは，イギリスを除き，ドイツを中心に欧州大陸全域のオーガニック専門店に陳列されている。

2）輸出商社

株式会社ミトクと株式会社むそう商事は，国内において日本の有機食品を欧米諸国に輸出する事業をビジネスモデルとする企業である[24]。

これらの企業が日本食品の輸出を開始した契機は，いずれも1960年代終り頃，アメリカにおけるマクロビオティックの普及がもたらした関連食品の需要への対応であった。

当初は，マクロビオティックの根幹を成している伝統的な製法を用いた醗酵食品が重要な製品コンセプトであった。その後，欧米地域において食行動の見直しが，食の安全性の保証や健康的な食生活への改善に向かって進む中で，マクロビオティックとオーガニックが結びつき，1980年代以降はマクロビオティック関連の日本食品に有機認証が欠かせなくなったという[25]。

これにより，味噌及び醤油の有機認証に必要な有機大豆が国内では絶対的に不足している事態に遭遇し，有機大豆の海外供給基盤を構築した上で，国内の製品仕入れ元へ供給する事業が加わった[26]。また，輸出先国・地域の取引先からの提案を受け，欧州やアメリカで加工された質の高い有機食品や化粧品などの輸入・販売も事業として加わり，現在の事業体系が形づけられた。

221

第Ⅲ部　輸出先国の表示・認証制度に対応した輸出戦略

表 11-7　欧州向け有機食品の輸出商社

	株式会社ミトク（MITOKU）	株式会社むそう（MUSO）商事
所在地	東京	大阪
設立年次	1969 （社名の改称）	むそう食品株式会社　1968 株式会社むそう商事　1986
輸出開始	1968 年	1974 年
輸出の契機	マクロビオティック食の普及	マクロビオティック食の普及
事業の構成	①日本の伝統的食品（醤油，味噌，茶，酢など）の輸出，②有機栽培丸大豆，穀類等原材料の輸入販売，③有機認証食品の輸入販売，④認証を有する自然化粧品の輸入販売	①自然食品・オーガニック食品を中心とした日本食の輸出業，②オーガニック食品・原材料の輸入卸業，③ナチュラル＆オーガニック専門通信販売業
売上（2015）	約 20 億円	約 31 億円
輸出地域・国	欧州諸国，北米，その他	欧州諸国，北米，その他
製品カテゴリ及び製品ライン（製品数）	①醤油（2）②味噌（8）③緑茶（10）④麺類（5）⑤梅加工品（2）⑥葛加工品（2）⑦みりん（2）⑧その他調味料（3）⑨椎茸（2）⑩その他：麺（1），海藻（1），酒類（1），その他（3）	①醤油（3）②味噌（7）③その他調味料（4）④日本茶（緑茶）（14）⑤酒類：甘酒，清酒（2）⑥麺類餅（11）⑦スープ（4）⑧梅加工品（2）⑨葛加工品（3）⑩その他：餅（3），大根おろし（1），米菓（2），豆菓子（2），椎茸（2）
製品コンセプト取得認証	マクロビオティック食品 有機認証 日本の伝統及び自然食品 Kosher 認証	マクロビオティック食品 有機認証 NON-GMO 伝統的製法 Kosher 認証
販売チャネル	輸入商社・製造卸：N.A. 小売などへの直接販売：N.A.	輸入商社・製造卸：51 社（90%） 小売などへの直接販売 11：15 社（10%）
製品仕入れ（取引先数）	味噌（6），味噌調製品（2），醤油（6），麺類（2），その他（110）	味噌（4），味噌調製品（3），醤油（5），麺類（3），その他（23）

資料：聞き取り調査より作成。

　一方，二社ともに，自らが訴求する製品価値はマクロビオティックと言って差し支えない。そして，その延長において，安全性や環境への配慮を保証する有機食品，グルテンフリー，ビーガン食などが新たな製品価値として加わったということである。

　商品カタログによれば，二社の間に大きな相違点はなく，欧州のオーガニック専門店や輸入製造卸し企業が必要とする製品の全てをカバーしていることが分かる（**表11-7**）。

　一方，輸出向け加工食品の確保・調達をめぐっては，互いに古くから取引している，加工事業者とサプライチェーンを結んでいる。不特定多数の加工事業体とのスポット取引では製品保証すなわち伝統的な製法を守り，有機認

第11章　欧州向け有機食品のサプライチェーンの特徴と意義

証ほかビーガン，グルテンフリーを保証できる製品を安定的に確保すること
が困難であるために，パートナーシップ[27]や契約取引に基づいた長期安定
的な取引が求められるからである。

　表11-7にみる輸出向け有機食品の加工事業者数は，味噌と醤油をはじめ
いずれの製品においても10社未満と少なく，多様な製品カテゴリを満たすに
当たって，限定された少数の仕入れ元を確保していることが見てとれる。ま
た，クリアスプリングから確認した情報によれば，彼らの仕入れ元は38の事
業者であり，これらの有機加工事業者は23県に広がって分布しているという。
こうした事情から全国に散在している数少ない伝統的製法を用いた加工場を
展開する零細事業者が有機食品の加工を担っている実態を垣間見ることがで
きる。

　有機食品の輸出商社の主たる販売先は輸入製造卸である。「むそう」につ
いては，輸出額に占める輸入製造卸への販売額が占めるシェアが90％と圧倒
的高い。

（3）チェーンアクター間の取引にみる特徴

　一つ目は，サプライチェーンを構成するすべてのチェーンアクターは，食
の安全性，健康的な食生活の提供，食行動を通した環境への配慮といった共
通の経営理念に基づき，日本の有機食品に特別な価値すなわちマクロビオテ
ィック，製法の伝統性，有機食品，ビーガン食，グルテンフリーなどを付加
して消費者に提供している点である。

　二つ目は，サプライチェーンが少数のアクターに限定されている中で，ア
クター間の関係が単なるモノの取引ではなく，製品価値の保証，製品の開発・
確保をめぐって，特定のアクター同士がパートナーシップに基づく長期安定
的な取引関係を維持している点である。

　三つ目は，欧州向けの有機食品を輸出商社へ供給している多くの企業は，
地域に古くから伝わる伝統的な製法に拘った製品づくりを行なっている，零
細な事業者であるということである。

223

第Ⅲ部　輸出先国の表示・認証制度に対応した輸出戦略

表11-8　欧州オーガニック専門店における味噌・醤油の店頭価格

販売元		製品	重量(g)	製品形態	店頭価格	通貨	円	為替レート
クリアスプリング	味噌	有機麦味噌	300	瓶詰め	5.39	£	827.2	153.47
		有機玄米味噌	300	瓶詰め	4.00	£	613.9	
	醤油	有機たまり醤油	500	瓶詰め	7.99	£	1,226.2	
		有機醤油	500	瓶詰め	6.99	£	1,072.8	
アルシェ	味噌	有機麦味噌	300	チューブ	7.49	€	932.5	124.50
		有機玄米味噌	300	チューブ	7.49	€	932.5	
		八丁味噌	300	チューブ	7.99	€	994.8	
	醤油	有機醤油	500	瓶詰め	6.99	€	870.3	
		有機たまり醤油	250	瓶詰め	6.79	€	845.4	
国内市販品	味噌	有機合わせ味噌	500	瓶詰め	—		645	—
	醤油	特選有機醤油	500	瓶詰め	—		329	—

資料：店頭調査 (London：Whole Food Market, Munchen：Bio Markt, 鹿児島市：Only One) より作成。

注：1）国内市販品の価格は，鹿児島市内のスーパーで確認した。なお，税込価格である。
　　2）同じ製品名でも内容（濃度や製法など）が異なっていることに注意されたい。

　その一方で，伝統的製法を放棄し生産効率の向上を優先して輸出向け食品を加工している大手の加工企業も少なくない。さらには，生産コストや輸送コストの節約を期待し，生産の拠点を海外に移している企業も少なくない[28]。こうした状況を鑑みれば，欧州向け有機食品のサプラチェーンは，輸出がもたらす利益・付加価値が地方に展開する零細規模の食品加工事業体及び彼らが守っている伝統的製法を維持するに当たって重要な支援機能を有していると言ってよかろう。

　四つ目は，欧州向け有機食品の輸出に見る価格決めのプロセスは，各々の取引段階において販売元が提示する価格を受け入れ，前方のチャネルに沿って流通コストや利益を積み重ねる方式が堅持されているということである[29]。

　表11-8には，クリアスプリングやアルシェの味噌及び醤油製品の小売店頭価格を示した。国内で市販されている有機味噌，有機醤油の店頭価格と比較すれば，欧州で販売されている有機製品がおよそ1.5〜2倍ほど高いことが見て取れる。このような高い製品価格は，他店との競争を意識した低価格が重視され，予め定める店頭価格より小売サイドのマージン（値入り率）を差っ引いた納品価格がサプライヤーに強いられる価格決定方式[30]では，実現しにくいと言ってよい。

224

第11章　欧州向け有機食品のサプライチェーンの特徴と意義

4．欧州向けの有機食品の輸出が抱える問題

（1）価値の保証から価格競争へ

　近年，欧州向けの有機食品は販売をめぐる価格競争に晒されている。成長中の有機食品マーケットに市場機会を求めている食品関連企業の数が増え，製品価値や品質の保証が市場参入の条件であった競争環境から，より安い価格を提示するサプライヤーに有利な参入機会が与えられる状況にシフトしつつあるということである。

　その結果，価格競争に有利な日本の有機食品を代替しうる他国産有機食品が増えつつある中，次第に売り場における日本の有機伝統食品の縮小が余儀なくされている。

（2）国内生産基盤に見る脆弱性

　現在の欧州向け有機食品の国内生産基盤は，供給が逼迫している状況の下で，依然として供給の拡大や競争力向上への取り組みに限界を呈している。その根底には，加工事業者の規模の零細さ，職人を始め従事者の高齢化，伝統的製法の維持と生産規模拡大の両立困難[31] などの問題が横たわっている。

　一方，欧州向けの有機食品は，日本の食文化や伝統食品をアピールしているものの，原料確保をめぐる国内・地域農業との連携はないがしろになっていることも問題として指摘せざるをえない。

（3）有機認証制度をめぐる問題

　国内の輸出商社とのインタビューでは，有機認証制度の同等性に潜む不完全性に対する指摘があった。輸出の機会があるにも関わらず認証制度がカバーしていないが故に輸出機会を失うケース[32]，有機認証の基準が異なるために十分な同等性が認められないケース[33] などが該当する。

　一方，欧州向け有機食品の輸出をめぐっては，有機認証のみならず，ビー

225

ガン，グルテンフリー，Non GMOに関わる認証のほか，Global GAP，BRC（British Retailers' Consortium）のような納品先のプライベートスタンダードへの対応にも追われている実態がある。このような欧州向け輸出製品が満たすべき認証の多様化・複雑化は，従来のパートナーシップに基づいた長期安定的な取引を特徴とするサプライチェーンの機能不全をもたらしている一面がある。輸出先国が要求する多様かつ複雑な認証に，国内の輸出商社や加工事業者が速やかに対応できないが故に，輸入・製造卸の円滑な製品仕入に支障を来しているからである。

（4）購買行動の変化と新たな製品開発

クリアスプリングやアルシェによれば，日本の有機食品のうち，味噌・醤油の調製品，簡便食としてのインスタント味噌，インスタント即席面，ミックスサラダーなどの需要が著しく拡大しているという。また，若年層を中心に，食する場面や調理への活用方法にフュージョン（fusion）化が進む中，日本の有機食品が日本食ならぬ洋食，スナック，デザート用に活用される食行動が普遍的に見られるという。さらに，欧米を中心にビーガン人口が増えつつある中，ビーガン食への需要拡大への対応にも期待がかかっている。要するに，欧州向け有機食品については，こうした新しいレシピやニーズに応じた製品開発が急がれているということである。

5．おわりに

本研究では，日本の加工食品の輸出戦略が注目すべき製品やターゲット市場を有機食品と欧州諸国に求め，欧州向けの有機食品の輸出実態の分析を進めてきた。

しかしながら，貿易統計には有機食品を区分していないために，欧州向けの有機食品の輸出実績からみる輸出市場規模を捉えることはできなかった。ただし，図11-2を見る限り，欧米諸国への有機食品の輸出数量は，有機

第11章　欧州向け有機食品のサプライチェーンの特徴と意義

JAS認証製品の輸出量の数倍に達していること，日本の味噌（27.6億円）および醤油（61.9億円）の輸出額合計に占めるシェアは決して小さくないことが推測できる[34]。

　こうした中，①近年，欧州向け有機食品の輸出額は持続的に拡大していること，②欧州の有機食品マーケットは成長中にあり，新しい製品への需要が旺盛であること，③欧州では日本の有機食品がマクロビオティックを介してすでに安定的な需要が確保されていること，④動物性蛋白・脂質を使用しない和食を根幹とするマクロビオティックはビーガン人口の拡大と相まってさらなる需要拡大が見込まれていることは，日本の農産物及び加工食品の輸出戦略が輸出拡大を図るに当たって欧州向け有機食品に注目すべき理由をなしている。

　一方，欧州向け有機食品のサプラチェーンにおいては，チェーンアクターの間に，健康的な食生活の提案・普及，地域性や伝統性の継承，有機食品の積極的な購買，ビーガン人口の拡大がもたらす環境保全もしくは持続可能性の実現といった共通の経営理念の下で，伝統的製法を維持・継承している地域の零細な加工事業者とのパートナーシップに基づいた長期安定的な取引関係を構築していた。展覧会，商談会などのマッチング機会に依存しスポット取引を繰り返すために，多くの取引コストやプロモーションコストを支払っている輸出企業，効率性や利益を優先し，伝統的製法の放棄や海外現地生産を辞さない輸出企業が少なくない中で，欧州向け有機食品の輸出が内包する製品価値であり，かつ経済的・社会的意義に該当する。

　しかしながら，欧州向け有機食品については，それが持つ社会的・経済的意義や広がる輸出機会とは裏腹に，輸出拡大を妨げる要素も少なくないことも確認した。今後においては，原料農産物の生産を含む国内の供給基盤の拡充，同等性を含む有機認証制度の整備，新しい製品開発への一層の努力が求められている。

　最後に，本研究には加工事業者を対象として具体的な調査・分析を欠けているほか，北米の有機食品マーケットに関する実態把握が出来ていないまま

第Ⅲ部　輸出先国の表示・認証制度に対応した輸出戦略

である。これからの研究課題として残しておきたい。

[注]

1）訪問調査によって確認した店舗は後掲**表11-5**に示した。

2）Jeff Cox（2008）には,消費者の有機農産物及び食品の選択を助けるに当たって,日本の海藻（海苔,わかめ,昆布）,梅,味噌,醤油などを推奨している。

3）「国・地域別の農林水産物・食品の輸出拡大戦略」（首相官邸 2016）には,輸出先国・地域としての欧州諸国への関心は,アジア諸国に比べて相対的に低く,かつ有機食品を輸出製品として想定した分析は見当たらない。また,石塚（2016）がこれまでの参考文献に整理した関連研究の蓄積の大部分は生鮮農産物の輸出がテーマをなしている。

4）マクロビオティックとは,終戦後,桜沢如一氏が日本人の伝統的な食事を根幹として自らが考案した食事療法を名付けた語である。この考え方を受け継いだ久司道夫氏の渡米（1949）により,1950年代終わり頃から欧米社会に広く普及されてきた。久司（2009）は,動物性食品,砂糖,乳製品を控え,玄米などの全粒穀物と味噌汁をベースに野菜,海藻,豆類を加えた食事をマクロビオティックの標準食として提示している。持田鋼一郎（2005）は,この和食の知恵＝マクロビオティックが世界中に認知され,その食事法を実践している人々が急速に増えている実態を記している。

5）カテゴリ横断的に関連性の高い製品を一緒に陳列することである（日本マーケティング協会 2010, p.166）。

6）スポット取引がもたらす取引コストやリスクについては,青木昌彦・伊丹敬之（1993, pp.133-152）が雇用構造の分析において詳しく解説している。

7）例えば,神代（2016）は,2014年度のキッコーマンの海外生産量は,輸出量の9.6倍であるという。

8）有機認証を始め安全性,品質,機能性などに関する特別な認証を持たない製品の総称として用いる。

9）サプライチェーンの各々のステージにおいて固有の役割を演じているという意味でアクターという表現を用いている。

10）以下には,「輸入・製造卸」と表記する。

11）農林水産省「平成27年農林水産物・食品の輸出実態（品目別）」より確認した。

12）したがって,海外の有機認証により輸出する有機食品は含まれていないことに注意されたい。

13）1999年に欧州向けの緑茶より残留農薬が検出され輸出が停止される事態に遭遇し,その後欧州向け緑茶の輸出製品が有機緑茶に限定されたという経緯が働いている。

第 11 章　欧州向け有機食品のサプライチェーンの特徴と意義

14) ビーガン（Vegan）とは，消費の中で食肉のみならず魚，乳製品，蜂蜜，シルク，ウール，皮など動物性の素材を一切摂取・使用・着用しない人々を指す，イギリス発祥の語である。

15) 例えば，味噌の場合は，白味噌，赤味噌，八丁味噌など，醤油については，溜り，濃口などの製品が並んでいるほか，同種製品にも重量の異なる複数製品が見られた。

16) 欧州のオーガニック専門店においては，日本の有機食品がマクロビオティックと認知されていると考える理由である。

17) ドイツのブレーメンに本社を置く，マクロビオティック食として日本の有機食品を中心に輸入・販売を行っている企業である。

18) 企業が製品やサービスを顧客に供給するために必要な様々な活動がつながっている状態を意味する（森田 2004，p.10）。

19) 農林水産省「平成26年度認定事業者に係る格付け実績」。

20) 上掲資料。

21) 大手食品メーカーが欧州諸国に輸出しているケースも少なくないが，これらオーガニック専門店以外に展開する製品については情報を収集していない。

22) 例えば，「むそう」は取引している海外の輸入製造卸の数を51社と回答している。

23) このようなクリアスプリングの高い輸入実績や日本食普及への功績が評価され，2017年に農林水産大臣賞を受賞した。

24) むそう商事は関連会社としてムソー株式会社，ムソー食品工業株式会社を擁し，有機食品の輸入・加工・販売にも手掛けている。この点，輸出・輸入のビジネスに特化しているミトクと異なる。したがって，むそうグループ全体の販売額はミトクを大きく上回っているが，ここでは，株式会社むそう商事だけを比較していることに注意されたい。

25) ただし，もともと久司（2009，p.46）のマクロビオティックは，標準食の提示において有機農産物や食品の使用を進めているほか，マクロビオティックが受け継ぐ医食同源，身土不二の思想は日本の有機農業運動の系譜と重なっている（中島 2015，p.37）。

26) ミトクは1986年に，むそうは1988年に海外の有機大豆農場との契約取引及び輸入販売を開始している。

27) 例えば，原料の開発輸入・提供，認証取得への支援。

28) 醤油の海外生産については注 7 を参照。経済産業省「第46回海外事業活動基本調査概要（2015年度実績）」によれば，食料品の海外生産比率は12.2％である。

29) 輸出商社のインタビューにより確認した情報である。

30) このような大手スーパーのプライベートブランドに採用される価格決め方式及びそれによってサプライヤーが抱えるリスクについては，斎藤（2009，pp.45-58）を参照されたい。

229

第Ⅲ部　輸出先国の表示・認証制度に対応した輸出戦略

31) 例えば，醗酵食品の場合は，加工場所や当該地域の風土によって異なる麹が働くために，工場の移転もしくは拡充が品質の変化をもたらすリスクが高いという。

32) 例えば，有機JASの認証対象には，酒類，海藻などの水産物が含まれていない。

33) 例えば，有機JAS認定を受けている製品であっても，原料に同等性が認められていない国からの輸入品が含まれている場合は，同等性に基づいた輸出ができない。

34) 有機食品の最大手の輸出商社（「ミトク」,「むそう」）の輸出額合計（約26億円）に占める主力製品としての味噌と醤油のシェアは大きいという前提に基づいている。

[引用文献]

青木昌彦・伊丹敬之（1993）『企業の経済学』岩波書店。

Jeff Cox（2008）*Organic Shoppers' Guide*, John Wiley & Sons, Inc.

石塚哉史（2016）「農産物・食品輸出の現段階的特質と展望」『農業市場研究』第25巻第3号，pp.4-13。

久司道夫（2009）『マクロビオティック入門編』東洋経済新報社。

斎藤修（2009）「青果物流通システムの変化とサプライチェーンの構築」『フードシステム研究』第16巻第2巻，pp.45-58。

（社）日本マーケティング協会（2010）『ベーシック・マーケティング―理論から実践まで』同文館。

神代英昭（2016）「日本加工食品輸出の意義と現段階」『農業市場研究』第25巻第3号，pp.28-36。

中島紀一（2015）『有機農業がひらく可能性』ミネルヴァ書房。

持田鋼一郎（2005）『世界が認めた和食の知恵―マクロビオティック物語』新潮新書。

森田道也（2004）『サプライチェーンの原理と経営』新世社。

Meredith, S. and Willer, H.（2015）*Organic in Europe; Prospects and Developments*, IFOAM EU, FiBL,Marche Polytechnic University and Naurland, pp.1-85.

International Markets Bureau（Canada）（2013）*Consumer Trends:Sauces, Dressings and Condiments in Germany, Market Indicator Report.*

（李　哉泫・岩元　泉）

第12章

外国人を対象とした嗜好性調査プロセス
―輸出を目指す国産モモを活用した試行―

1．はじめに

攻めの農林水産業の柱の一つに農産物の輸出拡大が挙げられており，農産物輸出による市場開拓は重要な政策と位置づけられている。高い品質を有する日本産の農産物は，諸外国から高い評価を得ており，今後ますます輸出拡大が期待されている。特に，東南アジアを中心に人気を博しており，高値で取引されている。国産農産物の輸出では，ブドウ，イチゴ，モモ，ナシなど果物を中心に市場を伸ばしている。

一方で，輸出相手先の消費者の嗜好に目を向けると，気候風土や食文化，食習慣の違いにより，それぞれの国により求められる農産物の品質が異なっていると考えられる。しかし，農産物の市場拡大を目指すうえで重要なブランド化に向けた市場調査，嗜好性評価などの具体的なデータは少なく，マーケティングリサーチに基づく市場開拓の必要性が指摘されている（福田ら2016，李 2013）。

農産物輸出に関する既往の研究は，大きく3つに分類される。すなわち，農産物市場開拓に関するサプライチェーンに関する研究，農産物輸出に関する制度政策的な研究，農産物輸出に関する鮮度保持や輸送技術に関する研究である。市場開拓やサプライチェーンに関する研究（石塚 2015，森高2016）では輸送コストの問題，市場価格の問題，販売チャネル，ブランド化の課題など様々な視点から議論されている。農産物輸出に関する制度政策的な研究（井上ら 2009）では，食品規制，植物検疫や通関に関する課題，放

第Ⅲ部　輸出先国の表示・認証制度に対応した輸出戦略

射能検査などの安全性に対する対応などが議論されている。農産物輸出に関する鮮度保持や輸送技術に関する研究では新たな輸送手段や，鮮度保持を促進するコンテナや包装資材等に関する研究などが行われている。これらの研究が進められる中で，付随してクローズアップされてきたのが，国民性の違いによる味覚や嗜好性，食文化に関する課題である。

　国内企業の輸出促進を支援している日本貿易振興機構（以下，JETRO）の調査（JETRO2014）によれば，海外バイヤーが最も重視する要素は嗜好・味覚である。次いで，価格，安全・安心，賞味期限，利用シーン，販売促進であった。日本産品の高い品質は，安全・安心に関する取り組みに裏付けられたものであるが，安全・安心や価格よりも，嗜好や味覚が重要視されていることは，輸出戦略を考えるうえで，重要な示唆を与えるものである。さらに，JETROの調査によれば，物差しの違う市場をいかに評価し，その対応策を探るかが重要であると指摘している。そこでは，日本国内では評価が低い規格の農産物が海外では高い評価を受け，新しい商品市場を形成している事例が報告されている。例えば，香港や台湾などでは食べ歩き用に小ぶりなサツマイモが高評価，日本では安値となる大きいサイズの長芋が台湾では高評価，中国や台湾では大玉リンゴ，ヨーロッパでは小玉リンゴが高評価などである。それぞれの地域によって，食文化や食嗜好が異なることから，それら新たな市場の発見は輸出の商機になっている。こうした商機の発見は，バイヤーの生の声から明らかになったものであり，国産農産物の輸出を促進するうえで，極めて重要なポイントといえる。

　このように，輸出促進という視点からは，輸出相手国の嗜好性に合う食品・農産物の選定がマーケティング戦略上重要である。筆者らが外国人留学生に対して日本産イチゴを対象に実施した調査においても，日本とアジア各国の評価に有意な差異が見いだされ，大きさや甘み，酸味に対する嗜好性の違いが明らかとなっている（Goto et al. 2010）。その中で，気候風土や文化が異なる各国の留学生を対象とした調査では，味覚の成熟度や感じ方により評価にばらつきが見られ，基準となる指標がなければ結果の解釈が難しいという

232

第 12 章　外国人を対象とした嗜好性調査プロセス

問題があった。その点を解決する手段として，味覚センサーを用いた指標の基準化により，基準に対する相対評価を行うことで各国間の味覚に対する差異を分析することが可能になっている（Goto et al. 2010）。

　本章ではこれらを踏まえて，外国人を対象とした嗜好性評価の手順を策定する。その手順に従って実際の嗜好性調査を実施する。そして，嗜好性調査で収集した回答の評価得点を算出し，機器計測の結果と統合的に分析することで，国別品種別の嗜好性を明らかにする。最後に，嗜好性評価結果をもとに結果の解釈を分かりやすく検索表示し，輸出戦略の資料となる嗜好性データベースを公開する。

2．方法

（1）調査手順の策定

　輸出を成功させるためには，現地国民に対する消費者調査により，詳細にデータを収集し，輸出対象国や輸出品目・品種，規格などを検討し，輸出成功の確度を上げることが重要である。しかしながら，輸出を志向する産地では，どのように消費者調査を実施し，嗜好を調査すればよいのかわからない場合も見受けられる。諸外国の消費者を対象に官能調査・嗜好性調査を実施する場合，その国の食文化背景などを詳しく調査し，対象とする農産物の味覚に対する感じ方，香りに対する感じ方，サイズや色に対する感じ方を客観的に評価する事が重要となる。しかし，基準となる指標がない中で比較対象国間の嗜好性を比較することは難しく，絶対的な評価が得にくいといった問題がある。これらに対応するため機器分析による基準指標（特徴のある味や香り，色調などのデータ）の作成を行い，基準指標との相対評価及び相関評価を実施することで解決が見込まれる（守田ら 2016）

　そこで，マーケティングサイエンスの視点から**図12-1**に示す外国人の嗜好性評価の手順を策定した。

233

第Ⅲ部　輸出先国の表示・認証制度に対応した輸出戦略

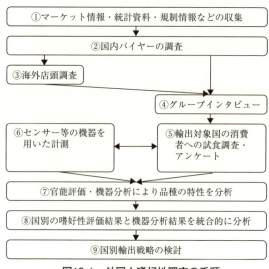

図12-1　外国人嗜好性調査の手順

①マーケット情報・統計資料・規制情報などの収集

　輸出を対象とする調査の場合，最初のステップはマーケット情報や統計資料，規制情報などの収集である。農産物輸出の場合は対象国での消費の状況，販売の状況，植物検疫の情報，食品規制の状況などを事前に収集分析する必要がある。植物検疫や食品規制の状況は日本政府も積極的に収集公表しているので，政府の情報を判断材料にすることも可能である。また，輸出対象国のマーケットの状況は，JETROが定期的にマーケットレポートとして公表しており，輸出ビジネスを進めるうえで参考になる。これらの情報に加え，輸出対象国の政府機関公表の情報なども把握しておく。

②国内外バイヤー調査

　外国での販売状況や嗜好を判断する場合，国内外の農産物バイヤーに対しヒアリング調査を実施することが重要である。輸出対象国での販売状況や，商品流通経路，通関手続きの状況などビジネスに直結した具体的な取り組み状況が把握できる。

234

第 12 章　外国人を対象とした嗜好性調査プロセス

③海外店頭調査

　輸出対象国での店頭販売状況，販売価格，販売規格などを現地スーパー，百貨店などにて店頭調査を実施し，輸出対象国での市場機会を把握する。実際の店頭での販売状況を確認することで，比較的容易に市場機会の有無や輸出機会の可能性の評価が可能となる。JETROの輸出環境調査なども参考になる。

④グループインタビュー

　輸出したい農産物の販売拡大の可能性を把握するため，輸出対象国の消費者を対象にしたグループインタビューを実施する。1 回当たり 5 〜 7 人で複数回実施することが望ましい。グループインタビューを実施することで対象品目の消費の状況などが把握できる。さらに，このグループインタビューは，のちに実施するアンケートの調査項目や評価する言葉を抽出，決定するための重要な情報収集の機会でもある。

⑤輸出対象国の消費者への試食調査・アンケート

　グループインタビューの結果を受けて，調査票および調査方法を設計する。輸出対象品目に対する試食調査の調査票の設計では，総合評価，甘さの好み，香りの好み，食感の好み，色調の好みといった評価項目を設定したうえで，7 段階または 9 段階ヘドニック尺度を活用する場合が多い。尺度 9 段階の場合は，非常に嫌い，とても嫌い，嫌い，やや嫌い，好きでも嫌いでもない，やや好き，好き，とても好き，非常に好きとする。また，試食調査に際しては，試食部分で味が異なる可能性があるため，試食部位を統一するなどのサンプル調整が必要である。各消費者モニターに対し調査環境を含めて可能な限り同一の条件にて試食を行ってもらうことが嗜好性調査では重要である。加えて，調査票には，対象品目に関連する日頃の消費行動についての設問を設定する。

　一方，実際の試食調査では，消費者モニターの選定が重要になる。試食調

第Ⅲ部　輸出先国の表示・認証制度に対応した輸出戦略

査を国内で実施する場合は，在日期間の短い輸出対象国の人を募集する。消費者モニターの募集にあたっては，在日外国人や留学生をアンケートモニターとして保有する調査会社への委託が考えられる。対象品目のターゲットが若年層の場合は，多くの留学生を受け入れている大学への委託も一つの手段である。消費者モニターの募集にあたっては，一カ国あたり最低30人以上が有効とされている（内藤1998）。

⑥センサー等の機器を用いた計測

　農産物の調査の場合，農産物固有の問題として個体差や，品種別の特徴などを客観的なデータとして把握する必要がある。例えば，同じ品種のモモを日本人が評価した場合と外国人が評価した場合に，味に対する感じ方に違いがあったとしても，客観的に証明することは難しい。そこで，調査する品種の特徴を客観的なデータとして把握しておく必要がある。方法としては，人間の感覚器（舌，歯ごたえ，感触など）を分析装置として数値化する官能評価と，糖度，酸度，硬度などの分析装置による簡易測定，GC-MS（ガスクロマトグラフ質量分析計），LC-MS（液体クロマトグラフィー質量分析計）などの機器分析，味覚センサー，嗅覚センサー，ビジュアルアナライザーなどを用いて人間の感覚器を刺激する化学物質をセンサーで検出する多感覚分析などが有効である。簡易に計測する場合も，糖度や硬度，色等は把握しておく。

⑦官能評価・機器分析により品種の特徴を分析

　官能評価及び機器分析により品種ごとの特徴の整理が重要である。特に，官能評価と嗜好性評価が混同される場合があるため，その関係を**図12-2**に示す。わかりやすく説明すると，官能評価は味の強弱を判定するのに対し，嗜好性評価は味の好き嫌いを評価する手法である。この２つの評価を実施することにより，特定の味や香りに対する嗜好が明らかになる。また，官能評価と同様に機器分析を活用することで，味を構成する成分群が明らかとなり，

236

第12章　外国人を対象とした嗜好性調査プロセス

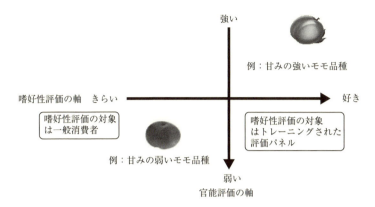

図12-2　官能評価と嗜好評価の違い

好みの嗜好を構成する要素が客観的に把握できる。

⑧国別の嗜好性評価結果と機器分析結果を統合的に分析

　嗜好性評価の評価票で9段階ヘドニック尺度を活用した場合は，非常に嫌い〜非常に好きに1〜9ポイントを与え，総合評価，甘さの好み，香りの好み，食感の好み，色調の好み等の各評価項目の平均評価得点を算出する。これらの嗜好性評価結果と，機器分析結果などを総合的に分析し，次の輸出戦略を検討すると効果的である。

⑨国別輸出戦略の検討

　①②③で得られた国別の市場の状況，検疫などの制度の状況などの整理，④⑤のグループインタビューやアンケートで得られた輸出対象国の消費者の声などを整理する。そして，⑤〜⑧で得られた嗜好性評価の結果などとあわせて，輸出好適品種の選定や国別の輸出販売戦略などを検討する。

　以下では，この手順に従って調査を実施し，嗜好性評価結果を得た。

第Ⅲ部　輸出先国の表示・認証制度に対応した輸出戦略

（2）調査対象の選定

　今回の調査では，調査対象品目としてモモを選定した。その理由は，近年山梨県などの産地を中心に東南アジアへの輸出が増えていることと，輸入量が少ない欧州などで日本産のモモに対する喫食意向が強い点などからである（JETRO 2013）。

　輸出可能性のある調査対象国として，欧州4カ国（イギリス，フランス，ドイツ，アメリカ），東南アジア4カ国（シンガポール，インドネシア，タイ，インド）を選定し，日本を対照国とする。

　⑤の試食調査・アンケートについては，日本在住の消費者モニターを対象にし，各国30名以上を目標に選定した。調査は，2016年8月及び9月に東京都新宿区の調査会場で実施し，調査概要を**表12-1**に示した。供試したモモの品種は，調査時期，出荷可能産地，品種的特徴などを考慮し，JAフルーツ山梨の「一宮白桃」，「川中島白桃」，「なつっこ」，「さくら」，「幸茜」，「甲斐黄桃」の6品種[1]とした。各消費者モニターは，8月と9月の2回来場し，6品種全てを評価した。

表12-1　嗜好性調査モニターおよび実施状況の概要

調査国と人数 （8月9月ともに参加したモニター）	イギリス 33，ドイツ 29，フランス 34，アメリカ 33，シンガポール 32，インドネシア 34，タイ 31，インド 31，日本 37
調査モニター条件	上記を出身地とする在日外国人，中流階級以上の20～50代男女均等割り付け
桃の産地	山梨県　JAフルーツ山梨管内
調査時期と品種	8月4日～7日：なつっこ，一宮白桃，川中島白桃 9月8日～11日：さくら，幸茜，甲斐黄桃
調査地	日本人つくば市（8月4日，9月8日） 外国人東京都新宿区（8月6・7日，9月10・11日）

　最後に，モモを対象にした嗜好性評価から本手順を実施する上での留意点を検討する。

238

（3）調査結果のデータベース化

　調査結果を分かりやすく利用できるようにするため，以上の結果を農産物嗜好性データベースにて公開する。データベースは，管理者が容易に最新の情報を随時更新することが可能な仕様とする。登録可能な情報は，品目，品種，国別嗜好性評価結果（甘さ，香り，食感，総合的な評価），大きさの好み，品種別多感覚分析結果などであり，出力メニューとして品目別2次元マップ，国別レーダーチャート，品種別類似度を示すクラスター図などが表示できるようにする。

3．結果

（1）調査手順に沿った結果

①マーケット情報・統計資料・規制情報などの収集

　農林水産省では，植物検疫の条件を，貨物として出荷する場合，携行品として持っていく場合，郵便物として送る場合の3パターンに分類して公表している（農林水産省植物検疫所 2017）。公表している情報として，品目ごとの植物検疫条件のレベルが一目でわかるようになっている。すなわち◎：植物検疫証明書なしで輸出できる，Q:植物検疫証明書を添付すれば輸出できる，P：輸出相手国の「輸入許可証」を取得する必要がある，☆：二国間合意に基づく特別な検疫条件を満たしたもののみ輸出できる，×：輸出できない，であり，5段階で品目別国別に判断できるようになっている。例えば，平成29年10月17日現在の貨物の情報のうち，モモを見てみると，香港は◎，韓国は×，台湾は☆，タイはQであった。

②国内外バイヤー調査及び③海外店頭調査

　モモの販売状況について，2015年2月にシンガポールの百貨店のバイヤーにヒアリングを実施した。その結果，シンガポールマーケットでの日本産の

第Ⅲ部　輸出先国の表示・認証制度に対応した輸出戦略

果物は，高級で高品質として評価が高く市場機会は大きいが，場合によって
は船便での輸送に1ヵ月を要することが把握できた。通常，こうしたバイヤ
ー調査と店頭調査は同時に実施できるが，このときは調査時期が2月であっ
たため，南半球産のモモしか店頭にはなかった。季節性のある農産物におい
ては，調査時期の選定が重要である。欧州に関しては，2015年9月にフラン
スにてマルシェや高級百貨店を対象に店頭調査を行った。その結果，販売さ
れているモモは，南仏等で生産されている白桃品種，黄桃品種，蟠桃品種が
中心であり，比較的小さなサイズのモモが販売されていた。サイズの大きい
日本産の桃が受容されるかどうかは慎重に検討する必要がある。

④グループインタビュー

　嗜好性評価の調査票を設計するため，2014年1月に在日外国人を対象にグ
ループインタビューを実施した。グループインタビューは，外国人モニター
を有する調査会社にモニター募集，現地語でのモデレーター，通訳の手配，
会場の手配，発言録の取りまとめを依頼し，得られた調査結果を分析した。
調査対象国は，フランス，ドイツ，イギリス，タイ，シンガポール，インド
ネシアの6カ国であり各国のモモの販売状況や喫食状況，喫食シーン，各国
の嗜好性に関する表現方法などを把握した。

⑤輸出対象国の消費者への試食調査・アンケート

　モモを対象とした試食調査を，2016年8月及び9月に実施した。細かな手
順は以下の通りであり，a）～c）は事前，d）～f）は当日，g）は事後であ
る。a）調査日程・会場の確定，b）調査モニターの募集，c）調査品目の手配，
d）試食サンプルの個別データ測定（重量，糖度，酸度，硬度），e）試食サ
ンプルのカット調整，f）試食・評価，サイズについての評価，人種のルー
ツ[2]や消費行動等のアンケート記入，g）データの解析である。

　試食サンプルは，1個体を消費者モニター1人に提供し，消費者モニター
が試食したサンプルの糖度，酸度，硬度を計測してデータの紐付けができる

240

第 12 章　外国人を対象とした嗜好性調査プロセス

ようにした。また，各品種の同一ロット・規格のサンプルについて，多感覚分析，官能評価・機器分析による品種プロファイルを作成した。

1）国別嗜好性評価結果（総合評価）

　国別の総合評価に対する評価結果を**表12-2**に示す。総合評価に対する平均評価得点を算出し同一品種内における評価結果に対し一元配置の分散分析を行い，Tukeyによる多重比較を実施した。その結果，国別に比較し，有意差のあった品種は，「一宮白桃」と「川中島白桃」であった。「一宮白桃」では，フランス人の評価が7.59と高いのに対し，タイ人の評価が6.32と低い。「川中島白桃」では，インド人の評価が7.03と高いのに対し，日本人の評価が5.45と低い。ただし，「川中島白桃」は，日本人の調査日と在日外国人の調査日に2〜3日の差があったことにより，熟度が異なっていたため，硬度による補正が必要になる。各国の総合評価順位1位の品種を見てみると，8月が旬の「一宮白桃」を好む国がフランス，アメリカ，シンガポール，インド，9月が旬の「幸茜」を好む国が，イギリス，ドイツ，タイ，日本であった。

表 12-2　桃 6 品種に対する 9 カ国の嗜好性評価結果（総合評価）

国籍（モニター数）	なつっこ	一宮白桃	川中島白桃	さくら	幸茜	甲斐黄桃
イギリス（33）	6.00	*6.73*	6.03	5.85	**6.88**	6.36
ドイツ（29）	6.52	*6.90*	6.62	6.34	**7.03**	6.59
フランス（34）	6.26	**7.59** [a]	*6.59*	6.09	6.32	6.00
アメリカ（33）	6.06	**7.33**	6.61	6.48	*6.79*	*6.79*
シンガポール（32）	6.13	**7.50**	*6.47*	6.22	6.38	6.16
インドネシア（34）	**7.06**	6.74	6.56	6.62	*6.85*	6.12
タイ（31）	*6.71*	6.32 [a]	6.00	6.06	**6.74**	6.23
インド（31）	6.29	**7.03**	**7.03** [a]	5.97	6.58	*5.87*
日本（37）	*6.95*	6.68	5.45 [a]	6.30	**7.08**	6.65

注：1）嗜好尺度を9段階に設定し（非常に嫌い1，とても嫌い2，嫌い3，やや嫌い4，好きでも嫌いでもない5，やや好き6，好き7，とても好き8，非常に好き9）平均評価得点を算出した。
　　2）網掛け太字は各国の嗜好順位1位を表している。
　　3）斜体は各国の嗜好順位2位を表している。
　　4）一元配置分散分析にて有意差の確認できた項目に対し，多重比較（Tukey）を実施，同一添え字はデータ間に有意差（5％）があることを示す。

241

第Ⅲ部　輸出先国の表示・認証制度に対応した輸出戦略

この結果から，各国で好みの品種が異なり品種別に輸出国の選択が可能になること，生産量の少ない9月品種を好む国が明らかになったことにより，輸出先の絞り込みや，評価の高い国に対する輸出用の産地拡大の可能性が見いだせた。

2）人種のルーツ別評価結果

　国別の評価結果を受けて，人種別の評価結果をみる。日本人以外は嗜好性評価の調査票において，調査の趣旨を説明したうえで，人種のルーツについて聞いている。人種の選択肢としては，コケージャン白人系，アフリカ系，東アジア系，東南アジア系，中東系，ヒスパニック系，その他である。分析に際しては，それぞれのグループ内における平均評価得点を算出し，T検定による有意差を求めた。これらの結果のうち，特に人種間差が大きいと想定されるアジア系とコケージャン白人系に分類し，両人種間で各品種の評価結果を比較した。表12-3の結果をみると，コケージャン白人系が，外観評価の「一宮白桃」と「さくら」に対して，香りの「甲斐黄桃」に対して相対的に高い評価をつけている。一方で，アジア系は「なつっこ」の甘さ，食感に対して相対的に高い評価を付けている。これらの結果から，人種間で嗜好に差があることがわかる。

3）国別嗜好サイズ評価結果

　国別の好みのサイズに対する評価結果を表12-4に示す。10段階に分けられた出荷規格サイズのうち，最も大きな92mmを最も好んでいるのはシンガポール，インドネシア，タイの3カ国であった。一方で，ほぼ中間の83mmを選択したのは，イギリス，フランス，アメリカ，日本，シンガポールであった。9カ国のうち，最も小さいサイズを選択したのはドイツであった。このように，JETROがバイヤーの経験則として明らかにしていたアジア系の各国は大玉を好み，欧米の各国は小ぶりなサイズを好むという傾向が確認できた。この結果から，産地において，品種別に輸出対象国を選定することは

242

第12章　外国人を対象とした嗜好性調査プロセス

表 12-3　人種別嗜好性評価結果

評価項目	品種	アジア系 (n:158) 平均評価得点	コケージャン (白人) 系 (n:110) 平均評価得点	p 値	検定
全体評価	なつっこ	6.63	6.28	0.121	
	一宮白桃	6.85	7.21	0.059	*
	川中島白桃	6.23	6.43	0.414	
	さくら	6.11	6.10	0.950	
	幸茜	6.56	6.72	0.402	
	甲斐黄桃	6.10	6.41	0.122	
外観	なつっこ	6.93	7.17	0.237	
	一宮白桃	6.69	7.20	0.008	***
	川中島白桃	6.23	6.27	0.841	
	さくら	5.95	6.58	0.001	***
	幸茜	7.16	7.54	0.019	**
	甲斐黄桃	6.53	6.41	0.598	
香り	なつっこ	6.39	6.54	0.436	
	一宮白桃	6.77	7.19	0.018	**
	川中島白桃	6.72	6.80	0.698	
	さくら	6.05	6.22	0.388	
	幸茜	6.69	6.93	0.185	
	甲斐黄桃	6.08	6.56	0.008	***
甘み	なつっこ	6.67	6.12	0.018	**
	一宮白桃	7.04	7.27	0.246	
	川中島白桃	6.37	6.57	0.410	
	さくら	6.41	6.71	0.258	
	幸茜	6.63	6.69	0.767	
	甲斐黄桃	6.34	6.42	0.731	
食感	なつっこ	6.42	5.79	0.018	**
	一宮白桃	6.95	6.94	0.953	
	川中島白桃	6.06	6.26	0.442	
	さくら	6.07	5.75	0.215	
	幸茜	6.66	6.69	0.900	
	甲斐黄桃	6.63	6.22	0.066	*

注：1）Ｔ検定の結果，＊は10％，＊＊は5％，＊＊＊は1％水準で有意差が認められる。
　　2）アジア系には日本人を含む。

表 12-4　国別品種別嗜好サイズ

出荷規格サイズ	92mm	88mm	86mm	83mm	80mm	78mm	75mm	71mm	66mm	61mm
イギリス	9.1	6.1	9.1	**30.3**	*21.2*	6.1	3.0	9.1	3.0	3.0
ドイツ	*20.7*	−	10.3	6.9	10.3	**24.1**	6.9	3.4	10.3	6.9
フランス	5.9	5.9	5.9	**23.5**	14.7	*20.6*	5.9	11.8	2.9	2.9
アメリカ	9.1	−	*18.2*	**27.3**	6.1	9.1	15.2	12.1	3.0	−
シンガポール	**18.8**	6.3	12.5	**18.8**	*15.6*	9.4	9.4	6.3	−	3.1
インドネシア	**29.4**	5.9	17.6	14.7	*23.5*	−	5.9	2.9	−	−
タイ	**29.0**	6.5	*22.6*	12.9	9.7	12.9	6.5	−	−	−
インド	6.5	−	6.5	9.7	**32.3**	*16.1*	12.9	6.5	3.2	6.5
日本	10.8	2.7	*24.3*	**32.4**	5.4	8.1	10.8	2.7	2.7	−

注：1）太字は各国の選考順位1位を表している。
　　2）斜体文字は各国の選好順位2位を表している。

243

第Ⅲ部　輸出先国の表示・認証制度に対応した輸出戦略

もとより，出荷規格に応じて輸出対象国を選択することも重要であることが示唆された。

⑥センサー等の機器を用いた計測調査対象品種

調査対象品種の特性分析結果（重量，Brix値，硬度）は図12-3に示すとおりである。8月でみると，「なつっこ」，「一宮白桃」，「川中島白桃」の重量，Brix値の差は相対的に小さいが，硬度に関しては差が大きくなっている。こ

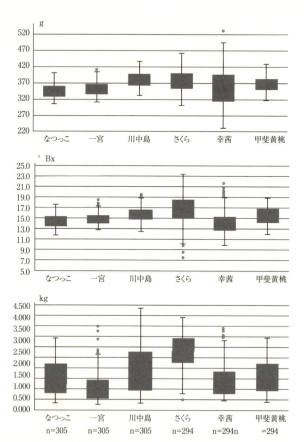

図12-3　調査品種の重量（図上）・Brix値（図中）・硬度（図下）
注：Brix値はATAGO PAL-J，硬度は藤原製作所 KM-5で測定した。

第12章　外国人を対象とした嗜好性調査プロセス

れは，熟度の差が要因の一つであると考えられるため，⑤でも述べたように硬度による補正が必要になる。9月に関しては，硬度に加えてBrix値による補正が必要になると考える。

⑦官能評価・機器分析により品種の特徴を分析および，⑧国別の嗜好性評価結果と機器分析結果を統合的に分析

　嗜好性調査では試食評価に加えて糖度や硬度などに関する機器分析を行ったことで，評価する個体の客観的な数値特性を追跡し分析することが可能となる。ここでは，硬度のばらつきが大きかったことを踏まえ，サンプルを同一硬度内に限定した上で嗜好性の再評価を試みた。特に硬度の差が大きかった「川中島白桃」では日本人評価（8月3日実施）と外国人評価（8月5日〜7日実施）に差がみられたが，箱ひげ図により同一硬度内に収まるサンプル（硬度1.83-2.37）にて再度評価を行った結果，日本人サンプル数11，外国人サンプル数30（イギリス3，ドイツ4，フランス3，アメリカ3，シンガポール6，インドネシア5，タイ1，インド5）であった。「川中島白桃」に対する総合評価の結果を比較してみると，日本人評価は補正前が5.45，補正後が5.72，外国人評価は補正前が6.49，補正後が6.56であった。なお，補正により評価モニター数が大幅に減ったことから統計的な解析は難しい。このような事態を避けるため，調査日はなるべく同じに設定することが望ましい。

⑨国別輸出戦略の検討

　これらの嗜好性評価の結果を受けて，輸出戦略を検討する材料として，嗜好性データベースを構築した。データベースでは品目，品種，国籍が検索でき，国別の好み，品種別の好みなどが検索できる。**図12-4**に検索画面および結果表示画面を示す。このデータベースはデータの追加機能を有しており，新たな品目，品種の追加，調査結果の追加が可能である。以上の結果は農産物嗜好性データベースhttps://www.fruit-taste.infoにて公開している。デー

245

第Ⅲ部　輸出先国の表示・認証制度に対応した輸出戦略

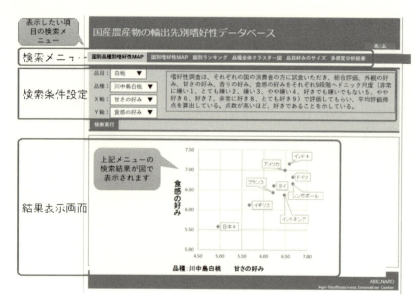

図12-4　嗜好性調査により明らかとした嗜好性評価結果例とデータベース画面

タベースは，管理者が容易に最新の情報を随時更新することが可能な仕様である。登録可能な情報は，品目，品種，国別嗜好性評価結果（甘さ，香り，食感，総合的な評価），大きさの好み，品種別多感覚分析結果などであり，出力メニューとして品目別2次元マップ，国別レーダーチャート，品種別類似度を示すクラスター図などが実装されている。

（2）嗜好性評価における留意点

　ここで，農産物を対象とした調査における特殊事情について検討したい。
　今回の調査ではモモを対象としているが，嗜好性調査において在日外国人を対象とした国内調査のメリットは，同一時期に複数の国の外国人を対象とした調査が実施できる点，国外調査と比較して調査費用が安価に抑えられる点，植物検疫などで輸出が困難な品目に対しても調査が可能な点などが挙げられる。デメリットとしては，調査モニターの消費者の日本国内での生活期

246

第12章　外国人を対象とした嗜好性調査プロセス

間や食経験によりバイアスがかかる点などが考えられる。国外での試食調査
のメリットは，日本での生活経験などのない，一般的な消費者に対しての調
査が可能な点，その国の気候や雰囲気の中で試食調査が可能な点等が挙げら
れる。デメリットとしては，植物検疫などの問題をクリアした品目に限定さ
れる点，試食用農産物の輸出・通関手続きが非常に煩雑である点（困難を極
める点），鮮度保持や輸送の問題をクリアするとともに最適な条件での調査
が難しい点，輸出費用も含めて調査費用が高額になる点などが挙げられる。
国内調査，国外調査それぞれにメリット，デメリットがあるため，調査目的
と費用に応じて調査手段を検討する必要がある。

　農産物の嗜好性評価を実施し，データを収集するうえで最も重要な点は，
個体間のばらつきに対する試料の同等性を担保する点である。同一産地・ロ
ットで同等性が担保される試料を調達するとともに，試食調査の直前に各サ
ンプルの糖度や硬度を測定し，評価結果の補正を行うことが重要である。

4．おわりに

　本章では，農産物輸出の促進を目的に，各国の消費者を対象としたマーケ
ティングリサーチの手順並びに，結果の解釈と結果を公開するデータベース
について考察した。嗜好性評価の結果から，国産モモの品種ごとの好みの違
いやサイズに対する好みの違いなどが明らかとなった。この結果から，従来
スーパーや問屋のバイヤーが経験的に把握していた各国の消費者の嗜好が裏
付けられた。また，農産物の輸出を目指す産地においても，産地における品
種の作付け構成や選別基準に基づき輸出先を決定するなど戦略的な輸出・販
売戦略の検討が可能となる。さらに，データベースを活用することにより，
国別の嗜好性を検索把握することが可能となり，戦略的な販売戦略・経営判
断の支援ツールとして有効活用が図られる。

　日本産の農産物は諸外国に味や品質において高い評価を受けており，安全
安心といった高品質性に加えて，各国の嗜好に基づく提案を行うことで，よ

247

第Ⅲ部　輸出先国の表示・認証制度に対応した輸出戦略

り戦略的な輸出販路の拡大が図られる。嗜好性評価に基づく輸出の拡大が，嗜好性評価結果などのエビデンスに基づく戦略によりさらに拡大することを期待する。

　　　［付記］

　本章の初出は後藤ら（2018）「外国人嗜好性調査手順と嗜好性データベースの公開―輸出を目指す国産モモを活用した試行―」『農研機構研究報告食農ビジネス推進センター』第2号，pp.1-15，である。

［注］
1）なお，⑤～⑦に用いるモモはJAフルーツ山梨管内の圃場にて収穫後，共同選果場にて選果された同一ロット・規格のモモを外国人試食試験会場（東京都新宿区），日本人試食試験会場（茨城県つくば市），多感覚分析を実施するアルファモスジャパン（東京都品川区），官能評価・機器分析を実施する農研機構食品総合研究部門（茨城県つくば市）へ同時に発送した。各所ではエアコンにより室温を30℃以下で管理し保存した。
2）人種や食文化によって，味覚に差があることが考えられることから，人種のルーツを確認し人種間の評価が可能なように調査票を設計した。

［引用文献］
福田　晋編著（2016）『農畜産物輸出拡大の可能性を探る―戦略的マーケティングと物流システム―』農林統計出版。
後藤一寿・井上荘太朗・渡邉　治（2009）「機能性食品摂取と選択に関する国際比較―日本・アメリカ・イギリス・イタリア消費者調査結果から―」『フードシステム研究』第16巻第3号，pp.27-31。
後藤一寿・沖　智之・須田郁夫（2010）「機能成分高含有農産物の開発と消費者の期待―消費者調査結果から―」『フードシステム研究』第17巻第3号，pp.159-163。
Goto, Kazuhisa., Kazuyoshi Sone, Kenji Okubo（2010）*MARKET RESEARCH THAT UTILIZED THE TASTE SENSOR TECHNOLOGY FOR JAPANESE STRAWBERRY*, ISSAAS International Congress, p.195.
後藤一寿・曽根一純・大西千絵（2011）「留学生を対象としたイチゴ官能調査結果―味覚センサーを活用した分析の試行―」『第74回（平成23年度）九州農業研究発表会専門部会発表要旨集』p.133。

井上荘太朗・後藤一寿（2009）「欧米への機能性食品輸出の制度的検討―紫サツマイモジュースの事例―」『農業経営研究』第47巻第1号，pp.123-128。

石塚哉史（2015）「農産物・食品輸出戦略の現段階と課題に関する一考察」『フードシステム研究』第22巻1号，pp.38-43。

JETRO（2013）「日本食品に対する海外消費者意識アンケート調査（中国，香港，台湾，韓国，米国，フランス，イタリア）7カ国・地域比較」https://www.JETRO.go.jp/ext_images/jfile/report/07001256/kaigaishohisha_Rev.pdf（2017年12月閲覧）

JETRO（2014）「食品輸出にチャレンジ～輸出のステップと成功のヒント～」https://www.JETRO.go.jp/ext_images/JETRO/japan/okinawa/report/step_hint_for_food_export.pdf（2017年12月閲覧）

李　哉汰（2013）「農産物の地域ブランドの役割とマネジメント」『フードシステム研究』第20巻第2号，pp.131-139。

守田愛梨・荒木徹也・池上翔馬・岳上美紗子・住　正宏・上田玲子・相良泰行（2016）「チェダーチーズの粘弾性と香気成分から官能評価スコアを予測する品質評価モデルの開発」『日本食品科学工学会誌』第63巻第1号，pp.1-17。

森高正博（2016）「農産物輸出におけるマーケティング戦略の課題―ブランディング戦略の観点から―」『フードシステム研究』第23巻第2号，pp.98-112。

内藤成弘（1998）『正しい食品官能評価法解説書』缶詰技術研究会。

農林水産省植物検疫所「輸出条件早見表」http://www.maff.go.jp/pps/j/introduction/import/index.html（2017年12月閲覧）

（後藤一寿）

第13章

健康機能性食品の開発の流れと輸出戦略の検討

1．はじめに

　我が国の農産物輸出進める上で，高品質性はもとより，健康機能性などの新たな付加価値を見いだし，輸出を伸ばす試みに注目が集まっている。例えば，北海道では食の輸出拡大戦略案の中で新たな市場への展開目標の中で機能性食品の販路開拓を掲げている。経団連の提言の中でもSocirty5.0の実現に向けて，機能性農産物の開発などを掲げており，これらの関心の高さがうかがえる（北海道 2016，経団連 2016）。

　健康機能性食品に対する期待は，健康を意識する高齢者に限らず美容を意識する若手世代においても関心が高い。また機能性食品では野菜・果物の商品を志向する傾向も見られ，農産物輸出において有効な付加価値戦略になり得ることが示唆される（Marsh 2016）。これらの市場の動向を受け，健康被害を防ぐ目的から，健康機能性表示，健康強調表示に対する規制が各国で整備されている。これらの規制や制度を理解し，新たな輸出商品とし市場を獲得し，国内農業や産地に利益をもたらす取り組みが求められている。そこで，本章では，機能性農産物の開発の流れ，我が国の機能性表示制度を整理した上で，これらを踏まえた輸出戦略について検討する。

2．健康機能性食品とは何か

（1）健康機能性研究の始まりと展開

　我が国の高度なバイオテクノロジー技術に依拠する先端バイオ産業の展開

は，健康機能性の高い新品種の開発，地域特産農産物の健康機能性の解明並びに活用技術の開発，産学官連携による新商品開発など活発な動きを見せている。特に荒井ら（1999）が世界に先駆けて提唱した食品の栄養・味覚に次ぐ第3次機能を定義した「健康機能性食品」の提唱は，世界的な健康食品・機能性食品研究ブームと市場活性化を実現し，多くの食品科学研究者，栄養科学研究者，栄養士，医師，薬剤師などが研究に参加し，「食を中心とした健康増進」の実現を目指す契機となった。これら動きに呼応するように多くの大手食品企業やグローバル企業が健康機能性食品の開発に参入し，消費者の食を通してのQOL（Quality of Life）向上に貢献している。これらポテンシャルの高い活動は，世界に誇れる健康長寿を実現している日本ならではであり，健康機能性食品市場の成長を大きく牽引している。

このような市場の動きを受けて，消費者の健康志向の高まりと，分析技術・育種技術の高度化を背景に，健康機能性成分の含有を高めた農作物の開発が進められている。これらの農作物は，井上・後藤（2009a），後藤ら（2009）が示すように機能性食品の原料となったり，須田（2008）が示すように新商品開発を進める農商工連携のキーテクノロジー（新品種素材）として活用されたりし，注目を集めている。特に，後藤ら（2006）が行った調査により「食と健康」を強く意識する消費者に支持されていることが想定されるこれら新品種の認知，および市場拡大が求められている。そこで，本章では機能成分高含有農作物の開発状況を整理したうえで，これら新品種を活用した食品開発の流れ，機能性農作物に対する消費者の期待，新しい食品表示への期待と今後の方向について紹介する。

（2）健康機能性農産物の開発

農研機構をはじめ，公設試験研究機関はこれまでに時代の流れに沿った新品種の育成を行っている。特に，戦後食糧難の時代には「とにかくお腹を満たしたい」というニーズに応えるため「多収」を目標に，食生活が豊かになるにつれ，「よりおいしいものが食べたい」というニーズに応えるために「良

第13章 健康機能性食品の開発の流れと輸出戦略の検討

食味」を基準に，そして，人々のニーズの多様化を受けて「新たな価値を持つ品種」が基準に育成が進められている。ここで言う新たな価値を持つ品種とは「調理が簡単な品種」「これまでに無い目新しい品種」「健康機能性成分の多い品種」等であり，電子レンジで調理できるサツマイモ「クイックスイート」，赤や紫のジャガイモ「ノーザンルビー，キタムラサキ（カラフルポテト）」等が育成されている。特に機能性研究が注目されるようになる1990年代以降に機能性食材が注目されるようになり，様々な研究開発プロジェクトが実施されるようになる。また，国民の健康意識の高まりを受けて，機能性成分の高い品種の育成も盛んとなっていく。近年では輸出適応を目指した品種の育成も進められている。九州経済産業局（2018）の報告書にも示されているが，例えば，イチゴの新品種「恋みのり」は大果で輸送性に優れており，輸出にも適応している。

　本章では限定的に機能成分高含有農作物を「これまで含有量が低かった機能成分を生産工程や栽培方法の改良，通常の品種改良などによって高めた農作物のこと」と定義する。機能成分高含有農作物は，農業系の国公立試験研究機関並びに種苗会社や食品関係の民間企業により活発に開発が進められている。機能成分を高める方法としては，特定の機能成分を突き止め，その成分を多く含む品種の選抜を行う方法と，選抜した品種を親とする交配育種により，特定の成分の含有が高い品種を創出する方法と，植物が本来持つ防衛機能を刺激し，フィトケミカルと呼ばれる植物により生成される化合物の生成をうながす方法がある。後者では，寒締めホウレンソウなどに代表されるように，植物にとってより過酷な環境にさらし，植物の防衛本能を刺激することでビタミンなどの含有量を高められることが明らかとなっている。これらの知見から，新品種の作出ならびに栽培方法の研究により，機能成分高含有農作物の開発は進められているのである。

253

第Ⅲ部　輸出先国の表示・認証制度に対応した輸出戦略

3．機能性食品研究の動向

　農研機構では，これまで多くのプロジェクト研究の中から機能性農産物の新品種開発，並びに機能成分分析やメカニズム解明を進めている。たとえば，アントシアニンを多く含む紫サツマイモの新品種開発と，利用・加工技術開発，ヒト介入試験による肝機能改善効果の検証と企業との共同研究による製品化などプレ・ポスト一貫体制での研究開発は良い事例として注目されている。このような機能性研究のスタイルは，メチル化カテキンを高く含有する「べにふうき」やGABAを多く含む巨大胚芽米「はいいぶき」，ルチンを多く含有する韃靼そば，生薬のヨクイニンに用いられているハト麦等，農研機構など農業試験研究機関の長年の蓄積と豊富な遺伝資源の活用による新品種の開発，食品系研究者の挑戦による機能性解明研究が国内外から注目されている。また，高度な分析技術で日本が世界的なリーダーシップをとるために，抗酸化力（活性酸素を除去する能力）の標準分析法の開発，機能性農産物の成分含有量データベースの開発と公開など，世界に対し熾烈な研究開発競争が繰り広げられている。

　これらの状況を受けて，農林水産省では医農連携という視点から，農学と医学の融合による研究開発の支援を行い，これまで農学部や農業試験研究機関で実施が難しかった医学・疫学の分野での科学的エビデンスの解明が期待されている。2010年に公表した農林水産基本研究計画の中でも，予防医学の推進と医農連携による健康社会の実現に向けて研究を強化することが明言された。機能性農産物の研究では「農林水産物・食品の機能性解明と情報の整備・活用」の中で，5年後に「生活習慣病のリスク低減を図るため，大麦グルカン，紫サツマイモアントシアニン，みかんカロテノイド，茶カテキン等，米，畑作物，野菜，果樹，工芸作物等について，高血圧，脂質代謝異常症等を予防する機能性成分の同定と作用機序の解明及び農林水産物・食品機能データベースのプロトタイプの構築」，10年後に，「新たな機能性成分の同定と

254

作用機序の解明と高血圧，脂質代謝異常予防，アレルギー・炎症抑制等の目的別機能性成分及びそれを含有する農林水産物・食品とその利用に関するデータベースの開発，および抗酸化指標としてのORAC等，同様の機能を有する成分・食品の機能性の比較評価を行うための指標の開発」を行うと明記しており，より一層研究の強化が求められている。これらの関連研究の成果は山本（2017）に整理されており，機能性の高い食材を用いて構成された機能性弁当などで消費者に還元されている。

4．品種育成から産業化までの流れ―紫サツマイモ―

ここで，農研機構で実施している，新品種の育成から産業化までの流れについて紹介する。具体的なプロセスは，図13-1に示すとおり，1）新品種の育成，2）栽培研究，3）機能性成分の分析，4）機能性の検証，5）マーケティングリサーチ，6）産地化・商品化支援，7）地域経済波及効果の検証である。この産業化の流れについて，紫サツマイモを事例に紹介したい。九州沖縄農業研究センターでは，1995年に世界で初めて色素用サツマイモ品種として紫サツマイモ「アヤムラサキ」を，三栄源エフ・エフ・アイ株式会社と共同で育成・登録した。この品種は，色素成分のポリフェノール「アントシアニン」を多く含有しており，色素の効率的な回収が実現できた。この品種を登録した当時，脂っこい食事の多いフランス人に心臓疾患の罹患率が低いのには，赤ワインが強く関与しているとの説を唱えたフレンチパラドックスが発表され，世界は赤ワインブームのさなかにあった。まさに「紫色＝健康に良い食材」のイメージが定着し

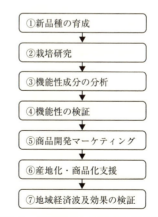

図13-1　品種育成から商品化までの流れ

始めた頃であり，紫サツマイモブームのきっかけとなった。品種の育成では，色価（アントシアンニンの量）耐病性等を指標に交配育種を行い，より良い品種の育成に成功した。その後，栽培研究を行い，効率的な生産体系を作っていく。同時に，機能性成分であるアントシアニンの含有量や構造を機能性研究者が中心に分析を行った。機能性成分の検証の段階では，試験管内での検証，細胞実験，実験動物での検証，ヒトでの検証を行い，肝機能改善効果，血圧上昇抑制効果などを見いだした（Suda et al. 2008）。これらの検証は，株式会社ヤクルト本社を中心とする食品企業との共同研究により実現している。また，紫サツマイモを手軽に摂取してもらうため，100％ジュースの開発を試みた。これは宮崎県農協果汁株式会社との共同研究により製法特許を取得し，多くの野菜ジュースの原料に利用されるようになったほか，先に紹介したヤクルト本社より「ヤクルトアヤムラサキ」として全国販売されている。さらに，マーケティングリサーチにより全国の消費者の認知状況や紫サツマイモを活用した新商品などのニーズ調査を実施した。その結果，紫サツマイモを活用したお菓子やアイスクリーム，焼酎などに対するニーズが顕在化した。これらの調査結果を企業に提供し，新商品開発の参考にしてもらっ

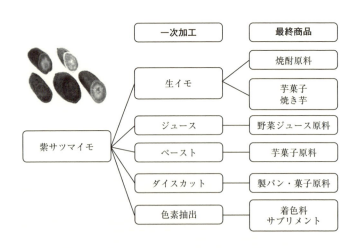

図13-2　紫サツマイモの一次加工形態と最終用途

ている。**図13-2**は紫サツマイモの一次加工形態と最終商品形態を示している。これらの一次加工方法の研究開発を進め新たな産地化や商品化の支援を行政と一体となって行い，一次加工工場の新設や貯蔵施設の建設などの支援を行うなどして，宮崎県，鹿児島県などの紫サツマイモ産地を支えている。このように，機能性農産物の開発にあたっては，品種の育成，成分分析，一部の機能性の検証等を農研機構が企業と連携しながら行い，科学的なデータの提供を行う事で強みを発揮し，新たな産業育成の支援を実現している。天然色素市場，加工食品市場，飲料市場などを賑わし，高い地域経済波及効果を生んだ事例である。これらは後藤ら（2014）にて詳しく紹介されている。

5．機能性表示食品の展開

（1）機能性表示食品とは

　我が国では2015年より新たな表示食品として機能性表示食品制度をスタートさせた。この制度は，食品製造事業者の責任において一定の条件を満たした場合に健康強調表示ができる仕組みである。従来の特定保健用食品（特保といわれる商品群）は国による個別審査および許可が必要であったが，機能性表示食品は事業者がエビデンスを集め，国への申請により表示が認められる点が異なる。また，農産物やお茶などの低次加工食品での表示許可もスタートし，高付加価値を目指す農業の6次産業化や農商工連携において大いに注目が集まっている。特定保健用食品や機能性表示食品の違いは**図13-3**に整理したとおりである。

1）特定保健用食品（トクホ）

　健康の維持増進に役立つことが科学的根拠に基づいて認められ，「コレステロールの吸収を抑える」などの表示が許可されている食品。表示されている効果や安全性については国が審査を行い，食品ごとに消費者庁長官が許可している。

257

第Ⅲ部　輸出先国の表示・認証制度に対応した輸出戦略

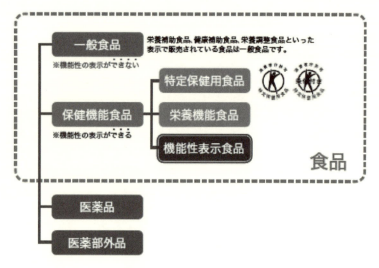

図13-3　食薬区分と機能性表示

資料：消費者庁資料（2018a）。

2）栄養機能食品

　一日に必要な栄養成分（ビタミン，ミネラルなど）が不足しがちな場合，その補給・補完のために利用できる食品。すでに科学的根拠が確認された栄養成分を一定の基準量含む食品であれば，特に届出などをしなくても，国が定めた表現によって機能性を表示することができる。

3）機能性表示食品

　事業者の責任において，科学的根拠に基づいた機能性を表示した食品。販売前に安全性及び機能性の根拠に関する情報などが消費者庁長官へ届け出られたものである。ただし，特定保健用食品とは異なり，消費者庁長官の個別の許可を受けたものではない。

第 13 章　健康機能性食品の開発の流れと輸出戦略の検討

（2）申請手続きおよび農産物での表示例

　ここでは，機能性表示食品の申請手続きおよび農産物での表示例について
整理する（消費者庁資料 2018b）。

1）制度の特徴

　国の定めるルールに基づき，事業者が食品の安全性と機能性に関する科学
的根拠などの必要な事項を，販売前に消費者庁長官に届け出れば，機能性を
表示することができる。なお，生鮮食品を含め，すべての食品が対象となる。
特定保健用食品とは異なり，国が安全性と機能性の審査を行わないので，事
業者は自らの責任において，科学的根拠を基に適正な表示を行う必要がある。
機能性については，臨床試験又は研究レビュー（システマティックレビュー）
によって科学的根拠を説明する。この新制度により機能性を表示する場合，
食品表示法に基づく食品表示基準や「機能性表示食品の届出等に関するガイ
ドライン」などに基づいて，届出や容器包装への表示を行う必要がある。一
日当たりの摂取目安量当たりの機能性関与成分の含有量，摂取の方法や摂取
する上での注意事項などの注意喚起事項，事業者の連絡先など必要な表示事
項が定められている。

2）機能性表示食品の販売に必要な手続き

　機能性表示食品の販売を目指す場合，次の 6 項目の条件をすべて満たした
上で消費者庁に申請し，許可を得る必要がある。すなわち 1）機能性表示食
品の対象食品となるかを判断する，2）安全性の根拠を明確にする，3）生
産・製造及び品質の管理体制を整える，4）健康被害の情報収集体制を整え
る，5）機能性の根拠を明確にする，6）適正な表示を行う，である。これ
らの準備をしたい上で(1)当該食品に関する表示の内容，(2)食品関連事業者名
及び連絡先などの食品関連事業者に関する基本情報，(3)安全性及び機能性の
根拠に関する情報，(4)生産・製造及び品質の管理に関する情報，(5)健康被害

259

第Ⅲ部　輸出先国の表示・認証制度に対応した輸出戦略

の情報収集体制，⑹その他必要な事項について書類を整理し，販売を予定する60日前までに消費者庁長官に届け出る必要がある。また，事業者の責任として１）科学的根拠と表示内容の適合に関する責任，２）健康被害の発生の未然防止及び拡大防止のため，情報収集し，報告を行う体制の整備に関する責任，３）安全性及び機能性に関する科学的根拠の内容及び説明に関する責任，４）知的財産権に関する事項に係る責任などが課せられる。

　届け出を行う上で科学的な根拠を示す必要がある。科学的根拠を示す方法として，一つは，最終製品を用いた「臨床試験」がある。「臨床試験」は，人を対象としてある成分又は食品の摂取が健康状態などに及ぼす影響について評価する介入研究である。もう一つは，研究レビュー（一定のルールに基づき文献を検索し，総合的に評価（システマティックレビュー）である。研究レビューは査読付きの研究論文で，機能性が確認されていること，人を対象とした臨床試験や観察研究で，機能性が確認されていることなど厳しい条件が付されており，より客観的で科学的な証明方法が採用されている。これらの表示に向けたガイドラインは，随時消費者庁WEBサイトにて更新されている。

3）農産物での表示例

　この新しい機能性表示食品制度の大きな特徴の一つが，生鮮農産物での表示が許可された点である。生鮮農産物では温州ミカン，リンゴなどの表示が認められ販売に至っている。しかし，すべてのリンゴや温州ミカンが表示対象ではなく，特定産地の農産物に限られている。新しい生鮮食品の機能性表示制度は，これまで以上に高付加価値化を実現し，産地に新たな利益をもたらすものと期待されている。**表13-1**に示すとおり，農林水産省の整理によると，平成30年９月26日現在，温州ミカン，リンゴ，もやし，トマトの４品目に関し，14社・団体が機能性表示の届け出を行っている。

表13-1 機能性表示食品（野菜・果実）の消費者庁への届出状況（平成30年9月26日現在）

品目	届出者名	届出日	商品名	機能性関与成分名	表示しようとする機能性
〈うんしゅうみかん〉	三ヶ日町農業協同組合	27.8.3	三ヶ日みかん	β-クリプトキサンチン	β-クリプトキサンチンは骨代謝のはたらきを助けることにより、骨の健康に役立つことが報告されています。
	とびあ浜松農業協同組合	28.9.12	とびあみかん	β-クリプトキサンチン	β-クリプトキサンチンは骨代謝のはたらきを助けることにより、骨の健康維持に役立つことが報告されています。
	清水農業協同組合	29.1.24	清水のミカン	β-クリプトキサンチン	β-クリプトキサンチンは骨代謝のはたらきを助けることにより、骨の健康維持に役立つことが報告されています。
	南駿農業協同組合	29.3.23	西浦みかん	β-クリプトキサンチン	β-クリプトキサンチンは骨代謝のはたらきを助けることにより、骨の健康維持に役立つことが報告されています。
	広島県果実農業協同組合連合会	29.8.24	広島みかん	β-クリプトキサンチン	β-クリプトキサンチンは骨代謝のはたらきを助けることにより、骨の健康維持に役立つことが報告されています。
	ありだ農業協同組合	30.3.1	有田みかん	β-クリプトキサンチン	β-クリプトキサンチンは骨代謝のはたらきを助けることにより、骨の健康維持に役立つことが報告されています。
	紀南農業協同組合	30.7.31	紀南みかん	β-クリプトキサンチン	β-クリプトキサンチンは骨代謝のはたらきを助けることにより、骨の健康維持に役立つことが報告されています。
〈りんご〉	つがる弘前農業協同組合	30.1.15	プライムアップル！（ふじ）	リンゴ由来プロシアニジン	リンゴ由来プロシアニジンには、内臓脂肪を減らす機能があることが報告されています。
〈もやし〉	（株）サラダコスモ	27.8.3 / 28.1.27	子大豆もやし / ベジフラワー	大豆イソフラボン	大豆イソフラボンは骨の成分の維持に役立つ機能によって、骨の健康に役立つことが報告されています。
	太子食品工業（株）	28.6.29	小大豆もやし	大豆イソフラボン	大豆イソフラボンには、骨の成分の維持に役立つ機能があることが報告されています。本品は丈夫な骨を維持したい女性に適した食品です。
	イオントップバリュ（株）	29.2.8	オーガニック大豆もやし	大豆イソフラボン	大豆イソフラボンは骨の成分の維持に役立つ機能によって、骨の健康に役立つことが報告されています。
	名水美人ファクトリー（株）	29.11.24	大豆イソフラボン小大豆もやし	大豆イソフラボン	大豆イソフラボンには、骨の成分の維持に役立つ機能があることが報告されています。本品は丈夫な骨を維持したい中高年女性の方に適した食品です。
〈トマト〉	カゴメ（株）	30.5.11	GABA Select（ギャバセレクト）	GABA	GABAには血圧が高めの方の血圧を下げる機能があることが報告されています。
	Tファームいいじま（株）	30.7.10	ひなたまGABA（ギャバ）ミディとGABA（フルティカ）	GABA	GABAには血圧が高めの方の血圧を下げる機能があることが報告されています。

資料：農林水産WEBサイト http://www.maff.go.jp/j/seisan/ryutu/yasai/kinousei.html

（3）EUなどの展開

　EUなどへの輸出を検討する場合，現地での食品規制について事前にしっかりと整理する必要がある。例えば，EUではこれまでに食経験のない新規食品をEU圏内に輸入しようとする場合，NovelFoods規制をクリアしなければならない。このNovel Foods規制（注 WEB https://ec.europa.eu/food/safety/novel_food_en）とは欧州において1997年5月15日以前に食された経験の無い方法で作られた食品あるいは新規食品をさし，EU圏外において伝統的に食されていたものも含まれる。これらの食品を欧州圏内で販売するにはEFSA（European Food Safety Authority）による審査認定を受ける必要があり，欧州への輸出促進において避けることのできない検討課題の一つである（井上・後藤 2009b）。

　また，健康強調表示を目指すのであれば，輸出対象国での人種を対象とした人介入試験もサイエンティフィックなエビデンスを得る上で有効である。例えば筆者らの研究グループでは（Oki et al. 2016），日本人を対象として明らかとした紫サツマイモの健康効果の検証を，人種の異なる欧米人で実施しエビデンスを蓄積するなどの研究を重ねている。これらの研究成果は今後機能性を売りとした輸出戦略を考える上で極めて重要になると考えられる。

（4）ハーモナイゼーション（相互認証制度）の必要性

　現在，健康強調表示に関する国際的な共通指針はなく，各国それぞれのルールに基づいて表示されている。一方で，それぞれの国により規定されている表示のルールの同等性を評価し，規制の統一を進める国際的なハーモナイゼーション（相互認証制度）も議論されている。これらの議論が進展すれば，それぞれの国に応じた機能性食品およびその素材の輸出促進につながるものと考えられる。

第13章　健康機能性食品の開発の流れと輸出戦略の検討

６．おわりに―機能性食品の輸出の可能性と検討課題―

　本章では，我が国の農産物輸出進める上で，高品質性はもとより，健康機能性などの新たな付加価値を見いだし，輸出を伸ばす試みについて整理した。機能性などのエビデンスを有する高付加価値な農産物の輸出は，我が国の高度な食品研究の成果によるところも大きい。そこで，これらの機能性農産物の輸出促進のポイントを整理する。すなわち１）世界での食経験やエビデンスの蓄積，２）各国の規制のチェック，３）各国でのセールスプロモーションの検討，４）新たな試みとして漢方生薬など世界での市場と，利用経験のある医薬品原料の輸出である。１）世界での食経験やエビデンスの蓄積が重要なのは，EUのNobel Foods規制で明らかなように，機能性の解明による高付加価値化以前に，食経験の有無と安全性の評価が前提とされる事態が想定されるからである。例えば，食用としての利用以外の未利用部位から機能性成分が発見されたとしても，これらの食経験や安全性が証明されなければ食品としての利用ができず，輸出も困難である。我が国の伝統食品の輸出も同様に，それぞれの国での食経験や安全性の証明が求められるケースがあり，機能性よりも安全性の証明を重視する必要がある。２）各国の規制のチェックでは，動植物検疫はもとより，先に述べた新規食品の安全性に関する規制に加えて，健康強調表示などの制度をしっかりと理解し，適切な表示を行うことも重要である。そのためのエビデンスの確保なども視野に入れ戦略を練る必要がある。３）各国でのセールスプロモーションの検討では，国により表現できる健康強調表示やコマーシャル表現などの規制があるため，これらの情報も事前に調査し，適切なプロモーションを行う必要がある。または上記規制などを念頭に，現地国の食品メーカーや流通企業と提携し，最終商品の原料として国産農産物を輸出することも考えられる。４）新たな試みとして漢方生薬など世界での市場と，利用経験のある医薬品原料の輸出では，健康強調表示や機能性表示などの新たな制度によること無く，すでに各国で認

263

第Ⅲ部 輸出先国の表示・認証制度に対応した輸出戦略

められている生薬などの医薬品原料・漢方薬原料などの輸出も考えられる。我が国では日本薬局方により医薬品原料の生薬は規定されているが，同様の規定が各国にあり，これに合致する原料農産物あるいは生薬を生産し，薬用素材として輸出を伸ばすことも考えられる。例えば，後藤（2016）の指摘するように，ヨクイニンとして活用されるハトムギや漢方薬原料の甘草，芍薬などは高品質なものを求めるアジア各国に対し輸出の可能性があるものと考えられる。

　以上，我が国における機能性農産物の開発の流れと輸出戦略について考察した。今後機能性の高い高付加価値な農産物で輸出促進を目指す場合，科学的なエビデンスの蓄積と規制に則ったプロモーションが必要不可欠である。これらの条件をそろえた場合，高付加価値での世界展開が考えられ，農産物輸出の新たな可能性を見いだすことができると考えられる。

［引用文献］

荒井綜一（1999）「食品の機能の研究と実践-現状および未来像-」『農業および園芸』第74巻第1号，pp.221-225。

福田　晋編著（2016）『農畜産物輸出拡大の可能性を探る―戦略的マーケティングと物流システム―』農林統計出版。

後藤一寿（2016）「産学官連携コンソーシアムによる日本型生薬生産システムの構築」『日本薬理学雑誌』第148巻第6号，pp.315-321。

後藤一寿・エルゲラ三浦グスタボ（2006）「機能性食品市場の動向と消費者需要の特性」『食農と環境』No.3，pp.76-85。

後藤一寿・井上荘太朗・渡邊　治（2009）「機能性食品摂取と選択に関する国際比較―日本・アメリカ・イギリス・イタリア消費者調査結果から―」『フードシステム研究』第16巻第3号，pp.27-31。

後藤一寿・沖　智之・須田郁夫（2009）「機能成分高含有農産物の開発と消費者の期待―消費者調査結果から―」『フードシステム研究』第17巻第3号，pp.159-163。

後藤一寿・坂井真共編著（2014）『新品種で拓く地域農業の未来〜食農連携の実践モデル〜』農林統計出版，p246。

北海道経済部（2016）『北海道食の輸出拡大戦略〜食の輸出1000億円をめざして〜平成28年2月』http://www.pref.hokkaido.lg.jp/kz/sss/exp/hei.pdf（2018年11月閲覧）

第13章　健康機能性食品の開発の流れと輸出戦略の検討

井上荘太朗・後藤一寿（2009a）「機能性農産物の生産振興のための海外事例研究」『フードシステム研究』第16巻第3号，pp.106-111。

井上荘太朗・後藤一寿（2009b）「欧米への機能性食品輸出の制度的検討―紫サツマイモジュースの事例―」『農業経営研究』第47巻第1号，pp.123-128。

九州経済産業局（2018）「輸出向け農産物開発・ブランド化に向けたアジアでの実態調査事業報告書」http://www.kyushu.meti.go.jp/report/180531/180531_report.pdf（2018年11月2日最終アクセス）

日本経済団体連合会（2016）「輸出・海外展開の加速化に向けて―農業の国際競争力強化に関する提言―」http://www.keidanren.or.jp/policy/2016/077_honbun.pdf（2018年11月2日最終アクセス）

Oki, T., M Kano, O Watanabe, K Goto, E Boelsma, F Ishikawa and I Suda（2016）"Effect of consuming a purple-fleshed sweet potato beverage on health-related biomarkers and safety parameters in Caucasian subjects with elevated levels of blood pressure and liver function biomarkers: a 4-week, open-label, non-comparative trial", *Biosci Microbiota Food Health*, Vol.35, Issue 3, pp.129-36.

消費者庁（2018）「「機能性表示食品」って何？」http://www.caa.go.jp/policies/policy/food_labeling/about_foods_with_function_claims/pdf/150810_1.pdf（2018年11月閲覧）

消費者庁（2018）「食品関連事業者の方へ「機能性表示食品」制度がはじまります！」http://www.caa.go.jp/policies/policy/food_labeling/about_foods_with_function_claims/pdf/150810_2.pdf（2018年11月2日最終アクセス）

Suda, I., F Ishikawa, M Hatakeyama, M Miyawaki, T Kudo, K Hirano, A Ito, O Yamakawa and S Horiuchi（2008）"Intake of purple sweet potato beverage affects on serum hepatic biomarker levels of healthy adult men with borderline hepatitis", *European Journal of Clinical Nutrition*, 62, pp.60-67.

Marsh（2016）「機能性表示に関するアンケート，マーシュ自主調査」https://www.marsh-research.co.jp/examine/2805kinouseihyouji.html（2018年11月閲覧）

山本（前田）万里・大谷敏郎（2017）「食品の機能性表示と機能性農産物開発―農研機構機能性食品開発プロジェクトの成果を含めて―」『食衛誌』Vol.58，No.2，pp.65-74。

（後藤一寿）

第14章

国産農林水産物の機能性評価と
産業化の動向と輸出展開

１．未利用資源の有効利用
―ワサビ葉の機能性素材としての実用化―

（1）国内外の輸出・商品開発

　我が国の農林水産物および食品の輸出は，2013年から４年連続で増加し，2016年輸出実績は7,502億円にのぼる。これは，アジア諸国の経済発展に伴う高所得者層の増加に大きく関連しており，輸出額上位20カ国に占めるアジア諸国の割合は，1990年の31％から2015年の53％と上昇している[1]。近年は，農産物に加えて農業の６次産業化の流れから，加工食品の輸出も拡大しつつある。我が国の少子高齢化により，国内市場の規模縮小が懸念されるなか，アジア諸国を中心とした新たな市場の開拓が重要となっている。

　日本国内においては，これまでの大量生産・大量消費の集約的な農業経営から，高品質な農産物・加工品の生産形態に一部で変化しつつある。都道府県でも海外において自治体主催の販促活動など，輸出促進にむけた活動が行われている。また，これまで廃棄されていた農業残渣など，未利用資源から機能性を見出し有効活用することで，農産物のフル活用を目的とした研究も行われている。2015年より開始した消費者庁『機能性表示食品制度』を活用した商品開発も盛んに行われている[2]。

　九州北部に位置する福岡県は，対馬暖流の影響により，夏・冬ともに気温が和らぐ温暖な気象条件から，野菜，果樹，花卉などの園芸作物の栽培に適しており，年間を通じて多種多様な農産物の生産が営まれている。農産物の生産に伴い排出される農業残渣を，新規・高度利用する試みも各所で実施さ

267

第Ⅲ部　輸出先国の表示・認証制度に対応した輸出戦略

れている。産業競争力会議において，「攻めの農林水産業」の中の3つの戦略のうち，「需要のフロンティアの拡大」では，輸出促進等による需要の拡大が柱となっている。農産物資源の輸出に関しては，近年，農業の6次産業化における可食部位だけでなく廃棄部位の活用が拡大している。農産物の廃棄部位に含有される機能性成分を抽出したうえで新たな商品開発を行い，輸出産業の活性化をはかることも重要である。

（2）農産物の機能性

　野菜や果物の機能性（抗酸化活性）に関しては，坂井（2008）やWu et al.（2004）が報告している。しかし，これらの報告は可食部を対象としており，通常食されていない部位や，部位毎の活性については報告例が見当たらない。資源の有効利用の観点からも，可食部だけでなく通常食されていない部位についても利用価値を見出すのも一つの方策であろう。さらに，近年の健康志向の高まり，天然素材を用いた商品へのニーズの高まりから，農産物の機能性に対する科学的エビデンスの付与を行うことで，6次産業化にも貢献できると思われる。本章では，農産物の機能性評価として，ワサビ（*Wasabia japonica*）葉の機能性調査ならびにその機能性に着目した実用化事例について紹介したい。

（3）ワサビ葉の機能性評価について

　ワサビはアブラナ科ワサビ属の植物で，根は香辛料として古くから利用されてきた。我が国においては，飛鳥京後苑池遺構より見つかった木簡が最も古い資料して残っている（飛鳥京跡第147次調査資料 2002）。ワサビは大きく分けると，沢ワサビと畑ワサビがあり，沢ワサビは湧き水や伏流木が利用できる山間の渓谷が最適の立地条件とされる。一方，畑ワサビの生育条件は，沢ワサビに比べ緩和され，排水性が高い傾斜地が適当とされている（木苗ら2006）。

　ワサビの根は抗菌物質であるアリルイソチオシアネートを放散している。

268

第14章　国産農林水産物の機能性評価と産業化の動向と輸出展開

沢ワサビの場合は湧き水で拡散されるが，畑ワサビの場合は土壌中濃度が高くなると自家中毒を起こし，根が大きく成長しない。このような畑ワサビの利用方法として茎葉の利用が考えられる。畑ワサビから得られたワサビ葉の機能性調査として，抽出物を調製し，その抗酸化活性，リパーゼ阻害活性，コラーゲン産生促進能，および抗菌活性を検討した。これらの機能性評価項目は，化粧品応用を指向したものであり，例えば抗酸化活性は活性酸素による細胞へのダメージを軽減し，様々な肌トラブルまたは疾患を抑制する。

　酸素は生物が生きていく上で必須であるが，体内に取り込まれたものの一部は活性酸素へと変化する。この活性酸素は高い反応性を有するため細胞機能の損傷や，より高い反応性を有するフリーラジカル種が発生し，老化や動脈硬化など様々な慢性疾患の原因になるとされている（坂井 2008）。食品中にも様々な抗酸化因子があり，それらの成分の抗酸化力を評価することは，生活習慣病の予防が必要とされている現代において注目すべきものである。さらに，農産物における廃棄部位（非可食部位）にも豊富な生理活性化合物が含まれていると考えられ，これらの廃棄部位の中から高い抗酸化能を有する素材を見出すことにより，健康食品やサプリメントとしての抗酸化食品の開発が可能となるであろう。また，抗酸化活性は，皮膚の美白や抗老化にも関連することから，化粧品素材としての活用も期待される。

　リパーゼは脂肪を分解する酵素で，膵臓から十二指腸へ分泌され，脂肪の消化・吸収に大きく関与している。現在，肥満が原因となり，糖尿病に代表される代謝性疾患や血管疾患を抱える人口が急増しており，肥満の解決は急務を有する事項の一つである。肥満の要因は環境，遺伝など数多くあるが，肥満の原因自体は消費エネルギーよりも摂取エネルギーが過剰であることに尽きる。膵リパーゼは脂肪の吸収に関与しているため，リパーゼ活性が阻害されるような物質は，摂取エネルギーを低下させ，抗肥満効果を発揮する有効なアプローチの一つとして考えられている。また，化粧品素材としては，ニキビの原因菌のひとつであるアクネ菌の抑制効果が期待される。肌に存在する脂肪がリパーゼにより分解されるとトリグリセリドと脂肪酸に変化し，

269

脂肪酸はアクネ菌の栄養源となる。これを抑制（リパーゼ阻害）することにより，アクネ菌の増殖を抑制し，ニキビの予防効果が期待される。

大腸菌（*Escherichia coli*）は，グラム陰性の桿菌で通性嫌気性菌に属し，環境中に存在するバクテリアの主要な種の一つである。この菌は腸内細菌でもあり，温血動物（鳥類，哺乳類）の消化管内，特にヒトなどの場合大腸に生息する。大腸菌の株は多数報告されており，一部では動物に害となりうる性質を持つものもある。大部分の健康な成人の持っている株では下痢を起こす程度で何の症状も示さないものがほとんどであるが，幼児や病気などによって衰弱している者，あるいはある種の薬物を服用している者などでは，特殊な株が病気を引き起こすことがあり，時として死亡に至ることもある。

黄色ブドウ球菌（*Staphylococcus aureus*）は，ヒトの皮膚表面や毛孔に存在する常在菌の一つであり，通常ヒトに対しては無害であるが，菌数が多い場合はニキビやアトピー性皮膚炎の原因菌ともなりうる。化粧品素材における抗菌物質は，現在のところ天然物はほとんど使用されておらず，化学合成化合物であるパラベン類が使用されている。抗菌活性を有する天然素材は，天然成分由来化粧品への配合素材として極めて有望である。

コラーゲンは，肌の弾力を維持するために必要な物質である。肌の真皮に存在する繊維芽細胞におけるコラーゲン量が低下すると，肌の弾力が失われシワやたるみなどの肌トラブルが引き起こされる。繊維芽細胞におけるコラーゲン産生量の増加が認められれば，その素材は，皮膚の老化を抑制する化粧品素材として期待できる。

ワサビに限らず，天然素材には多種多様な成分が含まれている。そのため，抽出溶媒の極性を変化させることにより，それらの成分組成を変化，すなわち機能性を変化させることができる。有用機能性を最大にすることができる抽出溶媒を検討するため，溶媒の組成を変えて抽出物の調製を行った（水，25％エタノール，50％エタノール，75％エタノール，エタノール）。

第14章 国産農林水産物の機能性評価と産業化の動向と輸出展開

1) 抗酸化活性

体内の活性酸素は高血圧症や糖尿病などの様々な慢性疾患を起こすうえ、高い反応性を持っているため、細胞の機能を損ない、皮膚の老化をひき起こすとされている (Poljšak et al. 2012, Giustarini et al. 2009, Briones et al. 2010)。農産物の抗酸化活性を網羅的に調査した例はいくつか見られ（坂井 2008, 中川ら 2016)、近年、天然素材を用いた健康食品や美容商品に対し消費者の注目が集まっていることからも、今後、この分野の産業拡大が期待される。

図14-1には、ワサビ葉の抽出物あたりの抗酸化活性を2つの指標（DPPH値およびORAC値）で示した。DPPH法では、DPPH (2,2-ジフェニル-1-ピクリルヒドラジル) の窒素ラジカルに水素原子が付与され、ラジカルが消去されることを利用して抗酸化活性を評価する。この評価系とは異なり、ORAC法では、ラジカル開始剤であるAAPH (2, 2′-アゾビス (2-メチルプロピオンアミジン) 二塩酸塩) が活性酸素 (ROO・) を発生させる。このROO・が蛍光物質であるフルオレセインを分解する。本プロセスを追跡し、フルオレセイン分解への影響を測定することによって抗酸化活性の指標としている。本研究においては、抽出する溶媒によって、活性に変動があり、50%エタノールまたは75%エタノールで抽出した場合に最も強い抗酸化活性を示したことがわかる。Leeら (2010) は、ワサビ葉の抗酸化活性について、99.5%エ

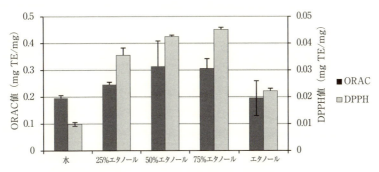

図14-1 ワサビ葉抽出物1mgあたりの相対ORAC値およびDPPH値（平均±SD, n=4)

第Ⅲ部　輸出先国の表示・認証制度に対応した輸出戦略

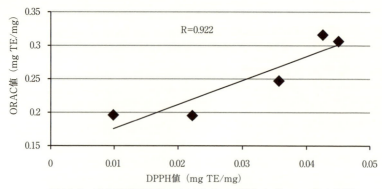

図14-2　ワサビ葉抽出物におけるORAC値およびDPPH値の相関

タノール抽出物が水抽出物よりも高いDPPH値を示したと報告している。これについては，本研究の結果と一致した。ただし，本研究においては50％エタノールや75％エタノール抽出物がさらに高い値を示したことから，これらの溶媒条件で抽出することが最も多く抗酸化物質を抽出できるものと考えられた。また，ORAC値とDPPH値との相関係数は非常に高い値を示した（R＝0.922，**図14-2**）。

　図14-3および**図14-4**には，我々が報告した農産物および廃棄部位の抗酸化活性（ORACおよびDPPH）を参考として示した（中川ら 2016）。本研究で供試した農産物サンプルでは，あまおうの抽出物が最も高い値を示し，上位14サンプルがあまおうの抽出物であった。このうち，花のエタノール抽出物や茎根のエタノール抽出物は，Zhu et al.（2015）の報告でも同様に高い抗酸化活性を示した。あまおうの茎根（エタノール抽出物）および根（エタノール抽出物）が約15mgTE/mgと極めて強い抗酸化活性値を示し，また，1 mgTE/mg以上のサンプル（主にあまおうと甘夏）は，抗酸化活性物質であるトロロックスよりも強い活性を示すことが示唆された。これらの極めて強い活性を示したサンプルは，あまおうや甘夏の葉や茎や蔓といった，非可食部位が占めており通常食されている部位（果肉）は比較的低い値を示した。

　ワサビ葉抽出物の抗酸化活性は，ORAC値で50％および75エタノール抽出

第 14 章　国産農林水産物の機能性評価と産業化の動向と輸出展開

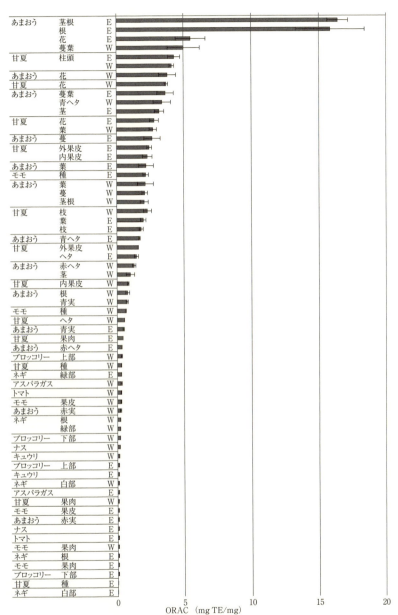

図14-3　農産物抽出物1mgあたりの相対ORAC値
（平均±SD, n=4, W：水抽出物, E：エタノール抽出物）

第Ⅲ部　輸出先国の表示・認証制度に対応した輸出戦略

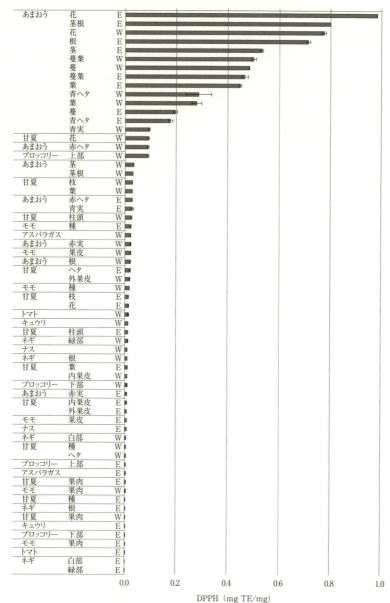

図14-4　農産物抽出物1 mgあたりのDPPH値
(平均±SD, n=4, W：水抽出物, E：エタノール抽出物)

第 14 章　国産農林水産物の機能性評価と産業化の動向と輸出展開

物が0.3mgTE/mg程度を示しており（**図14-1**），この値はナスやキュウリの水抽出物と同程度の抗酸化活性値であることがわかる。トロロックス当量で0.3mgであることから，抗酸化物質であるトロロックスの約3分の1の抗酸化能を示したことになり，天然素材としては中庸～やや高い抗酸化活性値であると考えられた。

2）リパーゼ阻害活性

ワサビ葉抽出物のリパーゼ阻害活性の結果は**表14-1**に示した。全ての抽出物において，ネガティブコントロール（DMSO）に比べてリパーゼの酵素活性を抑制した。また，抽出溶媒のエタノール濃度が高くなるにしたがい，抽出物のリパーゼ阻害活性は強くなった。水抽出物は，IC_{50}値（50％阻害濃度）が661.8μg/mℓであったのに対し，エタノール抽出物では122.7μg/mℓであった。

表14-1　葉ワサビ抽出物のリパーゼ阻害活性および抗菌活性（MIC）[1]（ g/mL, n=3）

抽出溶媒	リパーゼ阻害	抗菌	
	IC_{50}	*E. coli*	*S. aureus*
水	661.8	—[2]	—
25％エタノール	629.5	—	—
50％エタノール	474.5	—	—
75％エタノール	230.9	—	300
エタノール	122.7	—	—

注：1）Minimum inhibitory concentration：最小発育阻止濃度.
　　2）　活性なし(> 1600 mg/mL).
　　3）ポジティブコントロール（ソルビン酸）の MIC: 225 mg/mL.

3）抗菌活性

本研究において各抽出サンプルの抗菌活性は，グラム陰性（大腸菌）およびグラム陽性（黄色ブドウ球菌）の菌に対して試験を実施した。大腸菌（*E. coli*）に対しては，いずれの抽出物でも抗菌活性を示さなかった。一方，黄色ブドウ球菌（*S. aureus*）に対しては，75％エタノール抽出物で強い抗菌活性を示した（最小発育阻止濃度（MIC）：300μg/mℓ）。*S. aureus*は，ヒト

275

の表皮に存在する皮膚常在菌であるが、増殖しすぎるとアトピー性皮膚炎の増悪因子となる（Breuerら 2002）。アトピー性皮膚炎改善のために、ワサビ葉の75％エタノール抽出物が期待される結果である。Kinaeら（2000）は、ワサビ根から単離されたアリルイソチオシアネートが抗菌性を示すと報告した。また、Onoら（1998）は、ワサビの茎が強い抗菌性を示し、また、化合物6-メチルスルフィニルヘキシルイソチオシアネートが*E. coli*と*S. aureus*に対して活性を持つと報告している。これらのようなイソチオシアネート類が、ワサビ葉抽出物の抗菌活性に関連しているものと考えられる。

4）コラーゲン産生試験

図14-5には、ワサビ葉抽出物がコラーゲン産生能に及ぼす影響を調査した結果を示した。結果は、細胞毒性を示さない抽出物濃度での測定値を示している。抽出溶媒のエタノール濃度が低くなるほど細胞毒性も低くなった。また、コラーゲン産生については、全ての抽出物で産生を促進する結果となった。Nagaiら（2010）は、ワサビ葉の水抽出物がコラーゲン産生促進能を示すことを報告している。本研究においては、水抽出物よりも、50％エタノール抽出物が最も高いコラーゲン産生促進能を示した。50％エタノール抽出物の活性は、ポジティブコントロールとして用いたアスコルビン酸と同程度

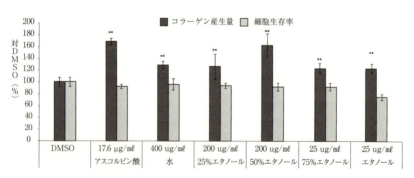

図14-5　ワサビ葉抽出物のコラーゲン産生能評価試験結果（平均±SD, n=3, **:p<0.01）

第14章　国産農林水産物の機能性評価と産業化の動向と輸出展開

と，非常に強い活性を持つと考えられる。

　コラーゲンは，皮膚の繊維芽細胞で産生され，コラーゲン量が減少すると，皮膚の弾力やハリが失われシワやたるみの原因となる（Decorps et al. 2014）。本研究の結果，ワサビ葉の50％エタノール抽出物は，化粧品素材として極めて有望であると考えられる。

2．食品輸出における機能性の活用

（1）事例企業の事業概要

　本節では，農産加工品の輸出における機能性訴求の意義について，事例を通して検討する。事例として取り上げるニシモト食品株式会社は，1976年に福岡県大野城市で創業し，焼き肉のたれ，レトルトカレー，スープ等を自社ブランドで製造委託し，日本国内の食肉小売業者，外食産業，食肉卸売業者への卸売を主な事業としている。現在まで，これらの主要製品について，製品ラインを深めると共に，多角化により，スパイス，調味料，ソース，麺類，薬味，塩こしょう，業務用商品，わさびり～ふ，化粧品（葵茶美-WASABI-）など製品ラインの幅を広げてきている。2016年現在は葉ワサビ加工品を中心に輸出を拡大しており，主力事業の一つに成長している。そして，ワサビ葉の機能性を九州大学との産学連携によって検証し，マーケティングに活かしている。

（2）事例企業における海外展開

　海外進出について，同社は福岡県商工会議所から香港での催事に参加を打診された2006年以降，継続的に各種商談会等に参加し続けている。ただし，牛エキスの輸出が規制されている中で，ラーメン，ドレッシング，柚子胡椒といった自社にとっての副商材を中心として挑戦せざるを得なかった。その後，2009，2010年に香港に渡航した際，日本の食慣習と異なるものの，ワサビが食生活に浸透してきていることを目の当たりにしたことをきっかけにし

277

第Ⅲ部　輸出先国の表示・認証制度に対応した輸出戦略

て，日本特有の素材であるワサビの加工食品輸出に取り組むこととなった。

　ただし，本ワサビはコストが高くなりすぎること，国内他企業との差別化が難しいことから，九州産の葉ワサビ加工品の開発を指向した。幸い，近隣の福岡県八女市矢部地区が葉ワサビの産地であり，農家有志による葉ワサビ利用研究会が存在した。同研究会においては当時，茎のみの利用にとどまり，葉の利用まで至っていなかった。また，販路は地元直売所等に限定されており，販路の拡大が課題となっていた。同社は2010年に，矢部村産葉ワサビを原料とした加工食品「わさびり～ふ」の製造加工を開始，2011年には，福岡県産葉ワサビ製造事業が経済産業省の農商工連携事業に認定されている。更に，原料のカット技術で特許，国際特許（アメリカ，中国，台湾，香港，韓国）を取るほか，国際商標を取得している。

　同社は，輸出が軌道に乗るまでに年に5～6回のペースで香港における商談会等に参加している（商工会の催事（年に2～3回），それ以外にも別の催事に参加。フードエキスポは年1回（夏のみ））。特に，葉ワサビ加工食品は，新しい食品として一定のニーズがあり，多くの香港側流通業者への販売機会があったが，商慣習の違いなどが原因となり，継続的な取引に至らないものも多かった。安定した出荷が実現したのは，2012年の九州物産展での販売以降となる。2015年に開設されたHKTVモールとの取引により，同モールを通してEコマースによるリードタイム約1週間の販売が可能になった。現在は，同モールの開始時からの取引企業として，他の日本企業のブローカー，代理販売商的位置づけも担っている。輸出先も拡大し，香港を中心に，中国，台湾，アメリカ（ロサンゼルス，ハワイ）となっている。

（3）事例企業における機能性証明

　ワサビが香港で食されるようになったきっかけは，SARSが流行した際に，予防にワサビが効くという噂が広がったためと言われる。これは根拠のないものであったが，香港の消費者においてワサビの食経験に繋がったのは確かであり，その後，薬味としての利用が定着していったと考えられる。

278

第14章　国産農林水産物の機能性評価と産業化の動向と輸出展開

　ニシモト食品において，ワサビ関連食品の展開を図った当初から，ワサビの機能性を前面に押し出した販売をしていた訳ではない。ワサビ加工品の販売が拡大する中で，類似品や模造品が増えていき，その中には，日本ワサビ（*Wasabia japonica*）ではなく，西洋ワサビ（*Armoracia rusticana*）を原料とするものや，化学添加物や着色料を用いたワサビ風味の製品なども含まれた。そうした競争の中で，同社は九州大学との共同研究を通して，葉ワサビの機能性を包括的に検証した。その結果，前節で示されたように，日本ワサビ独自の多様な機能性が明らかにされた。これは，同社におけるワサビを利用した化粧品開発にもつながった。

　こうした一連の成果は，2013年から2015年にかけて，日本の大学で発見・検証されたワサビの薬効として，ニシモト食品の製品と共に香港のメディアを通して紹介された。また，香港フードエキスポでも珍しい商品として特集されることとなった。同社においては，このようにパブリシティの増大という効果があったと共に，顧客に対するセールスプロモーションにおいても，機能性の訴求が有効であったとのことである。

（4）輸出マーケティングにおける機能性証明の意義

　食品の機能性について，そもそもその通り期待されているところに，敢えて証明をつけることのマーケティング上の意義は小さい。本輸出事例においては，機能性の発見・証明を行う意義は以下の3点を指摘できるであろう。

①曖昧さ解消

　第1に，ワサビの場合は，当初，その効能について，実態からかけ離れた大きすぎる期待があり，そうした極端な認識が改まってきた中で，実際に期待してよい効能がなんであるか，曖昧な状態になっていたといえる。効能に関する曖昧さの解消と，信ぴょう性を高めるため科学的根拠を示すことが有効であったと考えられる。

279

第Ⅲ部　輸出先国の表示・認証制度に対応した輸出戦略

②競合の排除

　第2に，日本ワサビ独自の効能については，西洋わさびが使用されたものや，単にワサビ風のものでは効果が期待できないことが訴えられる。このように，同一製品カテゴリー内でも，使用している原料農産物の機能性によって類似品と差別化し，増加しつつある類似品との競合の多くを排除することにつながったと考えられる。

③プロモーション効果

　上述した2つを通した需要向上の効果は，機能性証明を行った（資金を投じた）メーカーの製品に限らず，同じ原料農産物を利用している他メーカーの製品にも波及する。しかし，当該製品カテゴリーにおいて最も市場シェアが大きいリーダー企業ほど，需要向上の恩恵を受けやすい。それだけでなく，同社の既存商品や商品開発と連動する形で科学的証明がなされたことで，本輸出事例では，商談会主催者や小売店イベント，メディアにおいて取り上げられ，先駆者としてプロモーションの機会を創出することができた。こうしたプロモーションも，ワサビ製品全般への波及効果はあるが，当該メーカーにとっても，自社および自社製品に対する消費者の認知や信頼感向上という効果が期待できる。

　また，日本産加工食品の輸出先市場におけるリーダー企業にとって，機能性の発見・証明が有効な企業戦略として期待できるための条件としては，次の2点を挙げることができそうである。第1に，日本独自の原料農産物が活用されており，かつ，類似の原料農産物に対して，機能性の面で優位性があること，第2に，当該製品カテゴリーの（ニッチ）市場において，リーダー企業の相対市場シェアがそれなりに大きいことである。

3．おわりに

　農林水産省によると，2015年5月末現在，六次産業化・地産地消法に基づ

第14章　国産農林水産物の機能性評価と産業化の動向と輸出展開

く総合化事業計画の認定を受けた事業者は2,100となり，地域の特色ある農林水産物を活用した6次産業化商品が数多く生まれている[3]。我が国において生産される様々な農水産物の輸出が盛んに行われている中，機能性加工食品・化粧品の輸出産業も拡大しつつある[4]。加工品開発において顕著な動向として，農産物の可食部位だけでなく，廃棄部位等，未利用部位の機能性を活用した商品開発もみられる。本章で紹介したワサビ葉の抽出物については，実際に化粧品として応用，実用化され，香港などの海外への輸出産業に繋がっている。

[注]
1）財務省「貿易統計2016」。
2）消費者庁ホームページ　http://www.caa.go.jp/foods/index23.html
3）農林水産省6次産業化の商品事例集：http://www.maff.go.jp/j/shokusan/renkei/6jika/syohin_jirei.html
4）農林水産省　加工食品の輸出入動向：http://www.maff.go.jp/j/zyukyu/jki/j_doutai/pdf/2600_3.pdf

[引用文献]
飛鳥京跡第147次調査説明会資料（2002）。

Breuer, K., S Haussler, and T Kapp Werfel（2002）"*Staphylococcus aureus*: colonizing features and influence of an antibacterial treatment in adults with atopic dermatitis", *British Journal of Dermatology*, Vol.147, pp.55-61.

Briones, A. M., and R. M. Touyz（2010）"Oxidative stress and hypertension: current concepts", *Current Hypertension Reports*, Vol.12, pp.135-142.

Decorps, J., J. L. Saumet, P. Sommer, D. Sigaudo-Roussel, and B. Fromy（2014）"Effect of ageing on tactile transduction processes", *Aging Research Reviews*, Vol.13, pp.90-99.

Giustarini, D., I. Dalle-Donne, D. Tsikas, and R. Rossi（2009）"Oxidative stress and human diseases: Origin, link, measurement, mechanisms, and biomarkers", *Critical Reviews in Clinical Laboratory Sciences*, Vol.46, pp.241-281.

Kinae, N., H. Masuda, I. S. Shin, M. Furugori and K. Shimoi（2000）"Functional properties of wasabi and horseradish", *BioFactors*, Vol.13, pp.265-269.

木苗直秀・小嶋　操・古郡三千代（2006）「ワサビの栽培」木苗直秀・小嶋　操・古郡三千代著『ワサビのすべて　日本古来の香辛料を科学する』学会出版セン

281

第Ⅲ部　輸出先国の表示・認証制度に対応した輸出戦略

ター，pp.35-37。

Lee, Y. S., J. H. Yang, M. J. Bae, W. K. Yoo, S. Ye, C. C. L. Xue, C. G. Li（2010）"Anti-oxidant and anti-hypercholesterolemic activities of *Wasabia japonica*", *Evidence-based Complementary and Alternative Medicine*, Vol.7, pp.459-464.

Nagai, M., K. Akita, K. Yamada, and I. Okunishi（2010）"The effect of isosaponarin isolated from wasabi leaf on collagen synthesis in human fibroblasts and its underlying mechanism", *Journal of Natural Medicines*, Vol.64, pp.305-312.

中川敏法・永田敏郎・大貫宏一郎・森高正博・福田　晋・清水邦義（2016）「福岡県糸島産農産物の抗酸化活性を指標とした機能性評価」『九州大学大学院農学研究院学芸雑誌』第71巻第2号，pp.29-35。

Ono, H., S. Tesaki, S. Tanabe, and M. Watanabe（1998）"6-Methylsulfinylhexyl Isothiocyanate and Its Homologues as Food-originated Compounds with Antibacterial Activity against *Escherichia coli* and *Staphylococcus aureus*", *Bioscience Biotechnology and Biochemistry*, Vol.62, pp.363-365.

Poljšak, B. and R. Dahmane（2012）"Free radicals and extrinsic skin aging", *Dermatology Research and Practice*, Vol.2012, Article ID: 135206.

坂井祥平（2008）「県産農産品の抗酸化性」『茨城県工業技術センター研究報告』第37号。

Wu, X., G. R. Beecher, J. M. Holden, D. B. Haytowiz, S. E. Gebhardt, R. L. Prior（2004）"Lipophilic and hydrophilic antioxidant capacities of common foods in the United States", *Journal of Agricultural and Food Chemistry*, Vol.52, pp.4026-4037.

Zhu, Q., T. Nakagawa, A. Kishikawa, K. Ohnuki and K. Shimizu（2015）"In vitro bioactivities and phytochemical profile of various parts of the strawberry（*Fragaria×ananassa* var. *Amaou*）", *Journal of Functional Foods*, Vol.13, pp.38-49.

（清水邦義・中川敏法・森高正博）

おわりに

　本書は，2014年度から2016年度にかけて採択された文部科学省科学研究費補助金基盤研究（A）課題番号「JP26252037」の研究成果である。

　われわれの研究グループは，これに先駆けて，2011年度から2013年度にかけて，文部科学省科学研究費補助金基盤研究（A）課題番号「JP23248039」の研究成果を，福田　晋編著『農畜産物輸出拡大の可能性を探る―戦略的マーケティングと物流システム』農林統計出版（2016年）として世に問うことができた。今回の出版は，その成果に続く一連の研究成果であり，多くの研究者に参加してもらい，とりまとめることができた。

　編集にあたっては，九州大学の森高准教授の協力のもと，筑波書房の編集により出版にこぎつけた。また，出版にあたって，日本農業市場学会から出版助成金を受けた。改めて紙面を借りて学会長はじめ学会員にお礼申し上げる次第である。

　当初の出版予定時期より遅れたのは，偏に編者である私の編纂業務の遅れに起因する。原稿が出そろい，編纂業務に取り掛かる時期に，職場の研究院長（学部長）に就くことになり，管理運営業務に忙殺されることになった。研究そのものに割くことのできる時間が大幅に減少し，現在に至っている。ようやく，出版を迎えることができ，安堵している。

　本書が多くの読者の目にするところとなり，今後の農産物・食品の輸出拡大の課題や方向性の議論の土台となって，さらには輸出に関わる産地や業者の戦略立案のヒントとなれば望外の喜びである。

九州大学大学院農学研究院

教授　福田　晋

【執筆者紹介】

福田　晋（序章，おわりに）
　　九州大学大学院農学研究院・教授

石塚　哉史（第1章，第9章）
　　弘前大学農学生命科学部・教授

神代　英昭（第2章）
　　宇都宮大学農学部・准教授

菊地　昌弥（第3章，第6章）
　　桃山学院大学経営学部ビジネスデザイン学科・教授

豊　智行（第4章）
　　鹿児島大学農学部・教授

成田　拓未（第5章）
　　弘前大学農学生命科学部・准教授

郭　万里（第6章）
　　東京農業大学大学院

根師　梓（第6章）
　　東京農業大学

林　明良（第6章）
　　ひかり味噌株式会社

堀田　和彦（第7章）
　　東京農業大学国際食料情報学部・教授

森高　正博（第8章，第14章）
　　九州大学大学院農学研究院・准教授

安川　大河（第9章）
　　元弘前大学農学生命科学部

李　哉泫（第10章，第11章）
　　鹿児島大学農学部・准教授

岩元　泉（第11章）
　　鹿児島大学農学部・名誉教授

後藤　一寿（第12章，第13章）
　　農業・食品産業技術総合研究機構本部　NARO開発戦略センター・研究管理役

清水　邦義（第14章）
　　九州大学大学院農学研究院・准教授

中川　敏法（第14章）
　　滋賀県立大学 環境科学部・講師

日本農業市場学会研究叢書No.20

加工食品輸出の戦略的課題

―輸出の意義、現段階、取引条件、および輸出戦略の解明―

定価はカバーに表示してあります

2019年12月27日　第1版第1刷発行

編著者　　福田　晋
発行者　　鶴見治彦
　　　　　筑波書房
　　　　　東京都新宿区神楽坂2-19　銀鈴会館　〒162-0825
　　　　　電話03（3267）8599　www.tsukuba-shobo.co.jp

©2019 日本農業市場学会　Printed in Japan
ISBN978-4-8119-0563-1　C3061
印刷/製本　平河工業社